嵌入式人工智能技术应用

组　编　北京新大陆时代科技有限公司
主　编　宋合志　王璐烽
副主编　丁天燕　龚坚平
参　编　林祥利　胡　慧

机 械 工 业 出 版 社

本书主要介绍如何利用 NLE-AI800 人工智能开发板和嵌入式人脸门禁实验平台，在嵌入式 Linux 系统上使用 Python 语言编写程序。本书注重实践、应用、开发和创新，以人工智能主流应用场景为导向，通过实践案例展示了视频采集、图像识别、人脸识别、人体检测、车牌识别、人脸识别门禁系统、稻麦成熟度监测系统、智慧家居等应用领域的前沿技术和方法。

本书共 6 个项目，分别是：项目 1，使用 OpenCV 实现人脸检测；项目 2，使用计算机视觉算法实现图像识别；项目 3，利用串口实现边缘硬件控制；项目 4，使用人脸检测算法的家用设备控制；项目 5，使用计算机视觉技术的稻麦成熟度监测系统；项目 6，使用语音识别实现智慧家居控制。本书理论和实践相结合，旨在培养学生应用及解决实际问题的能力，并引导学生将人工智能技术应用于实际场景。

本书可作为职业院校人工智能技术应用、软件技术、嵌入式技术应用及相关专业的教材，也可作为人工智能、嵌入式等领域技术人员的自学参考用书。

本书配有电子课件等课程资源，选用本书作为授课教材的教师可登录机械工业出版社教育服务网（www.cmpedu.com）注册后免费下载，或联系编辑（010-88379194）咨询。本书还配有微课视频，读者可直接扫码观看。

图书在版编目（CIP）数据

嵌入式人工智能技术应用 / 北京新大陆时代科技有限公司组编；宋合志，王璐烽主编. —北京：机械工业出版社，2024.7

ISBN 978-7-111-75707-8

Ⅰ. ①嵌… Ⅱ. ①北… ②宋… ③王… Ⅲ. ①人工智能 Ⅳ. ①TP18

中国国家版本馆CIP数据核字（2024）第086180号

机械工业出版社（北京市百万庄大街22号 邮政编码100037）
策划编辑：李绍坤 责任编辑：李绍坤 王 芳
责任校对：张勤思 张 薇 封面设计：马精明
责任印制：邓 博
北京盛通数码印刷有限公司印刷
2024年7月第1版第1次印刷
210mm×285mm · 14.75印张 · 421千字
标准书号：ISBN 978-7-111-75707-8
定价：49.00元

电话服务 网络服务
客服电话：010-88361066 机 工 官 网：www.cmpbook.com
010-88379833 机 工 官 博：weibo.com/cmp1952
010-68326294 金 书 网：www.golden-book.com
封底无防伪标均为盗版 机工教育服务网：www.cmpedu.com

人工智能的快速发展为嵌入式系统带来了新的可能和挑战。嵌入式人工智能技术的应用正在深刻地改变着人们的日常生活和工作方式。从智慧家居到智能交通，从智慧医疗到智能制造，人工智能在嵌入式系统中的广泛应用正在给社会带来巨大的影响。

本书旨在向读者介绍如何利用NLE-AI800人工智能开发板和嵌入式人脸门禁实验平台，在嵌入式Linux系统上使用Python语言编写程序代码，实现多个实际场景下的人工智能技术应用。

在本书中，编者通过详细的实践案例和实验任务，引领读者逐步掌握嵌入式人工智能技术的核心概念、原理和应用方法。本书将从基础的图像处理和模式识别开始，逐步介绍人脸识别、物体检测、语音识别等关键技术，并通过具体的项目演示，帮助读者理解和应用这些技术。

本书的特点之一是注重综合能力的培养，从知识目标、能力目标、素质目标三个维度出发设计内容。每个项目都设有项目导入，让读者在学习技能之前先了解前沿发展和先进技术，培养求知精神。每个任务都设有详细的实验步骤和编程代码，让读者可以动手实践，并通过不断尝试和调试来巩固所学知识，理论与实践相结合，培养读者解决实际问题的能力和创新思维。

本书的另一个特点是关注嵌入式系统的开发和应用，详细介绍了NLE-AI800开发板的硬件配置和软件环境搭建过程，使读者能够深入了解嵌入式Linux系统的运行原理和开发流程。同时，本书还介绍如何与传感器、执行器等外设交互，以及如何将嵌入式人工智能技术应用于具体的场景，例如人脸识别门禁系统、稻麦成熟度监测系统等。

希望通过本书的学习，读者能够掌握嵌入式人工智能技术的基本原理和开发方法，具备解决实际问题的能力，并能够将所学知识应用于自己感兴趣的领域。无论是作为高等院校相关专业的教材，还是作为工程师和开发人员的参考书，本书都将为读者提供指导和帮助。

本书由北京新大陆时代科技有限公司组编，宋合志、王璐烽担任主编，丁天燕、龚坚平担任副主编，林祥利、胡慧参加编写。其中，宋合志负责本书统稿及编写项目1，项目2～项目6分别由王璐烽、丁天燕、龚坚平、林祥利、胡慧编写。衷心感谢所有对本书撰写和出版做出贡献的人员和机构，同时也感谢各位读者的支持和关注。希望通过共同的努力，嵌入式人工智能技术能够在我们的生活中发挥更大的作用，为社会带来更多的创新和进步。

由于编者水平有限，书中难免存在疏漏和不妥之处，敬请广大读者批评指正。

编　者

二维码索引

目录

项目1

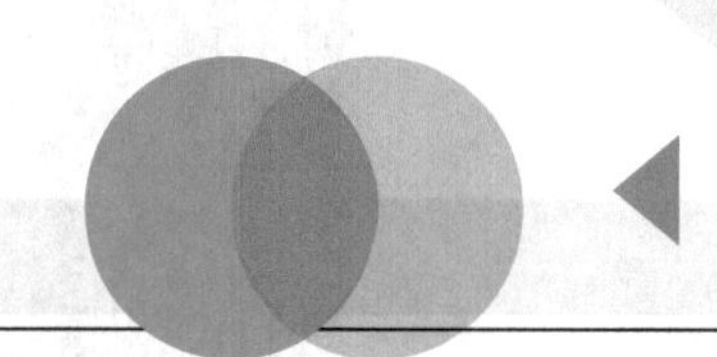

使用OpenCV实现人脸检测

项目导入

人脸检测技术的产生是由于指纹检测技术在某些方面达不到人们的各种要求，简单的例子就是，游泳运动员们因为长期在水中训练，他们的指纹会有一定的磨损，所以在采集指纹的时候会受一定的限制。人脸检测技术不仅可以解决这一问题，而且可以确认人们的身份，满足人们办理业务或者其他需求。网络的发展让我们进入了无现金支付的时代，一开始是密码支付，然后是指纹支付，而随着人脸检测技术的逐渐进步，刷脸支付也成为一种手段，不但加快了当代人们的生活节奏，而且把科学推进了一大步。这样的技术更多地被商业化，比如支付手段，发达城市逐渐兴起了无人超市等。

如今的世界是一个全球通的世界，处于一个网络时代，人与人之间的距离从某个角度来说近不可言，这就导致了人们的隐私受到了一定程度的威胁，产生了很多弊端。比如我们所知道的网络暴力，人们可以轻而易举地搜索出别人的信息。近年来，网络诈骗与个人账户信息不够安全有关，信息的泄露给人们带来了各种难以想象的麻烦。我们可以这样理解，无现金支付方式的网络安全性能不断得到提高，人们在网络上的信息得到更多的保护。

随着电子商务等应用的发展，人脸识别成为最有潜力的生物身份验证手段之一，这种应用背景要求自动人脸识别系统能够对一般图像具有一定的识别能力，由此而面临的一系列问题使得人脸检测开始作为一个独立的课题受到研究者的重视。如今人脸检测的应用范围已经远远超出了人脸识别系统的范畴，在基于内容的检索、视频目标检测等领域，人脸检测有着重要的应用价值。人脸识别技术应用场景如图1-1所示。

图1-1　人脸识别技术应用场景

任务1　图像的读取与保存

知识目标

- 了解JupyterLab交互式开发环境。
- 理解OpenCV图像处理库。

能力目标

- 能使用VideoCapture方法实例化摄像头对象。
- 能使用set方法设置采集图像的像素。
- 能使用namedWindow方法构建图像窗口。
- 能使用read方法读取图像。
- 能使用imshow方法展示图像。
- 能使用imwrite方法保存图像。

素质目标

- 具有主动学习和积极适应的工作态度。
- 具有沟通交流的能力。

任务分析

任务描述：

本任务将实现利用USB摄像头采集图像，显示在触摸屏并保存。

任务要求：

- 在Linux下查看USB摄像头设备。
- 使用opencv-python完成图像采集。
- 在触摸屏显示采集到的图像。
- 将采集到的图像保存在当前路径下。

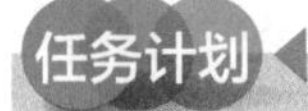

根据所学相关知识，制订本任务的实施计划，见表1-1。

表1-1 任务计划表

项目名称	使用OpenCV实现人脸检测
任务名称	图像的读取与保存
计划方式	自主设计
计划要求	请按照计划分步骤完整描述出如何完成本任务
序　号	任务计划步骤
1	
2	
3	
4	
5	
6	
7	
8	

知识储备

1. JupyterLab交互式开发环境

本书配套Notebook格式的教学案例，适用于JupyterLab开发环境。

（1）JupyterLab是什么

JupyterLab是一个集Jupyter Notebook、文件浏览器、文本编辑器、终端以及各种个性化组件于一体的交互式集成开发环境（IDE），它拥有灵活且强大的用户界面。JupyterLab的强大之处在于，用户可以将它部署在云服务器、个人计算机甚至是边缘端设备上，而且部署后仅需使用浏览器访问，即可便捷地使用该开发环境。JupyterLab启动页如图1-2所示。

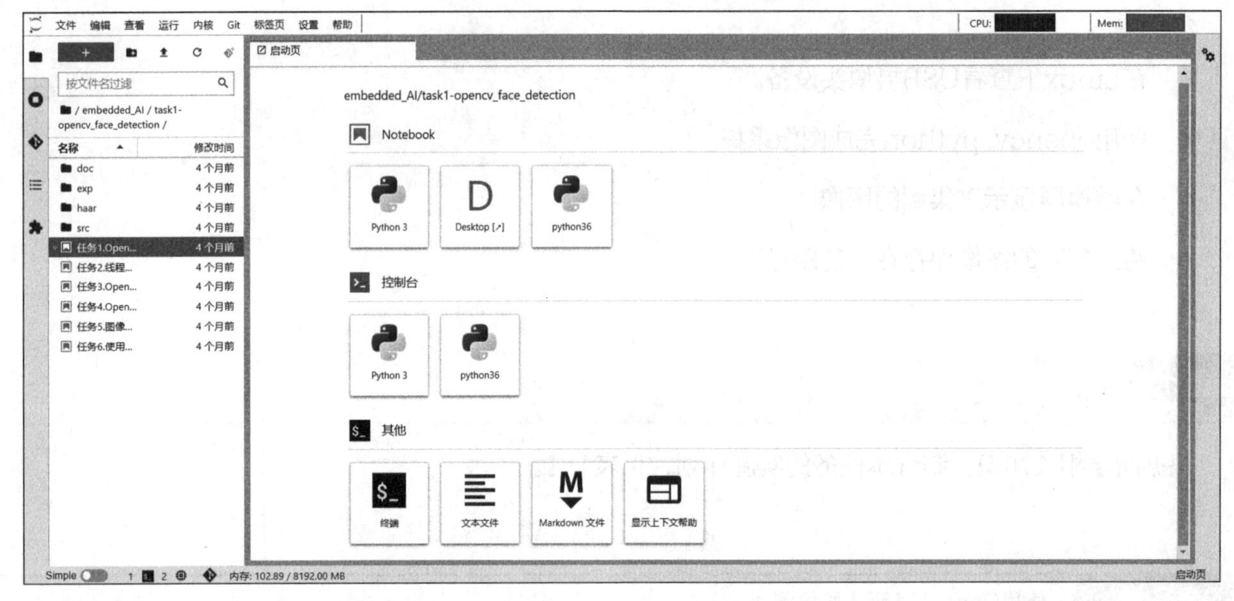

图1-2　JupyterLab启动页

JupyterLab支持但不限于Python、R、Java等多种编程语言，以及Markdown、LaTex等写作语言和其公式输入。JupyterLab与Jupyter Notebook最大的区别在于模块化的界面。在JupyterLab中，可以在同一个窗口以标签的形式同时打开多个文档，同时其管理插件功能强大，为开发者提供了丰富的拓展功能。

（2）JupyterLab的组成

JupyterLab中的代码块由网页应用和文档组成。

1）网页应用。网页应用即基于网页形式的，结合了编写说明文档、数学公式、交互计算和其他媒体形式的工具。简单来说，网页应用是可以实现各种功能的工具，JupyterLab网页应用的界面如图1-3所示。

图1-3　JupyterLab网页应用界面

2）文档。JupyterLab中所有交互计算、编写说明文档、数学公式、图片以及其他媒体形式的输入和输出，都是以文档的形式体现的。这些文档是扩展名为.ipynb的JSON格式文件，不仅便于版本控制，也便于与他人共享。此外，文档还支持以HTML、LaTeX、PDF等格式导出。

（3）JupyterLab的主要特点

1）交互模式：使用Python交互模式，可以直接输入代码然后执行，并立刻得到结果，因此Python交互模式主要用于调试Python代码。

2）内核支持的文档：使用户可以在Jupyter内核中运行的任何文本文件（Markdown、Python和R等）中启用代码。

3）模块化界面：可以在同一个窗口同时打开多个Notebook或文件（HTML、TXT和Markdown等），都以标签的形式展示，更像是一个IDE。

4）镜像Notebook输出：使用户可以轻易地创建仪表板。

5）同一文档多视图：使用户能够实时同步编辑文档并查看结果。

6）支持多种数据格式：用户可以查看并处理多种数据格式，也能提供丰富的可视化输出或者Markdown形式输出。

7）云服务：使用JupyterLab连接Google Drive等服务，极大地提升生产力。

（4）JupyterLab操作介绍

1）菜单栏介绍。菜单栏位于窗口顶部，一共有8个默认菜单，分别为文件、编辑、查看、运行、内核、标签、设置、帮助。菜单及对应的功能见表1-2。

表1-2　菜单及对应的功能

菜　单	功　能
文件	文件和目录有关的操作
编辑	编辑文档和其他活动有关的动作
查看	更改JupyterLab外观的动作
运行	用于在不同活动（例如Notebook和代码控制台）中运行代码的动作
内核	用于管理内核的操作，内核是运行代码的独立过程
标签	停靠面板中打开的文档和活动的列表
设置	常用设置和高级设置编辑器
帮助	JupyterLab和内核帮助链接的列表

2）用户界面操作栏。界面右侧窗格为主要的工作区域，操作按钮及对应的功能见表1-3。

表1-3　操作按钮及对应的功能

操作按钮图形	功　能
	保存内容，并创建检查点
	下方插入单元格
	剪切选中的单元格
	复制选中的单元格
	从剪切板粘贴单元格
	运行选定的单元格并向前移动
	中断内核
	JupyterLab和内核帮助链接的列表
	重启内核，并重新运行整个Notebook
Markdown	单元格状态

3）常用快捷键。JupyterLab常用快捷键及对应的功能见表1-4。

表1-4　快捷键及对应的功能

快　捷　键	功　能
Enter	转入编辑模式
Shift + Enter	运行本单元，选中下个单元
Ctrl + Enter	运行本单元
Alt + Enter	运行本单元，在其下插入新单元
Y	单元转入代码状态
M	单元转入Markdown状态
R	单元转入raw状态
A	在上方插入新单元
B	在下方插入新单元
DD（按两次<D>键）	删除选中单元格

2. OpenCV图像处理库

（1）OpenCV

1）OpenCV简介。OpenCV是一个基于BSD（伯克利软件套件）许可（开源）发行的跨平台计算机视觉库，轻量级而且高效，由一系列C函数和少量C++类构成，同时提供了Python、Ruby、MATLAB等语言的接口，实现了图像处理和计算机视觉方面的很多通用算法，能够快速实现图像处理和识别任务。OpenCV图像处理库的图标如图1-4所示。

图1-4　OpenCV图像处理库的图标

OpenCV的应用领域非常广泛，包括图像拼接、图像降噪、产品质检、人机交互、人脸识别、动作识别、动作跟踪、无人驾驶等。OpenCV库包含从计算机视觉各个领域衍生出来的500多个函数，包括工业产品质量检验、医学图像处理、安保、交互操作、相机校正、双目视觉以及机器人学等。

2）OpenCV的优势。计算机视觉市场巨大且持续增长，然而这方面没有标准API，如今的计算机视觉软件大概有以下3种：

①研究代码（慢、不稳定、独立并与其他库不兼容）；②耗费很高的商业化工具（比如Halcon、MATLAB+Simulink）；③依赖硬件的一些特别的解决方案（比如视频监控、制造控制系统、医疗设备）。

OpenCV致力于成为标准的API，简化计算机视觉程序和解决方案的开发。它通过编写优化的C代码可观地提升了其执行速度，并且可以通过购买Intel的IPP（Integrated Performance Primitives，集成性能基元）高性能多媒体函数库得到更快的处理速度。

（2）opencv-python

1）opencv-python简介。opencv-python是一个适用于Python环境的OpenCV图像处理库，用于在Python中实现图像的获取、处理等操作。opencv-python为OpenCV提供了Python接口，使得用户在Python中能够调用C和C++代码，在保证易读性和运行效率的前提下，实现所需的功能。

2）opencv-python的优势。与C/C++等语言相比，Python速度较慢。也就是说，Python可以使用C/C++轻松扩展，这使得用户可以在C/C++中编写计算密集型代码，并创建可用作Python模块的Python包装器。

这带来了两个好处：①代码与原始C/C++代码一样快（因为它是在后台工作的实际C++代码）。②在Python中编写代码比使用C/C++更容易。opencv-python是原始OpenCV C++实现的Python包装器。

3. Linux上硬件设备的访问

在Linux上，可以通过以下几种方式来访问硬件设备。

设备文件：Linux将硬件设备表示为设备文件，这些文件通常位于/dev目录下，可以通过读写这些设备文件来与硬件设备交互。例如，硬盘设备可能被表示为/dev/sda，串口设备可能被表示为/dev/ttyS0。可以使用命令行工具或编程语言中的文件I/O操作来访问这些设备文件。

命令行工具：Linux提供了许多命令行工具用于访问和管理硬件设备。例如，lsusb用于列出USB设备信息，lspci用于列出PCI设备信息，hwinfo用于显示硬件信息等。这些工具可以帮助用户查看连接到系统的硬件设备的详细信息。

虚拟文件系统：Linux提供了一些虚拟文件系统，如/proc和/sys，用于访问内核和设备信息。可以通过读取这些虚拟文件系统中的文件来获取有关硬件设备的信息，以及对硬件设备进行一些配置。

编程接口：如果是开发者，可以使用编程接口来访问硬件设备。Linux 提供了许多编程接口，如ioctl、mmap 等，用于与硬件设备交互。可以使用C、C++、Python等编程语言来使用这些接口。

1. 在Linux下查看USB摄像头设备

查看video设备。在Linux中任何对象都是文件，查看当前是否有摄像头挂载到系统上，可以执行下面的命令行。

命令说明

ls -ltrh /dev/video*：列出/dev目录下所有以video开头的设备。参数说明：

- -l：列出文件的详细信息。
- -t：以时间排序。
- -r：对目录反向排序。
- -h：显示文件的大小。

动手练习

在<1>处，使用ls命令设置查看参数为ltrh，查看/dev目录下的所有video设备。

设置完成后执行命令，若输出如下结果，则说明命令正确。

```
crw-rw----1 root video 81，0 6月    18 18:25 /dev/video0
```

```
!<1>
```

知识补充

/dev/video0表示有一个摄像头挂载在开发板上，编号为0。

输出结果中的crw含义如下：

c：表示字符设备文件。

r：表示可读权限。

w：表示可写权限。

2. 图像的读取与显示

获取摄像头信息后，使用OpenCV从USB摄像头采集图像并显示。

（1）导入cv2

python-opencv在python中的包名称是cv2。

cv2实现了图像处理和计算机视觉方面的很多通用算法。

```
import cv2
```

动手练习

在<1>处，请填写cv2.__version__来查看OpenCV的版本。

填写完成后执行代码，若输出结果为OpenCV的版本号，则说明填写正确。

```
<1>
```

（2）创建VideoCapture实例

创建VideoCapture对象的时候，需要传入一个合适的摄像头编号。

函数说明

cv2.VideoCapture(id)：实例化摄像头（获取摄像头设备）。

VideoCapture接收的参数id为序号。常用的序号包括：

0：默认为开发板上的摄像头（如果有的话）/ USB摄像头webcam。

1：USB摄像头2。

2：USB摄像头3。

以此类推，3为USB摄像头4，4为摄像头5，等等。

–1：代表最新插入的USB设备。

cap = cv2.VideoCapture(0)实例化对象并赋值给cap。

time.sleep(2)设置睡眠2s，即等待摄像头打开的延时。

动手练习

在<1>处，请填写cv2.VideoCapture来读取编号为0的摄像头。

填写完成后执行代码，若输出结果类似为<VideoCapture 0x7f3a0ead0>的VideoCapture实例对象地址，则说明填写正确。

```
cap = <1>
cap
```

（3）查看摄像头是否开启

实例化VideoCapture对象后，摄像头会自动打开，使用cap. isOpened()方法查看摄像头状态。若摄像头已打开，将返回True，否则返回False。

```
print("摄像头是否已经打开？ {}".format(cap.isOpened()))
```

（4）设置显示画面

接下来利用cap. set方法对窗口像素进行设置。

函数说明

cap.set（propId，value）：设置摄像头采集画面的分辨率。

propId表示VideoCaptureProperties中的属性标识符。propId的值包括：

cv2.CAP_PROP_FRAME_WIDTH，表示设置摄像头采集画面宽度像素大小。

cv2.CAP_PROP_FRAME_HEIGHT，表示设置摄像头采集画面高度像素大小。

value则表示属性标识符的值，例如将采集画面宽度设置为1920，高度设置为1080。

```
# 画面宽度设置为 1920
cap.set(cv2.CAP_PROP_FRAME_WIDTH, 1920)
# 画面高度设置为 1080
cap.set(cv2.CAP_PROP_FRAME_HEIGHT, 1080)
```

（5）创建显示窗口

函数说明

cv2.namedWindow(winname, flags)：构建视频的窗口，用于放置图片。

winname表示窗口的名字，可用作窗口标识符的窗口名称。

flags用于设置窗口的属性。常用属性包括：

WINDOW_NORMAL：可以调整大小窗口。

WINDOW_KEEPRATIO：保持图像比例。

WINDOW_GUI_EXPANDED：绘制一个新的增强GUI窗口。

创建一个名为image_win的窗口，设置窗口属性为可调整大小、保持图像比例，以及绘制窗口。

```
cv2.namedWindow('image_win', flags=cv2.WINDOW_NORMAL | cv2.WINDOW_KEEPRATIO | cv2.WINDOW_
GUI_EXPANDED)
cv2.setWindowProperty('image_win', cv2.WND_PROP_FULLSCREEN, cv2.WINDOW_FULLSCREEN) # 全屏展示
```

（6）读取图像

函数说明

cap.read()：用于获取一帧图片。cap.read()的返回值有两个，分别赋值给ret和frame。

ret：若画面读取成功，则返回True，否则返回False。

frame：表示读取到的图片对象（numpy的ndarray格式）。

动手练习

在<1>处，请用cap.read()来读取图像，赋值给ret和frame两个参数。

填写完成后执行代码，若ret输出结果为True，则说明填写正确。

```
ret, frame = <1>
print(ret)
print(frame)
```

（7）显示图片

函数说明

cv2.imshow(winname, mat)：用于在窗口中显示图像。

winname即窗口名称（也就是对话框的名称）。它是一个字符串类型。

mat表示一帧的画面图像。可以创建任意数量的窗口，但必须使用不同的窗口名称。

cv2.waitKey：控制imshow的持续时间。当imshow之后没有waitKey时，相当于没有给imshow提供时间展示图像，只会有一个空窗口一闪而过。例如，cv2.waitKey(100)表示窗口中显示图像时间为100ms。

注意：cv2.imshow之后一定要设置cv2.waitKey函数。

动手练习

在<1>处，请用cv2.imshow来显示图片，将frame图片放入之前创建的image_win窗口中。

在<2>处，请用cv2.waitKey设置窗口显示时间为100ms。

填写完成后执行代码，若在显示屏上能够正常地显示图片，则说明填写正确。

```
<1>
<2>
```

（8）保存图片

函数说明

cv2.imwrite(filename, img)：用于将图像保存为文件。

filename表示包含文件名的完整文件路径。

img表示要保存的图像。

动手练习

在<1>处，请用cv2.imwrite保存frame图片，命名为“img_1.1.png”，图片默认保存路径为当前路径。

填写完成后执行代码，可以通过后续两种方式检查。

```
<1>
```

1）查看图片方法一：通过输入命令“!ls”来查看当前路径下是否有刚刚保存的图片。

```
!ls ./exp/*.png
```

2）查看图片方法二：进入exp目录查看保存的图片，如图1-5所示。

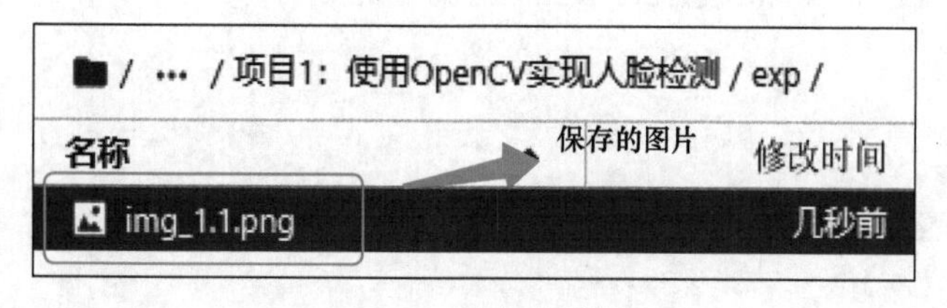

图1-5　保存的图片

（9）释放资源

函数说明

cap.release()：停止捕获视频，用cv2.VideoCapture(0)创建对象，操作结束后要用cap.release()来释放资源，否则会占用摄像头导致摄像头无法被其他程序使用。

cv2.destroyAllWindows()：用来删除所有使用cv2创建的窗口。

```
# 释放VideoCapture
cap.release()
# 销毁所有的窗口
cv2.destroyAllWindows()
```

动手练习

按照以下要求完成实验：

在<1>处，实例化一个VideoCapture对象并赋值给cap，设置休息时间为2s。

在<2>处，使用cap.set设置显示画面像素，宽度为1280，高度为800。

在<3>处，使用cv2.namedWindow创建显示窗口，将其命名为image_win，属性设置为可调整大小、保持图像比例。

在<4>处，使用cap.read()读取图像，将返回值赋给ret和frame。

在<5>处，使用cv2.imshow在窗口image_win中显示图像frame，设置cv2.waitKey()为200ms。

在<6>处，使用cv2.imwrite保存frame图像，命名为“图像保存.png”。

在<7>处，使用cap.release()和cv2.destroyAllWindows()释放资源。

完成实验后，若在当前路径下能够查看到命名为“图像保存.png”的图像，则表示实验完成。

```
import cv2
import time
# 打开摄像头
<1>
print(cap.isOpened())
#设置画面像素
<2>
#构建视频的窗口
<3>
#读取摄像头图像
<4>
#更新窗口"image_win"中的图片，并设置cv2.waitKey()为200ms
<5>
#保存图片
<6>
#释放VideoCapture，并销毁所有窗口
<7>
```

通过输入命令“!ls”来查看当前路径下是否有刚刚保存的图片。

```
!ls ./exp/*.png
```

任务小结

本任务首先介绍了JupyterLab交互式开发环境和OpenCV图像处理库的基本知识和概念，然后通过任务实施，带领读者完成查看USB摄像头设备、图像采集、图像显示、图像保存等实验。

通过本任务的学习，读者可对OpenCV的基本知识和概念有更深入的了解，在实践中逐渐熟悉JupyterLab的基础操作方法。本任务相关的知识技能思维导图如图1-6所示。

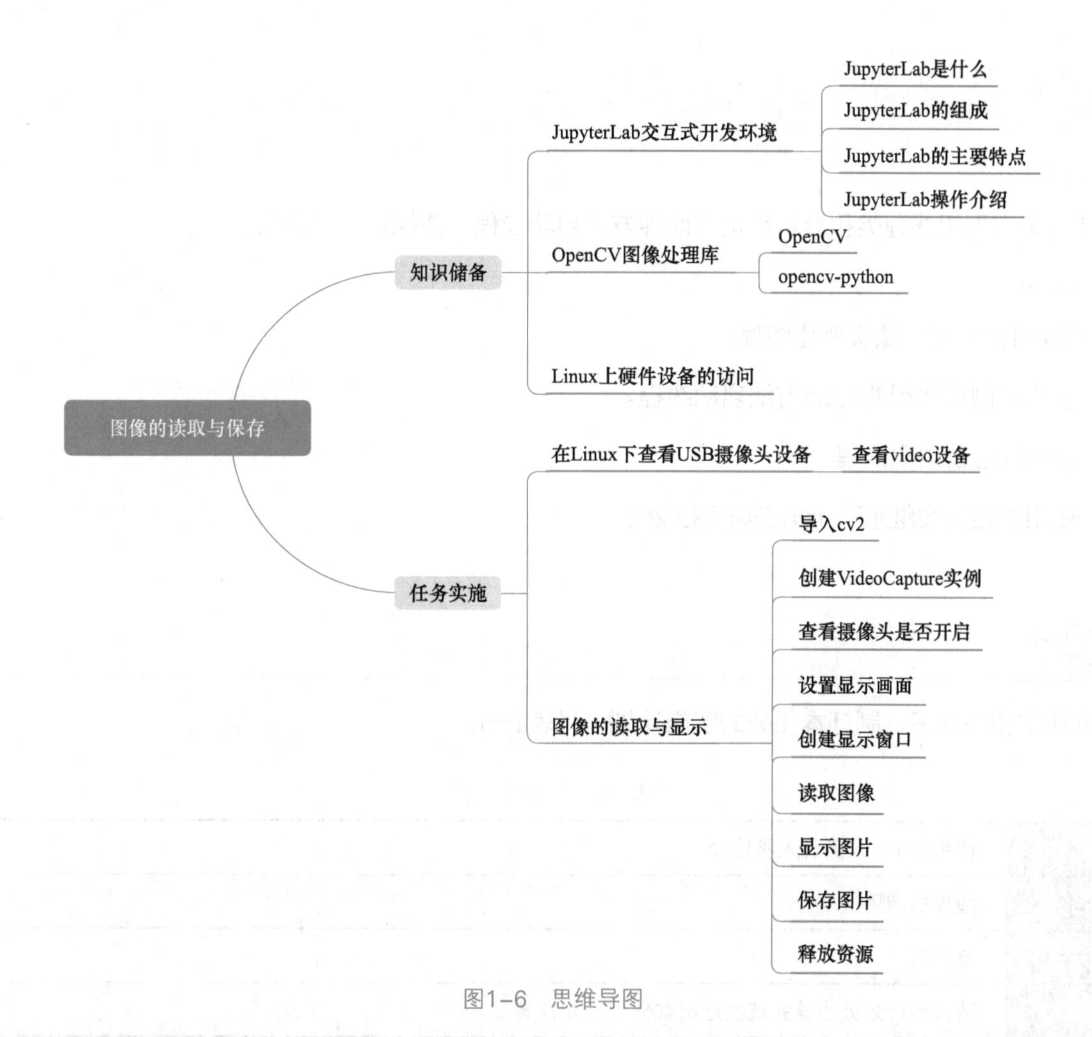

图1-6　思维导图

任务2　线程的调用

知识目标

- 能够理解进程与线程的概念。
- 了解Python中Threading库的应用场景。

能力目标

- 能够理解进程与线程的概念。
- 了解Python中Threading库的使用方式。
- 能够编写自定义线程类并调试。

素质目标

- 具有理论联系实际、实事求是的科学态度。
- 具有艰苦奋斗、团结合作的精神。

任务分析

任务描述：

本任务将实现用线程类和继承线程类两种方式启动线程，并执行线程任务。

任务要求：

- 使用Thread方法实例化线程。
- 使用实例化线程的start方法启动线程。
- 使用标志位退出线程。
- 使用自定义类继承Thread实例化线程。

根据所学相关知识，制订本任务的实施计划，见表1-5。

表1-5　任务计划表

项目名称	使用OpenCV实现人脸检测
任务名称	线程的调用
计划方式	自主设计
计划要求	请按照计划分步骤完整描述出如何完成本任务
序　　号	任务计划步骤
1	
2	
3	
4	
5	
6	
7	
8	

知识储备

1. 进程

进程（process）是计算机中的程序关于某数据集合的一次运行活动，既是系统进行资源分配和调度的基本单位，也是操作系统结构的基础。在早期面向进程设计的计算机结构中，进程是程序的基本执行实体。在面向线程设计的计算机结构中，进程是线程的容器。程序是指令、数据及其组织形式的描述；进程是程序的实体。

进程的概述图如图1-7所示。

任务管理器

文件(F) 选项(O) 查看(V)

进程 性能 应用历史记录 启动 用户 详细信息 服务

名称	12% CPU	76% 内存	8% 磁盘
Internet Explorer (6)	4.0%	568.8 MB	0.6 MB/秒
System	2.2%	0.1 MB	0.2 MB/秒
截图工具	1.1%	3.3 MB	0.1 MB/秒
Adobe® Flash® Player Utility	0.3%	1.2 MB	0.1 MB/秒
桌面窗口管理器	3.6%	22.0 MB	0.1 MB/秒
Windows 任务的主机进程	0%	3.1 MB	0.1 MB/秒
服务主机: 本地服务(无网络) (3)	0%	5.1 MB	0.1 MB/秒
服务主机: 本地服务 (6)	0%	4.3 MB	0 MB/秒
Windows 资源管理器	0%	27.0 MB	0 MB/秒
360杀毒 实时监控	0%	14.6 MB	0 MB/秒
服务主机: 本地系统(网络受限) (6)	0%	32.0 MB	0 MB/秒
任务管理器	0.7%	6.5 MB	0 MB/秒
系统中断	0.7%	0 MB	0 MB/秒

图1-7　进程的概述图

进程是一个具有独立功能的程序关于某个数据集合的一次运行活动。它可以申请和拥有系统资源，既是一个动态的概念，也是一个活动的实体。它不只是程序的代码，还包括当前的活动，通过程序计数器的值和处理寄存器的内容来表示。

2. 线程

线程是操作系统能够进行运算调度的最小单位，是进程中的实际执行单元，负责当前进程中程序的执行。一个进程中至少有一个线程，也可以包含多个线程——称为多线程程序。

一个线程指的是进程中一个单一顺序的控制流，一个进程中可以并发多个线程，多个线程并行执行不同的任务。在UNIX System V及SunOS中，线程也被称为轻量进程（lightweight process），但轻量进程更多指内核线程（kernel thread），线程主要指用户线程（user thread）。

线程是进程的一个实体，是CPU调度和分派的基本单位。线程可以是操作系统内核调度的内核线程，如Win32线程；可以是由用户进程自行调度的用户线程，如Linux平台的POSIX thread；还可以是由内核与用户进程混合调度，如Windows 7的线程。

同一进程中的多个线程将共享该进程中的全部系统资源，如虚拟地址空间、文件描述符和信号处理等。但同一进程中的多个线程有各自的调用栈（call stack）、寄存器环境（register context）和线程本地存储（thread local storage）。

一个进程可以有很多个线程，每个线程并行执行不同的任务。在多核、多CPU，或支持Hyper-threading的CPU上使用多线程程序设计提高了程序的执行吞吐率。在单CPU单核的计算机上，使用多线程技术也可以把进程中因负责I/O处理、人机交互而常被阻塞的部分与密集计算的部分分开执行，编写专门的workhorse线程执行密集计算，从而提高程序的执行效率。

由于线程是操作系统直接支持的执行单元，因此高级语言通常都内置多线程的支持，Python也不例外，并且Python的线程是真正的POSIX thread，而不是模拟出来的线程。

知识拓展

扫一扫，了解进程与线程的更多知识吧。

3. Threading库

（1）Threading库简介

进程有可以拥有多个线程，所以Threading库提供了管理多个线程执行的API，允许程序在同一个进程空间并发地运行多个操作。Threading库是Python的多线程库，利用Threading库我们可以轻松实现多线程任务。

（2）threading模块

Python的标准库提供了两个模块：①_thread，低级模块；②threading，高级模块，它对_thread进行了封装，绝大多数情况下，只需要使用threading这个高级模块。

（3）Thread类

threading模块中最核心的内容是Thread类。创建Thread对象，然后执行线程，每个Thread对象代表一个线程，每个线程可以让程序处理特定的任务，这就是多线程编程。

Thread类是threading模块的主要执行对象。Thread对象有3个数据属性：name（线程名）、ident（线程的标识）、daemon（布尔值，是否守护线程）。这3个数据属性可以直接通过对象调用并设置。

守护线程一般是个等待客户端请求服务的服务线程，进程退出时，该线程在正常情况下不会退出。

Thread类中一些对象方法描述如下：

- _init_()：实例化一个线程对象。
- start()：开始执行线程。
- run()：定义线程功能方法（一般在子类中重写）。
- Join（timeout=None）：表示直至启动的线程终止或timeout秒，否则一直挂起，用于主线程任务结束之后，进入阻塞状态，一直等到其他子线程执行结束之后，主线程再终止。
- isAlive/is_ alive()：判断线程是否存活。

1. 导入相应的包

依赖说明

threading：threading模块提供了管理多个线程执行的API。

```
import threading
import time
```

2. 启动线程的第一种方式

第一种方式：创建线程要执行的函数，把这个函数传递进Thread对象里，即实例化一个Thread对象，让它来执行。

函数可以通过threading. Thread (target) 方法传递进Thread对象里，进而启动线程。

函数说明

threading.Thread(target)：用于创建线程。

target是线程函数变量参数，用于传入函数参数。

（1）创建自定义函数

创建函数Video () 。

```
def Video():
        print("这是一个线程")
```

动手练习

在<1>处，将函数Video()作为参数传入threading.Thread中实例化一个Thread对象——t。

填写完成后执行t.start()，若输出结果如下，则说明填写正确。

```
t.start()
```

这是一个线程

```
<1>
```

启动线程：线程对象t调用start()方法，开始执行线程函数Video()。

```
t.start()
```

线程在Video()函数运行结束后关闭。

（2）线程退出

threading模块并没有提供停止线程的方法，一旦线程对象调用start () 方法，之后只能等到对应的方法函数运行完毕，线程才能停止。

如果线程中有循环，线程就会一直执行，直到循环结束，再运行循环后的语句。

因此，如果需要提前退出线程，则要先退出循环，一般的方法就是循环地判断一个标志位变量working，一旦标志位到达预定的值，就退出循环。这样就能实现退出线程了。

设置一个标志位变量working，初始值赋为True。

定义函数Video ()，当working为True时，该函数将循环打印。

将函数Video () 作为参数传入threading. Thread中，实例化一个Thread对象——t。

动手练习

在<1>处，定义标志位变量working，并赋值True，作为循环条件。

在<2>处，请用print在循环内打印“这是一个线程”。

在<3>处，请用time.sleep在打印完后睡眠2s。

在<4>处，请用print在循环外打印“线程已退出”。

填写完成后执行代码，若能够正常打印如图1-8所示“这是一个线程”和“线程已退出”的结果，则说明填写正确。

```
t.start()

这是一个线程
这是一个线程
.
.
.
________________

working = False

线程已退出
```

图1-8　执行结果（一）

```
# 定义标志位变量
<1>
def Video():
    while working:
        <2>
        <3>
    <4>
t = threading.Thread(target=Video)
```

线程对象t调用start()方法，开始执行线程函数后会一直打印“这是一个线程”。

主进程t.start()已经运行完毕，线程Video()还在后台继续运行，将会持续循环打印。

```
t.start()
```

想要停止循环，需要改变while循环的循环条件，即标志位变量working的值，当循环条件working的值不满足while循环条件时，就能够退出循环。

```
working = False
```

函数Video()在退出循环后，执行最后一句print语句，结束线程。

3. 启动线程的第二种方式

第二种方式：直接从Thread继承，创建一个新的class，把线程执行的代码放到这个新的class里。也就是说，编写一个自定义类继承Thread，然后复写run()方法，在run()方法中编写任务处理代码，最后创建这个Thread的子类。

将函数封装成线程类，便于线程的调用与停止。大多数情况下，采用这种方式来启动线程，属于面向对象编程。

函数说明

self：Python中规定，函数的第一个参数就必须是实例对象本身，并且约定俗成地把其命名为self，以self为前缀的变量都可供类中的所有方法使用。

def __init__(self)：在实例化类时定义变量。

super：函数是用于调用父类（超类）的一个方法。这里表示继承线程类threading.Thread。

def run(self)：把要执行的代码写到run函数里面，线程被创建后，通过start()可以直接运行run函数。

退出线程的方式：在类中定义标志位变量，通过编写stop函数来控制标志位变量，实现退出循环。

def stop(self)：线程停止函数，用于控制标志位变量，从而控制线程。

动手练习

在<1>处，从导入的threading库中继承Thread。

在<2>处，命名一个stop函数，用于退出线程。

在<3>处，将控制循环的标志位变量赋值为False。

填写完成后执行代码，若能够正常打印如图1-9所示“这是一个线程”和“线程已退出”的结果，则说明填写正确。

```
t.start()

这是一个线程
这是一个线程
.
.
.

______________

working = False

线程已退出
```

图1-9　执行结果（二）

```
class videoThread(<1>):
    def __init__(self):
        super(videoThread, self).__init__()
        self.working = True   # 循环标志位变量

    def run(self): # start()后运行run函数
        while self.working:
            print("这是一个线程")
```

```
            time.sleep(2)

    def <2>(self):
        <3>
            print("退出线程")
```

实例化一个videoThread()线程类，实例化对象为a。

```
a = videoThread()
```

线程对象a调用start()方法，开始执行videoThread()线程类中的run函数。

```
a.start()
```

线程对象a调用videoThread()线程类中的stop函数，来退出线程。

```
a.stop()
```

动手练习

理解线程类，按照以下要求完成实验：

在<1>处，创建一个class类，其名为TextThread，继承threading.Thread。

在<2>处，函数__init__中使用super调用父类，定义self.work_status循环标志位变量，赋值True。

在<3>处，函数run执行循环语句，循环判断self.work_status，循环中执行print语句打印，睡眠时间为1s。

在<4>处，函数stop使用if条件语句判断self.work_status循环标志位变量，若为True，则将self.work_status赋值为False，并打印退出线程。

在<5>处，实例化线程类，启动线程。

在<6>处，停止线程。

能够成功开启线程有动手实验输出，并且退出线程有退出线程输出，则表示实验完成。

```
# 补全代码
class <1>(threading.Thread):
    def __init__(self):
        <2>
        <2> # 循环标志位变量

    def run(self): # 运行run函数
        <3>

    def stop(self):
        <4>
# 补全代码
# 实例化线程类，并调用start()方法启动
<5>
# 补全代码
# 调用stop()方法，停止线程
<6>
```

任务小结

本任务首先介绍了线程和进程的基本知识，以及Threading库的基本用法。之后通过任务实施，带领读者完成了导入包、创建自定义线程类、创建线程对象、启动线程、退出线程等操作。

通过本任务的学习，读者对线程的基本知识和概念有了更深入的了解，在实践中逐渐熟悉线程的基础操作方法。本任务相关的知识技能思维导图如图1-10所示。

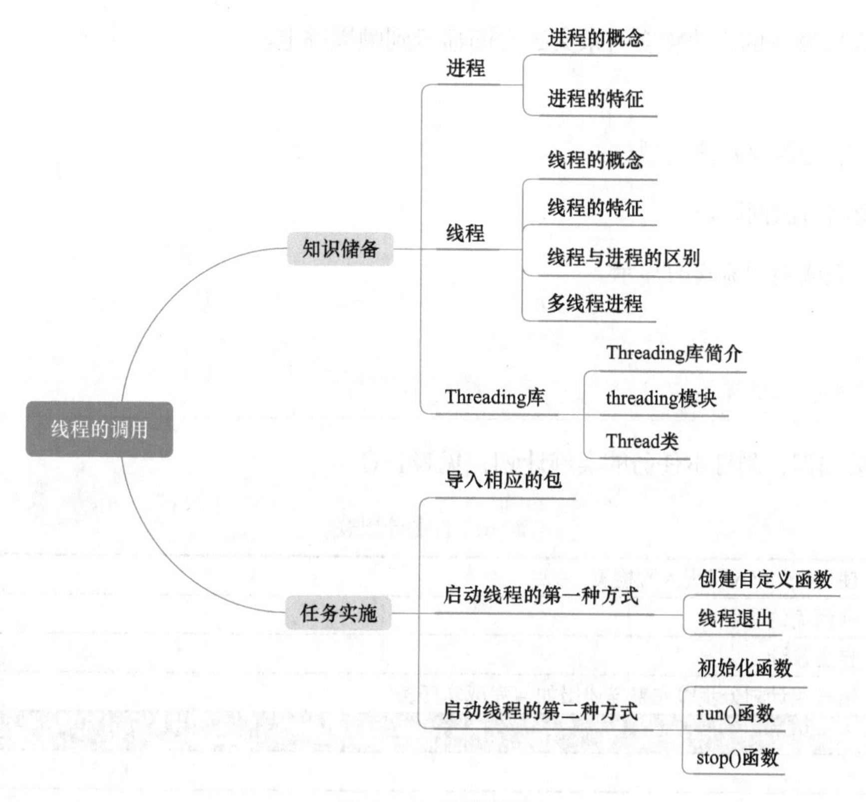

图1-10　思维导图

任务3　视频流的调用

知识目标

- 理解线程实现视频流显示的方法。

能力目标

- 掌握以线程的方式实现视频流显示。
- 熟悉图像读取与保存的方法。
- 熟悉线程的编写与调用。

素质目标

- 具有实干创新的精神。
- 具备良好的社会公德和职业道德等思想道德素质。

任务分析

任务描述：

本任务将实现以线程的方式将实时采集的画面显示到触摸屏上。

任务要求：

- 图像的读取与保存方法回顾。
- 线程的调用方法回顾。
- 使用线程完成视频流实时显示。

任务计划

根据所学相关知识，制订本任务的实施计划，见表1-6。

表1-6　任务计划表

项目名称	使用OpenCV实现人脸检测
任务名称	视频流的调用
计划方式	自主设计
计划要求	请按照计划分步骤完整描述出如何完成本任务
序　　号	任务计划步骤
1	
2	
3	
4	
5	
6	
7	
8	

知识储备

1. 图像读取与保存方法回顾

详细代码解释在这里不再赘述，如有遗忘，可以查看任务1：图像的读取与保存。

2. 线程的调用方法回顾

详细代码解释在这里不再赘述，如有遗忘，可以查看任务2：线程的调用。

摄像头视频流线程类编写主要内容如下：

1）在init函数中定义标志位变量，打开摄像头，设置宽和高像素。

2）使用之前实验读取图像和显示图片的代码结合循环，通过循环的方式反复读取后再显示画面，就能够形成视频流图像。

3）在run函数中构建视频窗口，利用循环体重复读取摄像头图像、更新显示图片和设置图像显示的时长。

4）在stop函数中定义标志位变量、摄像头释放、窗口释放。

5）将视频流图像封装成线程类，用线程的方式运行函数。

6）显示视频流的图像并退出。

动手练习

在<1>处，请用cv2.VideoCapture()函数读取编号为0的默认摄像头，赋值给self.cap。

在<2>处，请用self.cap.set()函数使用cv2.CAP_PROP_FRAME_WIDTH设定画面宽度为1920。

在<3>处，请用self.cap.set()函数使用cv2.CAP_PROP_FRAME_HEIGHT设定画面高度为1080。

在<4>处，请用cv2.namedWindow()函数设置名为image_win的窗口，设置窗口属性为可调整大小（cv2.WINDOW_NORMAL）、保持图像比例（cv2.WINDOW_KEEPRATIO）和绘制窗口（cv2.WINDOW_GUI_EXPANDED）。

在<5>处，请用self.cap.release()函数在退出线程时释放摄像头VideoCapture。

在<6>处，请用cv2.destroyAllWindows()函数在退出线程时销毁所有窗口。

填写完成后执行代码，若能够正常打印，摄像头已打开并且能够将摄像头视频流显示至显示屏，则说明填写正确。

```
import threading
import cv2 # 引入OpenCV库函数

class videoThread(threading.Thread):
    def __init__(self):
        super(videoThread, self).__init__()
        self.working = True    # 循环标志位变量
        <1>  # 打开摄像头
        if not self.cap.isOpened():
            print("无法打开摄像头")
        else:
            print("摄像头已打开")
        # 画面宽度设定为 1920，高度设定为 1080
        <2>
        <3>
    def run(self):
```

```
            # 构建视频的窗口
            <4>

            while self.working:
                # 读取摄像头图像
                ret, frame = self.cap.read()
                if ret: # 若摄像头已开启
                    # 更新窗口image_win中的图片
                    cv2.imshow('image_win',frame)
                    # 等待按键事件发生，等待1ms
                    cv2.waitKey(1)
    def stop(self):
        if self.working:
            self.working = False
            # 释放VideoCapture
            <5>
            # 销毁所有窗口
            <6>
            print("退出线程")
```

实例化一个videoThread()线程类，实例化对象为a。

线程对象a调用start()方法，开始执行videoThread()线程类中的run函数。

```
a = videoThread()
a.start()
```

实例化对象a调用videoThread()线程类中的stop函数，来退出线程。

```
a.stop()
```

动手练习

理解线程类，实现视频流拍照功能。按照以下要求完成实验：

在<1>处，实例化一个VideoCapture对象，赋值给cap。

在<2>处，使用cap.set设置显示画面像素，宽度为1920，高度为1080。

在<3>处，通过__init__定义self.cap对象，使用read函数读取图像，将返回值赋给ret和frame。

在<4>处，使用cv2.imshow在窗口image_win中显示图像self.frame。

在<5>处，增加一个图像保存函数savePh(self)，使用cv2.imwrite保存self.frame图像，命名为“图像保存2.png”。

若能够正常执行流程，则表示实验完成。

```
class videoThread(threading.Thread):
    def __init__(self):
        super(videoThread, self).__init__()
        self.working = True  # 循环标志位变量
        <1>
        self.frame = None
        if not self.cap.isOpened():
```

```
                print("无法打开摄像头")
        else:
                print("摄像头已打开")
        # 画面宽度设定为 1920，高度设定为 1080
    <2>

    def run(self):
        # 构建视频的窗口
        cv2.namedWindow('image_win',flags=cv2.WINDOW_NORMAL | cv2.WINDOW_KEEPRATIO |
cv2.WINDOW_GUI_EXPANDED)
        cv2.setWindowProperty('image_win', cv2.WND_PROP_FULLSCREEN, cv2.WINDOW_FULLSCREEN)
# 全屏展示
        while self.working:
            # 读取摄像头图像
            <3>
            if not ret:
                print("图像获取失败，请按照说明进行问题排查")
                break

            # 更新窗口 "image_win" 中的图片
            <4>
            # 等待按键事件发生，等待1ms
            key = cv2.waitKey(1)
    def savePh(self):
        #补全以下代码
        <5>

    def stop(self):
        if self.working:
            self.working = False
            # 释放VideoCapture
            self.cap.release()
            # 销毁所有窗口
            cv2.destroyAllWindows()
            print("退出线程")
```

实例化一个videoThread()线程类，实例化对象为a。

线程对象a调用start()方法, 开始执行videoThread()线程类中的run()函数。

```
a = videoThread()
a.start()
```

实例化对象a调用线程类中的savePh()函数，来保存图像，形成拍照效果。

```
a.savePh()
```

可以通过输入命令“!ls”来查看生成的图片。

```
!ls ./exp/img_3.*.png
```

实例化对象a调用线程类中的stop()函数，来退出线程。

注意：在本实验结束时，请务必退出线程，否则可能由于该线程占用摄像头导致其他实验无法正常进行。

```
a.stop()
```

任务小结

本任务首先回顾了图像的读取与保存、线程的调用，使读者可以利用之前学习的相关知识来完成视频流的调用。之后通过任务实施，带领读者完成导入包、创建自定义类、创建线程对象、启动线程、退出线程等步骤。

通过本任务的学习，读者可以熟练对图像读取与保存、线程调用的操作，在实践中逐渐熟悉线程的调用，使用线程调用，完成视频流的调用。本任务相关的知识技能的思维导图如图1-11所示。

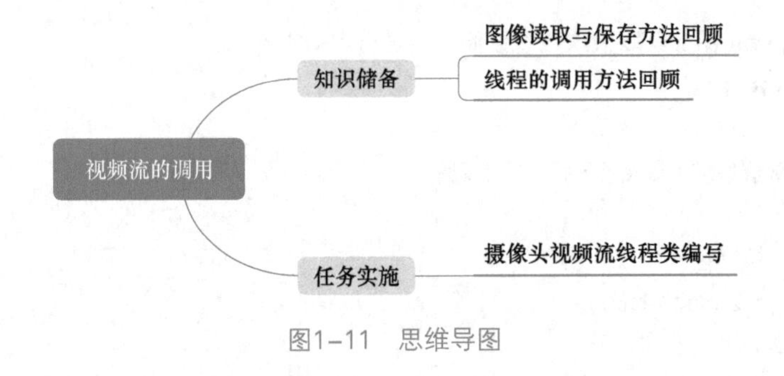

图1-11　思维导图

任务4　视频录制与视频读取

知识目标

- 了解视频编码及其构成原理。
- 了解FourCC编码。

能力目标

- 掌握使用VideoWriter_fourcc方法设置视频编解码的方式。
- 掌握使用VideoWriter方法进行视频录制。
- 掌握使用VideoCapture方法读取视频。

素质目标

- 具有本专业实际工作所必需的专业文化素质。

任务分析

任务描述：

本任务将实现把USB摄像头实时采集并显示在触摸屏上的画面保存为视频，以及读取AVI格式的视频。

任务要求：

- 设置视频编解码器的编解码方式为MJPG。
- 使用OpenCV进行视频录制实验。
- 使用OpenCV进行视频读取实验。

任务计划

根据所学相关知识，制订本任务的实施计划，见表1-7。

表1-7　任务计划表

项目名称	使用OpenCV实现人脸检测
任务名称	视频录制与视频读取
计划方式	自主设计
计划要求	请按照计划分步骤完整描述出如何完成本任务
序　号	任务计划步骤
1	
2	
3	
4	
5	
6	
7	
8	

知识储备

1. 视频编码

所谓视频编码方式，就是指通过压缩技术将原始视频格式文件转换成另一种视频格式文件的方式。由于连续的帧之间相似性极高，为便于储存传输，需要对原始视频进行编码压缩，以去除空间、时间维度的冗余。H.264视频编码如图1-12所示。

图1-12　H.264视频编码

视频流传输中最为重要的编解码标准包括：国际电信联盟发布的

H.261、H.263、H.264，运动静止图像专家组发布的MJPEG，国际标准化组织（ISO）运动图像专家组发布的MPEG系列标准，以及在互联网上被广泛应用的Real-Networks的RealVideo、微软公司的WMV以及Apple公司的QuickTime等。

（1）视频压缩技术简介

视频是连续的图像序列，由连续的帧构成，一帧即一幅图像。由于人眼的视觉暂留效应，当帧序列以一定的速率播放时，我们看到的就是动作连续的视频。由于连续的帧之间相似性极高，为便于存储传输，需要对原始的视频进行编码压缩，以去除空间、时间维度的冗余。

视频压缩技术是计算机处理视频的前提。视频信号数字化后数据带宽很高，通常在20MB/s以上，因此计算机很难对之进行保存和处理。采用压缩技术后，通常数据带宽降到1～10MB/s，这样就可以将视频信号保存在计算机中并做相应的处理。常用的算法是由ISO制定的，即JPEG和MPEG算法。JPEG是静态图像压缩标准，适用于连续色调彩色或灰度图像，它包括两部分：一是基于DPCM（空间线性预测）技术的无失真编码，二是基于DCT（离散余弦变换）和哈夫曼编码的有失真算法。前者压缩比很小，主要应用的是后一种算法。在非线性编辑中最常用的是MJPEG算法，即Motion JPEG。它将视频信号50帧/s（PAL制式）变为25帧/s，然后按照25帧/s的速度使用JPEG算法压缩每一帧。通常压缩倍数在3.5～5时可以达到Betacam的图像质量。MPEG算法是适用于动态视频的压缩算法，它除了对单幅图像进行编码外，还利用图像序列中的相关原则将冗余去掉，这样可以大大提高视频的压缩比。MPEG-Ⅰ用于VCD节目中，MPEG-Ⅱ用于VOD、DVD节目中。

（2）视频压缩技术构成原理

1）冗余信息。视频图像数据有很强的相关性，也就是说有大量的冗余信息。其中，冗余信息可分为空域冗余信息和时域冗余信息。压缩技术就是将数据中的冗余信息去掉（去除数据之间的相关性）。压缩技术包含帧内编码技术、帧间编码技术和熵编码压缩技术。

2）去除时域冗余信息。使用帧间编码技术可去除时域冗余信息，主要包括以下3部分：

① 运动补偿。运动补偿通过先前的局部图像来预测、补偿当前的局部图像，它是减少帧序列冗余信息的有效方法。

② 运动表示。不同区域的图像需要使用不同的运动矢量来描述运动信息。运动矢量通过熵编码进行压缩。

③ 运动估计。运动估计是从视频序列中抽取运动信息的一整套技术。

注：通用的压缩标准都使用基于块的运动估计和运动补偿。

3）去除空域冗余信息。主要使用帧内编码技术和熵编码技术去除空域冗余信息，主要涉及以下三种编码：

① 变换编码。帧内图像和预测差分信号都有很多的空域冗余信息。变换编码将空域信号变换到另一正交矢量空间，使其相关性下降，数据冗余度减小。

② 量化编码：经过变换编码后，产生一批变换系数，对这些系数进行量化，从而使编码器的输出达到一定的位率。这一过程会导致精度的降低。

③ 熵编码。熵编码是无损编码。它对变换、量化后得到的系数和运动信息，进行进一步的压缩。

2. FourCC

（1）FourCC简介

FourCC全称Four-Character Codes，代表四字符代码。它是一个32位的标示符，是一种独立标示视频数据流格式的四字符代码。

FourCC支持的所有视频编解码的格式都可以在FourCC官网上查阅，如图1-13所示。

图1-13　FourCC官网

视频播放软件通过查询FourCC代码并且寻找与FourCC代码相关联的视频解码器来播放特定的视频流。比如：DIV3 = DivX Low-Motion，DIV4 = DivX Fast-Motion，DIVX = DivX4，FFDS = FFDShow等。在WAV、AVI等RIFF文件的标签头标示和Quake Ⅲ的模型文件（扩展名为.md3）中也大量存在等于“IDP3”的FourCC。

（2）FourCC编码

FourCC也称4CC。该编码由4个字符组成，通常写法有两种形式：

```
cv2.VideoWriter_fourcc('O','O','O','O')
cv2.VideoWriter_fourcc(*'OOOO')
```

其中，O代表一个字符。

不同视频压缩编码方式的视频质量对比如下：HEVC>H.264>MPEG4>H.263>MPEG2，HEVC比H.264节约了50%的码率。相同质量下，占用空间的顺序为MPG>AVI>WMV>MP4>RMVB。

针对OpenCV的6种编码器，同样5min的视频大小、顺序为MJPG>PIM1>FLV1>DIV3>DIVX>MP42，视频格式皆为AVI。除此之外，在画面变化不大的情况下，减少码率可减少文件大小。在画面变化大的时候，增加码率，可以使视频依然保持清晰，不出现模糊、色块等问题。

3. VideoWriter()函数

（1）VideoWriter

OpenCV中视频录制需要借助VideoWriter对象，其原理是从VideoCapture中读入图片，不断地写入VideoWriter的数据流中，从而形成视频。

函数说明

- cv2.VideoWriter_fourcc(brief)：用于设置视频编解码的方式。
  - brief：设置编解码方式。
  - 返回值：返回一段fourcc代码。
- VideoWriter(filename, fourcc, fps, frameSize)：创建视频流写入对象。
  - filename：要保存的文件的路径。
  - fourcc：四个字符用来表示压缩帧的codec。可选参数如下：
    - CV_FOURCC('P', 'I', 'M', '1') = MPEG-1 codec。
    - CV_FOURCC('M', 'J', 'P', 'G') = motion-jpeg codec。
    - CV_FOURCC('M', 'P', '4', '2') = MPEG-4.2 codec。
    - CV_FOURCC('D', 'I', 'V', '3') = MPEG-4.3 codec。
    - CV_FOURCC('D', 'I', 'V', 'X') = MPEG-4 codec。
    - CV_FOURCC('U', '2', '6', '3') = H263 codec。
    - CV_FOURCC('I', '2', '6', '3') = H263L codec。
    - CV_FOURCC('F', 'L', 'V', '1') = FLV1 codec。
    - 若编码器代号为-1，则运行时会弹出一个编码器选择框。
  - fps：要保存的视频的帧率。
  - frameSize：要保存的文件的画面尺寸。

参数isColor的注意事项：

1）如果isColor为True，则说明需要保存彩色视频，这样每一帧必须是RGB图像格式。如果是单通道灰度图像，则需要使用cvtColor（gray，gray，COLOR_GRAY2BGR），将灰度图像转化为彩色的三通道图像才能正确保存视频，否则保存后的视频无法打开。

2）如果isColor为False，则说明需要保存灰度，这样每一帧必须是灰度单通道图像格式。如果是彩色RGB三通道图像，则需要使用cvtColor（gray，gray，COLOR_BGR2GRAY），将RGB三通道图像转化为灰度的单通道图像才能正确保存视频，否则保存后的视频无法打开。

（2）编码参数

FourCC常用视频编码参数及作用见表1-8。

表1-8 FourCC常用视频编码参数及作用

参　数	作　用
VideoWriter_fourcc('D','I','V','X')	MPEG-4编码
VideoWriter_fourcc('P','I','M','1')	MPEG-1编码
VideoWriter_fourcc('M','J','P','G')	JPEG编码（运行效果一般）
VideoWriter_fourcc('M','P','4','2')	MPEG-4.2编码
VideoWriter_fourcc('D','I','V','3')	MPEG-4.3编码
VideoWriter_fourcc('U','2','6','3')	H263编码
VideoWriter_fourcc('I','2','6','3')	H263L编码
VideoWriter_fourcc('F','L','V','1')	FLV1编码

一些视频编码参数具体介绍如下：

cv2. VideoWriter_fourcc('I', '4', '2', '0')：未压缩的YUV颜色编码，4:2:0色度子采样。兼容性好，但文件较大。文件扩展名为. avi。

cv2. VideoWriter_fourcc('P', 'I', 'M', '1')：MPEG-1编码类型，文件扩展名为. avi。对于MPEG-1编码类型，可以使用'P', 'I', 'M', '1'来表示。这个编码类型通常用于较低质量的视频存储，因为MPEG-1是较早期的视频压缩标准，所以通常用于较低分辨率和较低比特率的视频。

cv2. VideoWriter_fourcc('X', 'V', 'I', 'D')：MPEG-4编码类型。视频大小为平均值，MPEG4所需要的空间是MPEG1或MJPEG的1/10，它可以保证运动物体有良好的清晰度，空间和画质具有可调性。文件扩展名为. avi。

cv2. VideoWriter_fourcc('T', 'H', 'E', 'O')：OGGVorbis，音频压缩格式，有损压缩，类似于MP3等的音乐格式。兼容性差，文件扩展名为. ogg。

cv2. VideoWriter_fourcc('F', 'L', 'V', '1')：FLV是Flash Video的简称，FLV流媒体格式是一种新的视频格式。由于它形成的文件极小、加载速度极快，使得网络观看视频文件成为可能，它的出现有效地解决了视频文件导入Flash后，使导出的SWF文件体积庞大，不能在网络上很好地使用等缺点。文件扩展名为. flv。

1. 视频录制

OpenCV可以针对摄像头或视频进行处理，将需要的画面保留下来，保存成一个扩展名为. avi的文件。

OpenCV进行录制视频的相关操作，主要涉及OpenCV的VideoWriter对象，VideoWriter是用来创建视频文件的类。

注意： OpenCV只支持. avi的格式，而且生成的视频文件不能大于2GB，不能添加音频。

（1）导入cv2

```
import cv2
```

（2）创建VideoCapture实例

```
# 创建一个VideoCapture对象
cap = cv2.VideoCapture(0)
cap
```

（3）创建VideoWriter实例

OpenCV中视频录制需要借助VideoWriter对象，其原理是从VideoCapture中读入图片，不断地写入VideoWrite的数据流中，从而形成视频。

动手练习

在<1>处，请用cv2.VideoWriter_fourcc()函数来指定视频编解码方式为MJPG，传入参数为*'MJPG'。

在<2>处，请用cv2.VideoWriter()函数来设置视频录制格式，设置录制的路径video_path、编解码方式codec、写入帧率fps、窗口大小frameSize。

填写完成后执行代码，若能够正常打印编解码方式和诸如<VideoWriter 0x7f68a35c70>的VideoWriter实例对象地址，则说明填写正确。

```
video_path = './exp/video_record.avi'
# 指定视频编解码方式为MJPG
codec = <1>
fps = 20.0 # 指定写入帧率为20
frameSize = (640, 480) # 指定窗口大小
# 创建 VideoWriter对象
out = <2>

print(codec)
print(out)
```

（4）读取图像

函数说明

使用cap.read() 获取一帧图片，cap.read()返回值有两个，分别赋值给ret和frame。

ret：若画面读取成功，则返回True，否则返回False。

frame：读取到的图片对象（numpy的ndarray格式）。

动手练习

在<1>处，请用cap.read()来读取图像，赋值给ret和frame两个参数。

填写完成后执行代码，若ret输出结果为True，则说明填写正确。

```
<1>
print(ret)
```

（5）将图像写入视频流

使用上述创建的out对象，调用write()方法，把VideoCapture中读到的图片写入VideoWrite的数据流中。

动手练习

在<1>处，请用out.write()将图像frame以帧的形式写入VideoWrite的数据流中。

填写完成后执行代码，若无报错，则说明填写正确。

```
<1>
```

（6）资源释放

在录制结束后，释放资源。

```
cap.release() #停止捕获视频
out.release() #释放视频流写入对象
```

（7）封装成类，进行视频录制

首先导入相应的模块。

函数说明

cv2：实现图像处理和计算机视觉方面的很多通用算法。

threading：threading模块提供了管理多个线程执行的API。

```
import cv2
import threading
import time
```

线程的编写和线程的调用，这里不再赘述。

1）基于视频流的图像显示与退出实验，改写线程视频流类，来完成视频录制。

2）在init函数中传入videoName参数用于传入保存的视频文件名，定义标志位变量，打开摄像头，定义VideoWriter的3个参数并创建对象。

3）追加帧并结合循环，通过循环的方式反复地将读取到的每一帧写入VideoWrite的数据流中，下面就能够进行视频录制了。

4）在run函数中构建视频窗口：从循环体里读取摄像头图像，写入帧图像，更新显示图片，设置图像显示的时长。

5）在stop函数中定义标志位变量，释放摄像头，释放视频流写入对象，释放窗口。

6）用线程的方式运行函数，对视频进行录制与退出。

动手练习

按照以下要求完成实验：

在<1>处，在init函数中传入video_path参数，用于传入保存视频的文件路径。

在<2>处，使用self.videoName获取传入的视频文件路径参数值。

在<3>处，定义VideoWriter的3个参数：codec变量定义为MJPG格式；fps变量定义为写入帧率为20；frameSize变量定义视频帧大小为（640,480）。

在<4>处使用cv2.VideoWriter，创建对象并赋值给变量self.out，传入参数为<2>和<3>中的参数。

在<5>处，使用self.out.write将读取到的每一帧图像frame写入VideoWrite的数据流中，就能够进行视频录制了。

在<6>处，使用cv2.imshow将录制过程中的图像frame通过窗口image_win显示至显示屏。

在<7>处，使用self.out.release() 释放视频流写入对象。

填写完成后执行代码，若成功生成视频文件且后续能正常播放，则说明填写正确。

```
class videoRecordThread(threading.Thread):
    def __init__(self, <1>):
        super(videoRecordThread, self).__init__()
        self.working = True  # 循环标志位变量
        self.cap = cv2.VideoCapture(0)# 开启摄像头
        self.videoName = <2>
        # time.sleep(2)
```

```
        codec = cv2.VideoWriter_fourcc(<3>) # 指定视频编码方式为MJPG
        fps = <3> # 指定写入帧率为20
        frameSize = <3> # 指定窗口大小
        self.out = <4> # 创建 VideoWriter对象
    def run(self):
        print("开始录制")
        # 构建视频的窗口
        cv2.namedWindow('image_win',flags=cv2.WINDOW_NORMAL | cv2.WINDOW_KEEPRATIO |
cv2.WINDOW_GUI_EXPANDED)
        # 全屏展示
        cv2.setWindowProperty('image_win', cv2.WND_PROP_FULLSCREEN, cv2.WINDOW_FULLSCREEN)
        while self.working:
            ret, frame = self.cap.read()# 读取摄像头图像
            if ret:
                <5> # 不断地向视频输出流写入帧图像
                <6> # 更新窗口image_win中的图片
                cv2.waitKey(1)# 等待按键事件发生，等待1ms
    def stop(self):
        self.working = False
        self.cap.release() # 释放VideoCapture
        <7> # 释放视频流写入对象
        cv2.destroyAllWindows()# 销毁所有窗口
        print("结束录制，退出线程")
```

实例化一个videoRecordThread()线程类，实例化时传入视频录制要保存的文件名video_record.avi，实例化对象为a，线程对象a调用start()方法，开始执行videoRecordThread()线程类中的run()函数。

```
a = videoRecordThread('./exp/video_record.avi')
a.start()
```

实例化对象a调用videoRecordThread()线程类中的stop()函数，来退出线程，停止录制。

```
a.stop()
```

可以通过输入命令“!ls”来查看生成的视频文件。

```
!ls ./exp/*.avi
```

如果需要重新进行视频录制实验，只需重启内核后再重新运行。

2. 视频读取

读入视频的时候，仍然需要使用VideoCapture对象，只不过传入的不再是USB摄像头的ID了，需要改成视频文件的路径。

```
cap = cv2.VideoCapture('./exp/video_record.avi')
```

读取视频文件并显示，代码如下:

```
import cv2
import threading
class videoReadThread(threading.Thread):
    def __init__(self, video_path):
        super(videoReadThread, self).__init__()
        self.working = True  # 循环标志位变量
        self.cap = cv2.VideoCapture(video_path)  # 打开视频文件
    def run(self):
        print("播放视频")
        # 构建视频的窗口
        cv2.namedWindow('image_win',flags=cv2.WINDOW_NORMAL | cv2.WINDOW_KEEPRATIO |
cv2.WINDOW_GUI_EXPANDED)
        # 全屏展示
        cv2.setWindowProperty('image_win', cv2.WND_PROP_FULLSCREEN, cv2.WINDOW_FULLSCREEN)
        while self.working:
            ret, frame = self.cap.read()# 读取视频文件图像
            if not ret: # 如果视频已播放完毕
                self.working = False
                break
            cv2.imshow('image_win',frame)# 更新窗口image_win中的图片
            cv2.waitKey(1)# 等待按键事件发生，等待1ms
        self.cap.release()# 释放VideoCapture
        cv2.destroyAllWindows()  # 销毁所有窗口
        print("结束播放，退出线程")
    def stop(self):
        if self.working:
            self.working = False
            self.cap.release()# 释放VideoCapture
            cv2.destroyAllWindows()  # 销毁所有窗口
            print("结束播放，退出线程")
```

实例化一个videoReadThread()线程类，实例化时传入视频要读取的文件名，这里文件名为上文保存的video_record.avi，实例化对象为a。

线程对象a调用start()方法，开始执行videoReadThread()线程类中的run()函数。

```
a = videoReadThread('./exp/video_record.avi')
a.start()
```

通过实例化对象a调用videoReadThread()线程类中的stop()函数，来提前退出线程，停止播放。

```
a.stop()
```

本任务首先介绍了视频编码和FourCC的基本内容，并介绍了VideoWriter()函数的基本用法，然后通过任务实施，带领读者完成了创建VideoWriter实例、读取图像、写入帧图像、释放资源、录制视频、读取视频等步骤。

通过本任务的学习，读者了解了如何使用OpenCV进行视频录制和视频读取，在实践中逐渐掌握OpenCV的使用方法，更加熟悉线程的调用。本任务相关的知识技能的思维导图如图1-14所示。

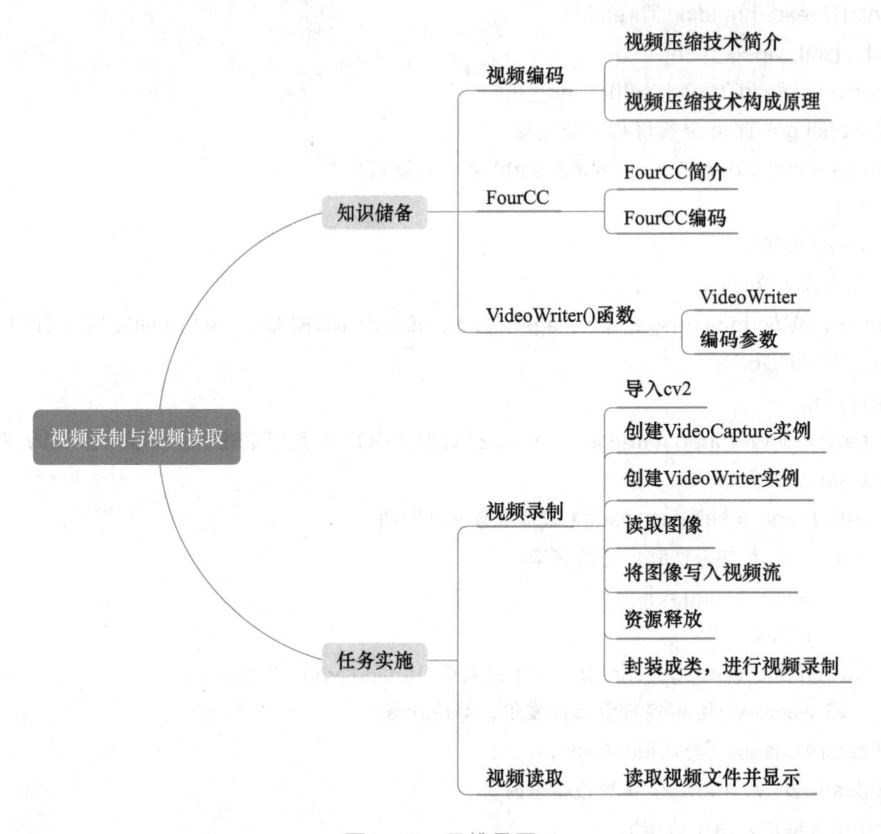

图1-14　思维导图

任务5　图像人脸检测

知识目标

- 了解人脸检测应用场景。
- 认识Cascade模型和ROI。

能力目标

- 理解HaarCascade级联分类器的使用方法。
- 理解ROI的定义。
- 能够使用CascadeClassifier库完成人脸检测。

素质目标

- 具有人文社会科学方面的文化素质。

- 具有较高的文化品位、审美情趣、人文素养和科学素质。

任务分析

任务描述：

本任务将实现用OpenCV自带的人脸库对读取的图片进行人脸检测并标注人脸矩形框。

任务要求：

- 使用imread方法读取图片。
- 使用cvtColor方法转换图像色彩。
- 使用CascadeClassifier方法加载HaarCascade模型检测图片中的人脸。
- 使用rectangle方法绘制人脸矩形框。

任务计划

根据所学相关知识，制订本任务的实施计划，见表1-9。

表1-9　任务计划表

项目名称	使用OpenCV实现人脸检测
任务名称	图像人脸检测
计划方式	自主设计
计划要求	请按照计划分步骤完整描述出如何完成本任务
序　号	任务计划步骤
1	
2	
3	
4	
5	
6	
7	
8	

知识储备

1. 人脸检测

（1）人脸检测简介

人脸检测（Face Detection）是自动人脸识别系统中的一个关键环节。早期的人脸识别研究主要针对具有较强约束条件的人脸图像（如无背景的图像），往往假设人脸位置不变或者容易获得，因此人脸检测问题并未受到重视。

随着电子商务等应用的发展，人脸识别成为最有潜力的生物身份验证手段之一，这种应用背景要求自动人脸识别系统对一般图像具有一定的识别能力，由此所产生的一系列问题使得人脸检测开始作为一个独立的课题受到研究者的重视。如今，人脸检测的应用背景已经远远超出了人脸识别系统的范畴，在基于内容的检索、数字视频处理、视频检测等方面有着重要的应用价值。人脸检测的示意图如图1-15所示。

图1-15　人脸检测的示意图

人脸检测是指对于任意一幅给定的图像，采用一定的策略对其进行搜索以确定其中是否含有人脸，如果含有人脸则返回人脸的位置、大小和姿态。

（2）人脸检测应用场景

人脸是一个人最重要的外貌特征，人脸检测技术最热门的应用场景有三个方面：

第一，身份认证与安全防护。在许多安全级别要求较高的区域，例如金融机构、机关办公大楼、运动场馆甚至重要设施的工地，都需要对大量人员进行基于身份认证的门禁管理。手机、笔记本计算机等个人电子用品，在开机和使用中也经常要用到身份验证功能。

第二，媒体与娱乐。人们的许多娱乐活动都是跟脸部有关的。在网络虚拟世界里，通过人脸的变化便可以产生娱乐效果；在手机、数码相机等电子产品中，基于人脸的娱乐项目越来越丰富；一些即时通信工具以及虚拟化身网络游戏也是人脸合成技术的广阔市场。

第三，图像搜索。传统搜索引擎的图像搜索本质上还是文字搜索，基于人脸图像识别技术的搜索引擎具有广泛的应用前景。大部分以图片作为输入的搜索引擎，例如TinEye（2008年上线）、搜狗识图（2011年上线）等，本质上是进行图片近似复制检测，即搜索看起来几乎完全一样的图片。2010年推出的百度识图也是如此，在经历两年多的沉寂之后，百度识图开始向另一个方向探索。与之前的区别在于，如果用户给出一张图片，百度识图会判断里面是否出现人脸，如果出现，则在相似图片搜索之外，还会寻找出现过的类似人像。

（3）色彩通道

1）色彩空间。色彩空间是人类为了描述不同频率的光而建立出的色彩模型。不同通道的表示方式有所不同，除了OpenCV默认的BGR色彩空间外，还有两个常用的色彩空间：HSV色彩空间和GRAY色彩空间。其中，HSV色彩空间和BGR色彩空间都可以表示彩色色彩空间，都是使用三维数组表示的；GRAY色彩空间是只能表示灰度图像的色彩空间。

BGR色彩空间是OpenCV默认的色彩空间。众所周知，BGR色彩空间有三个通道。该色彩空间是基于B（蓝色）、G（绿色）和R（红色）而言的。像素数组内每个数据的值都在[0，255]。

GRAY色彩空间即灰度图像的色彩空间。像素数组中，可以是[0，255]的256个数值，每个数值表示从黑变白的颜色深浅程度。0表示纯黑色，255表示纯白色，数值越大越趋于白色。

BGR色彩空间是基于三基色（红，绿，蓝），HSV色彩空间则是基于色调（H）、饱和度（S）和亮度（V）。HSV色彩空间具体解释见表1-10。

表1-10　HSV色彩空间具体解释

	含　义	描　述	范　围
H	色调	光的颜色	[0，180]。红色：0；黄色：30；绿色：60；蓝色：120
S	饱和度	色彩的深浅	[0，255]。饱和度为0时变为灰度图像
V	亮度	光的明暗	[0，255]。亮度为0时，图像为纯黑色。亮度越大，图像越亮

2）cv2. cvtColor()函数。

函数说明

cv2.cvtColor(src,code)：在OpenCV中用于色彩空间转换。

src指要操作的原图像。

code指色彩空间转换码。

从BGR色彩空间转换为GRAY色彩空间，需要用到的色彩空间转换码为cv2.COLOR_BGR2GRAY。

从BGR色彩空间转换为HSV色彩空间，需要用到的色彩空间转换码为cv2.COLOR_BGR2HSV。

2. Cascade模型

（1）CascadeClassifier级联分类器

1）CascadeClassifier级联分类器简介。CascadeClassifier是OpenCV中人脸检测时的一个级联分类器，现在有两种选择：一是使用老版本的CvHaarClassifierCascade函数，二是使用新版本的CascadeClassifier类。老版本的分类器只支持类Haar特征，而新版本的分类器既可以使用Haar，也可以使用LBP（局部=值模式）特征。

分类器是判别某个事物是否属于某种分类的组件，只有是或否两种结果。级联分类器，可以理解为将*N*个单类的分类器串联起来，如果一个事物能属于这一系列串联起来的的所有分类器，则最终结果就成立（是），若有一项不符，则判定为不成立（否）。人脸有很多属性，我们将每个属性做成一个分类器，如果一个模型符合了所定义的人脸的所有属性，则认为这个模型就是一个人脸，比如人脸上有两条眉毛、两只眼睛、一个鼻子、一张嘴，以及一个大概U形状的下巴或者轮廓等。

2）CascadeClassifier级联分类器使用方法。为HaarCascade模型输入图片后，就可以获取人脸所在区域的矩形位置。

模型的使用方法简单。首先载入对应的HaarCascade文件，文件格式为XML。这里已经将文件下载到了haar文件夹下，可以通过相对路径进行引用。HaarCascade文件的基本用法如下：

① 输入Input。

载入人脸检测的Cascade模型。

```
FaceCascade=cv2.CascadeClassifier('./haar/haarcascade-frontal face-default.xml')
```

检测画面中的人脸。

```
faces=FaceCascade·detectMultiScale(gray)
```

② 输出output。

```
[(x1,y1,w1,h1),(x2,y2,w2,h2),(x3,y3,w3,h3),(x4,y4,w4,h4)]
```

其次，载入人脸检测的Cascade模型，就是在cv2. CascadeClassifier () 中传入对应HaarCascade文件，即haarcascade_frontalface_default. xml。FaceCascade为分类器对象，供后续调用。

（2）HaarCascade

1）HaarCascade简介。在OpenCV中人脸识别是通过Haar特征的级联分类器实现的。

OpenCV中有很多预先训练好的HaarCascade模型（XML文件），例如正脸检测、眼睛检测、全身检测和下半身检测等。

2）HaarCascade工作原理。基于Haar特征的级联分类器是Paul Viola和Michael Jone在2001年，论文“*Rapid Object Detection Using a Boosted Cascade of Simple Features*”中提出的一种有效的物品检测（object detect）方法。它是一种机器学习方法，通过许多正负样例训练得到级联方程，然后将其应用于其他图片。

Cascade分类器将特征分为不同的阶段，然后一个阶段一个阶段地应用这些特征（通常情况下，前几个阶段只有很少量的特征）。如果检测窗口在第一个阶段就检测失败了，那么就直接舍弃它，无须考虑剩下的特征。如果第一阶段检测通过，则考虑第二阶段的特征并继续处理。如果所有阶段的检测都通过了，那么这个窗口就是人脸区域。

Paul Viola和Michael Jone的检测器将6000多个特征分为38个阶段，前5个阶段分别有1、10、25、25、50个特征。根据他们所述，平均每个子窗口只需要使用6000多个特征中的10个左右。

（3）Haar特征

1）Haar特征简介。Haar特征可以理解为卷积模板（如同prewitt、sobel算子，当然不完全一样），Haar特征分为边缘特征、线性特征、中心特征和对角线特征，它们组合成特征模板。特征模板内有白色和黑色两种矩形，该模板的特征值定义为白色矩形像素和减去黑色矩形像素和。Haar特征值反映了图像的灰度变化情况，Haar特征多用于人脸检测、行人检测。

2）Haar特征的计算方法。通过改变特征模板的大小和位置，可以在图像子窗口中穷举出大量的特征。特征模板在图像子窗口中扩展（平移伸缩）得到的特征称为“矩形特征”。矩形特征的值称为“特征值”。矩形特征可位于图像任意位置，大小也可以任意改变，所以矩形特征值是矩形模版类别、矩形位置和矩形大小这三个因素的函数。模板类别、矩形位置和矩形大小的变化，使得很小的检测窗口含有非常多的矩形特征，如在24×24像素大小的检测窗口内矩形特征数量可以达到16万个。例如：脸部的一些特征能由矩形特征简单描述——眼睛要比脸颊颜色深，鼻梁两侧要比鼻梁颜色深，嘴巴要比周围颜色深等。但矩形特征只对一些简单的图形结构，如边缘、线段较敏感，所以只能描述特定走向（水平、垂直、对角）的结构。

3）利用积分图Haar特征的加速算法。对于一个灰度图像I而言，其积分图也是一张尺寸相同的图，只不过积分图上任意一点（x，y）的值是指从灰度图像I的左上角与当前点所围成的矩形区域内所有像素点灰度值之和。类似于图像直方图与图像累积直方图的关系，只不过这里是二维的图像。

当把图像扫描一遍，到达图像右下角像素时，积分图就构造好了。积分图构造好之后，图像中任何矩阵区域的像素累加和都可以通过简单运算得到。Haar-like特征值则是两个矩阵像素和的差，同样可以在常数时间内完成计算。所以矩形特征的特征值计算，只与此矩形的端点的积分图有关，不管此矩形的尺寸如何变换，其特征值的计算所消耗的时间都是常量。这样，只要遍历图像一次，就可以求得所有子窗口的特征值。

3. ROI

ROI（Region of Interest）即感兴趣区域。机器视觉、图像处理中，从被处理的图像中以方框、圆、椭圆、不规则多边形等方式勾勒出需要处理的区域，这些区域称为感兴趣区域。在Halcon、OpenCV、MATLAB等机器视觉软件上常用到各种算子（operator）和函数来求得ROI，并进行对图像的下一步处理。

ROI用于表示在画面中的子区域。原点（0，0）在整个画面的左上角。ROI本质上是Tuple类型的数据，其中（x，y）代表人脸所在矩形区域的左上角坐标，w代表矩形的宽度，h代表矩形的高度。ROI数组示意如图1-16所示。

图1-16　ROI数组示意

ROI属于IVE技术的一种。IVE（Intelligent Video Encoding）即智能视频编码，IVE技术可以根据客户要求对视频进行智能编码，并在不损失图像质量的前提优化视频编码性能，最终降低网络带宽占用率和减少存储空间。在监控画面中，有些监控区域是不需要被监控或无关紧要的，例如天空、墙壁、草地等监控区域，普通网络监控摄像机对整个区域进行视频编码（压缩）并传输，这样就给网络带宽和视频存储带来了压力。ROI的IVE技术很好地解决了这个问题，ROI功能的摄像机可以让用户选择画面中感兴趣的区域。启用ROI功能后，重要的或者移动的区域将会被高质量无损编码，那些不移动或不被选择的区域码率和图像质量降低，进行标准清晰度视频压缩，甚至这部分区域视频不被传输，从而节省网络带宽和视频存储空间。

1. 导入cv2

```
import cv2
```

2. 读入图像

函数说明

cv2.imread(filepath)：读取彩色图像，图像是按照BGR像素存储的。

filepath即要读入图像的完整路径。

动手练习

在<1>处，请用cv2.imread()来读取img_path图像。

填写完成后执行代码。if语句用于判断图像是否正确读入，若未正确读入图像则打印输出，否则说明填写正确。

```
img_path = './exp/face.jpg'
img = <1>
if img is None:
    # 判断图像是否正确读入
    print("ERROR：请检查图像路径")
else:
    print(img)
```

3. 图像颜色转换

把BGR彩色图转换成GRAY灰度图需要使用cvtColor函数。

函数说明

cv2.cvtColor(src, code)：用于色彩图像转换。

src表示要更改的色彩空间的图像。

code是色彩空间转换代码。

动手练习

在<1>处，请用cv2.cvtColor()将彩色图像img通过cv2.COLOR_BGR2GRAY转化成灰度图gray。

填写完成后执行代码，若输出如下内容，则说明填写正确。

```
gray
array([[142, 142, 142, …, 147, 147, 147],
       [142, 142, 142, …, 147, 147, 147],
       [142, 142, 142, …, 147, 147, 147],
       …,
       [112, 112, 113, …, 110, 110, 111],
       [113, 113, 114, …, 112, 112, 112],
       [113, 113, 114, …, 109, 109, 109]], dtype=uint8)
```

```
# 将彩色图像转换为灰度图
gray = <1>
gray
```

4. 载入人脸检测的Cascade模型

CascadeClassifier级联分类器的使用方法：通过HaarCascade模型，输入图像后就可以获取人脸所在区域的矩形位置。

模型的使用方法简单，首先载入对应的HaarCascade文件，文件格式为XML。这里已经将文件下载到haar文件夹下，可以通过相对路径进行引用。

```
├── haar
    └── haarcascade_frontalface_default.xml
```

载入人脸检测的Cascade模型，就是在cv2. CascadeClassifier () 中传入对应HaarCascade文件，即haarcascade_frontalface_default. xml。

FaceCascade为分类器对象，供后续调用。

动手练习

在<1>处，请用cv2.CascadeClassifier来载入haar目录下的haarcascade_frontalface_default.xml。

填写完成后执行代码，若输出结果类似为<CascadeClassifier 0x7f675be730>的级联分类器实例对象，则说明填写正确。

```
# 载入人脸检测的Cascade模型
FaceCascade = <1>
FaceCascade
```

5. 检测画面中的人脸

将图片的灰度图传入FaceCascade模型，进行人脸检测。

函数说明

FaceCascade.detectMultiScale(image, scaleFactor, minNeighbors)：分类器对象调用参数调节。

image为输入图像。

scaleFactor为每次缩小图像的比例，默认是1.1。

minNeighbors为匹配成功所需要的周围矩形框的数目。每一个特征匹配到的区域都是一个矩形框，只有多个矩形框同时存在，才认为匹配成功。比如人脸匹配，默认值是3。

使用FaceCascade. detectMultiScale分类器调整参数，输入转换好的要检测的灰度图，图像缩小比例设置为1. 1，需要有5个矩形框同时存在才认为匹配成功。

动手练习

在<1>处，请用FaceCascade.detectMultiScale()来检测画面中的人脸。传入的参数image为gray，scaleFactor为1.1，minNeighbors为5。

填写完成后执行代码，若输出结果类似为array([[97, 141, 500, 500]], dtype=int32)的人脸识别结果区域，则说明填写正确。

```
# 检测图像中的人脸并返回绘制矩形框的值
faces = <1>
faces
```

返回值faces是人脸所在区域的ROI数组，即识别到的人脸矩形框。例如：[(x1, y1, w1, h1), (x2, y2, w2, h2)]。[x, y, w, h]各项分别代表：

(x, y)为左上角坐标值。

w为人脸矩形区域的宽度。

h为人脸矩形区域的高度。

6. 绘制矩形框

函数说明

cv2.rectangle（img, pt1, pt2, color, thickness）：这个函数的作用是在图像上绘制一个简单的矩形。

img为输入的图片。

pt1为矩形的左上角顶点。

pt2为与pt1相反的矩形的顶点，即右下角顶点。

color为矩形的颜色或亮度（灰度图像）。

thickness是矩形边框线的粗细像素。

```
# 遍历返回的faces数组
for face in faces:
    (x, y, w, h) = face
    # 在原彩图上绘制矩形
    cv2.rectangle(img, (x, y), (x+w, y+h), (0, 255, 0), 4)
```

7. 创建显示窗口

函数说明

cv2.namedWindow(winname, flags)：构建视频的窗口，用于放置图片。

winname表示窗口的名字，即可用作窗口标识符的窗口名称。

flags用于设置窗口的属性，常用属性如下：

WINDOW_NORMAL：可以调整大小窗口。

WINDOW_KEEPRATIO：保持图像比例。

WINDOW_GUI_EXPANDED：绘制一个新的增强GUI窗口。

```
cv2.namedWindow('Face',flags=cv2.WINDOW_NORMAL | cv2.WINDOW_KEEPRATIO | cv2.WINDOW_GUI_EXPANDED)
cv2.setWindowProperty('Face', cv2.WND_PROP_FULLSCREEN, cv2.WINDOW_FULLSCREEN) # 全屏展示
```

8. 显示图像

函数说明

cv2.imshow(winname, mat)：在窗口中显示图像。

winname为窗口名称（也就是对话框的名称），它是一个字符串类型。

mat是每一帧的画面图像。可以创建任意数量的窗口，但必须使用不同的窗口名称。

cv2.waitKey：控制imshow的持续时间。当imshow之后没有waitKey时，相当于没有给imshow提供时间展示图像，只会有一个空窗口一闪而过。cv2.imshow之后一定要跟cv2.waitKey。

cv2.waitKey(100)表示窗口中显示图像时间为100ms。

```
cv2.imshow('Face', img)
cv2.waitKey(5000)
# 关闭所有窗口
cv2.destroyAllWindows()
```

动手练习

按照以下要求完成实验：

在<1>处，读入图片face1.jpg，命名为img。

在<2>处，使用cv2.cvtColor函数进行转换，把BGR图转换成GRAY灰度图。

在<3>处，使用cv2.CascadeClassifier传入模型haarcascade_frontalface_default.xml。

在<4>处，使用FaceCascade.detectMultiScale检测画面中的人脸，图像缩小的比例设置为1.1，匹配成功所需要的周围矩形框的数目为3。

在<5>处，使用cv2.rectangle和循环遍历绘制矩形框。

在<6>处，使用cv2.namedWindow创建显示窗口，并命名为Face，属性设置为可调整大小、保持图像比例。

在<7>处，使用cv2.imshow在窗口Face中显示图像img。

在<8>处，设置cv2.waitKey()为5000ms。

若能够成功在图片face1.jpg中绘制出矩形框，则表示实验完成。

```
import cv2
# 完成代码
#设置图片路径
<1>
#载入带有人脸的图片
<1>
#将彩色图转换为灰度图
<2>
#载入人脸检测的Cascade模型
<3>
#检测画面中的人脸
<4>
#遍历返回的face数组
<5>
#创建一个窗口，名字叫作Face
<6>
#在窗口Face上面展示图片img
<7>
#等待按键事件发生，等待5000ms
<8>
```

9. 释放资源

cv2.destroyAllWindows()：用来关闭所有窗口。

```
# 关闭所有窗口
cv2.destroyAllWindows()
```

任务小结

本任务首先介绍了人脸检测的相关知识和应用背景，并介绍了CascadeClassifier级联分类器、HaarCascade还有ROI的基本内容。之后通过任务实施，带领读者完成导入包、读取图像、图像颜色转换、载入模型、检测人脸、绘制矩形框、创建显示窗口、显示图像、释放资源等步骤。

通过本任务的学习，读者可以了解如何完成图像人脸检测，在实践中逐渐熟悉OpenCV实现人脸检测的方法。本任务相关的知识技能的思维导图如图1-17所示。

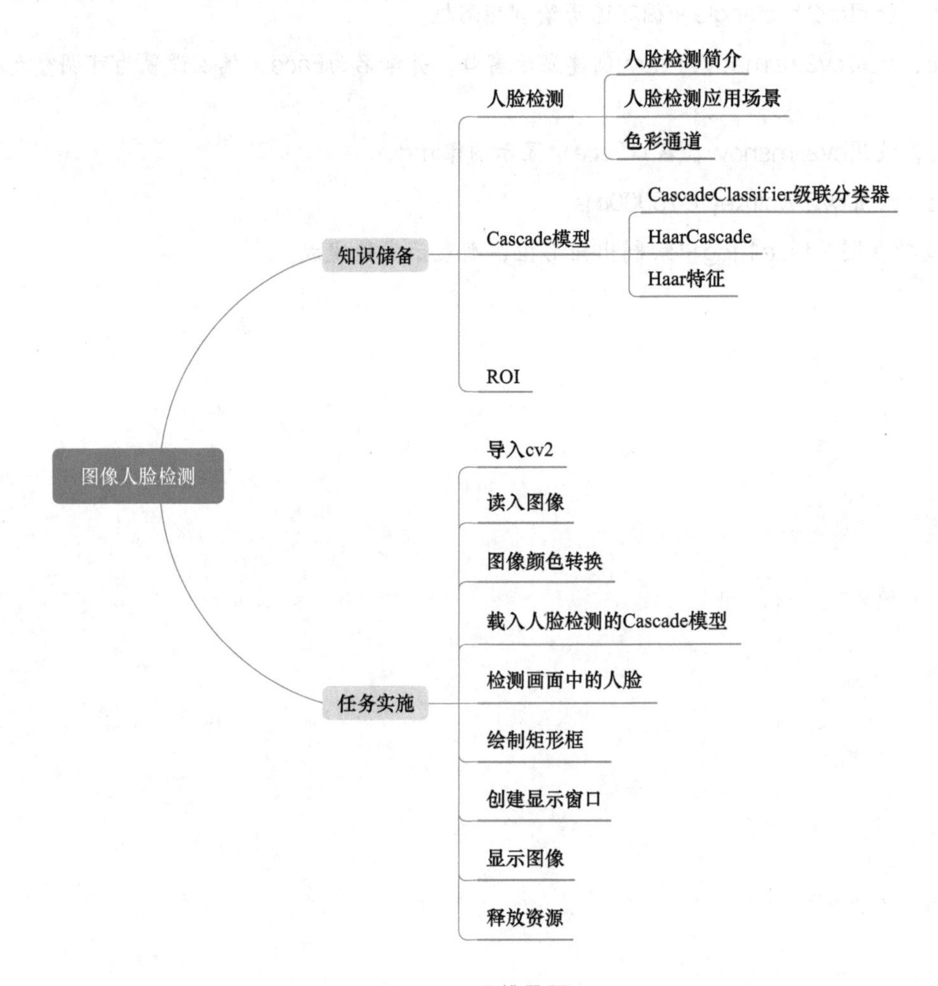

图1-17 思维导图

任务6 视频流方式实现人脸检测

知识目标

- 了解视频流方式实现人脸检测

能力目标

- 熟悉线程的编写与调用。
- 熟悉使用OpenCV进行人脸检测的方法。
- 能够使用线程的方式完成实时人脸检测。

素质目标

- 具有严谨的逻辑思维能力和准确的语言、文字表达能力。

知识分析

任务描述：

本任务将用OpenCV自带的人脸库对USB摄像头实时采集并显示在触摸屏上的画面，进行人脸检测并标注人脸框。

任务要求：

使用线程实现人脸实时检测。

任务计划

根据所学相关知识，制订本任务的实施计划，见表1-11。

表1-11　任务计划表

项目名称	使用OpenCV实现人脸检测
任务名称	视频流方式实现人脸检测
计划方式	自主设计
计划要求	请按照计划分步骤完整描述出如何完成本任务
序　号	任务计划步骤
1	
2	
3	
4	
5	
6	
7	
8	

知识储备

回顾图像人脸检测。

详细代码解释这里不再赘述，如有遗忘，可以查看任务5：图像人脸检测。

任务实施

通过将任务5的代码与循环相结合，循环地对每一帧图像进行人脸检测，就能实现视频流实时人脸检测。

1. 导入相应的模块

```
import threading # threading模块提供了管理多个线程执行的API
import cv2  # 引入OpenCV库函数
```

2. 视频流人脸检测类

线程编写和视频流显示参考任务3，这里不再赘述。视频流人脸检测类的主要流程涉及：

1）改写线程视频流类，来实现人脸检测功能。

2）在init函数中传入定义的标志位变量，打开摄像头，载入人脸检测的Cascade模型。

3）将灰度图转换、人脸检测、矩形框绘制与循环相结合，通过循环的方式反复地将摄像头读取到的每一帧进行这3步操作，就能够进行视频流人脸检测。

4）在run函数中构建视频窗口：从循环体里读取摄像头图像→灰度图转换→人脸检测→矩形框绘制→更新显示图片→设置图像显示的时长。

5）在stop函数中定义标志位变量，释放摄像头，释放窗口。

6）用线程的方式运行函数，对视频进行人脸检测。

```
import threading
import cv2 # 引入OpenCV库函数
class FaceDetectionThread(threading.Thread):
    def __init__(self):
        super(FaceDetectionThread, self).__init__()
        self.working = True  # 循环标志位变量
        self.cap = cv2.VideoCapture(0)  # 打开摄像头
        self.FaceCascade = cv2.CascadeClassifier('./haar/haarcascade_frontalface_default.xml')
        #载入人脸检测的Cascade模型
    def run(self):
        # 构建视频的窗口
        cv2.namedWindow('Face',flags=cv2.WINDOW_NORMAL | cv2.WINDOW_KEEPRATIO | cv2.WINDOW_
GUI_EXPANDED)
        cv2.setWindowProperty('Face', cv2.WND_PROP_FULLSCREEN, cv2.WINDOW_FULLSCREEN) # 全屏展示
        while self.working:
            ret, frame = self.cap.read()# 读取摄像头图像
```

```
            if ret:
                gray = cv2.cvtColor(frame, cv2.COLOR_BGR2GRAY)#将彩色图转换为灰度图
                faces = self.FaceCascade.detectMultiScale(gray,scaleFactor=1.1,minNeighbors=5)
                # 检测图像中的人脸并返回绘制矩形框的值
                for face in faces:
                    (x, y, w, h) = face
                    cv2.rectangle(frame, (x, y), (x + w, y + h), (0, 255, 0), 4)#在原彩图上绘制矩形
                cv2.imshow('Face',frame)# 更新窗口Face中的图片
                cv2.waitKey(1)# 等待按键事件发生，等待1ms
    def stop(self):
        self.working = False
        self.cap.release()# 释放VideoCapture
        cv2.destroyAllWindows()# 销毁所有窗口
        print("退出线程")
```

实例化一个FaceDetectionThread()线程类，实例化对象为a。线程对象a调用start()方法，开始执行FaceDetectionThread()线程类中的run()函数。

```
a = FaceDetectionThread()
a.start()
```

实例化对象a调用线程类中的stop()函数，来退出线程。

```
a.stop()
```

动手练习

仿照上述代码，自行完成视频流人脸检测代码。按照以下要求完成实验：

在<1>处，定义一个线程类并命名为FaceTest。

在__init__函数中：

在<2>处，定义循环标志位self.working并赋值为True。

在<3>处，使用cv2.VideoCapture(0)打开摄像头赋值给self.cap对象。

在<4>处，使用cv2.CascadeClassifier载入haarcascade_frontalface_default.xml人脸检测模型赋值给self.FaceCascade。

在run函数中：

在<5>处，使用cv2.namedWindow创建显示窗口并命名为FaceTest，属性设置为可调整大小、保持图像比例 。

在<6>处，使用self.cap.read()读取图像，并将返回值赋给ret和frame。

在<7>处，使用cv2.cvtColor将frame中的彩色图通过cv2.COLOR_BGR2GRAY转换成灰度图，并且返回给变量gray。

在<8>处，使用self.FaceCascade.detectMultiScale得到矩形框返回值faces。输入图像为gray，图像缩小的比例为1.1，匹配成功所需要的周围矩形框的数目为4。

在<9>处，通过循环遍历faces，使用cv2.rectangle对图像进行矩形框绘制，颜色为(255, 0, 0)，矩形框线粗为3。

在<10>处，使用cv2.imshow在窗口FaceTest中显示图像frame，设置cv2.waitKey()为1ms。

在stop函数中：

在<11>处，将self.working赋值为False，退出循环。

在<12>处，使用self.cap.release()来释放VideoCapture，使用cv2.destroyAllWindows()来销毁所有窗口。

若能够成功开启线程并在显示屏进行视频流人脸检测，退出线程时有退出线程输出，则表示实验完成。

```
import threading
import cv2 # 引入OpenCV库函数

class <1>(threading.Thread):
    def __init__(self):
        super(FaceTest, self).__init__()
        <2> # 循环标志位变量
        <3> # 打开摄像头
        if not self.cap.isOpened():
            print("无法打开摄像头")
        #载入人脸检测的Cascade模型
        <4>

    def run(self):
        # 构建视频的窗口
        <5>
        # 全屏展示
        cv2.setWindowProperty('FaceTest', cv2.WND_PROP_FULLSCREEN, cv2.WINDOW_FULLSCREEN)
        while self.working:
            # 读取摄像头图像
            <6>
            if ret:
                #将彩色图转换为灰度图
                <7>
                # 检测图像中的人脸并返回矩形框的值
                <8>

                #遍历返回的face数组
                for face in faces:
                    #解析tuple类型的face位置数据
                    #(x, y): 左上角坐标值
                    #w: 人脸矩形区域的宽度
                    #h: 人脸矩形区域的高度
                    (x, y, w, h) = face
                    #在原彩色图上绘制矩形
                    cv2.rectangle(frame, (x, y), (x + w, y + h), <9>, <9>)

                # 更新窗口image_win中的图像
                <10>
```

```
                    # 等待按键事件发生，等待1ms
                    <10>
    def stop(self):
                    <11>
                  # 释放VideoCapture
                    <12>
                  # 销毁所有窗口
                    <12>
                    print("退出线程")
```

任务小结

本任务首先回顾了图像人脸检测，之后通过任务实施，带领读者完成导入包、创建自定义类、创建和启动线程、退出线程等步骤。

通过本任务的学习，读者通过结合图像人脸检测的代码，完成基于视频流的方式实现人脸检测，在实践中逐渐熟悉以视频流的方式实现人脸检测。本任务相关的知识技能的思维导图如图1-18所示。

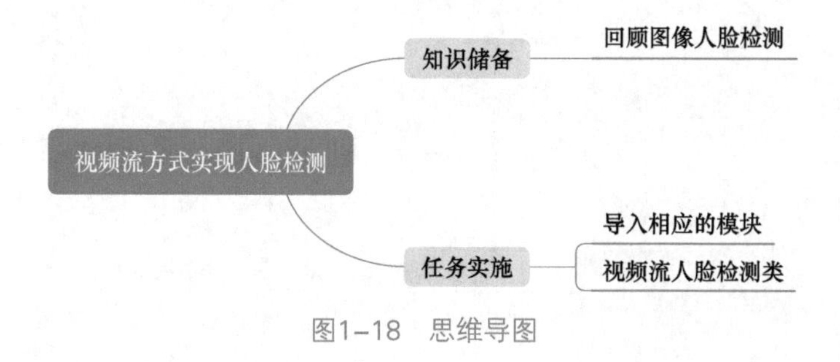

图1-18　思维导图

项目2

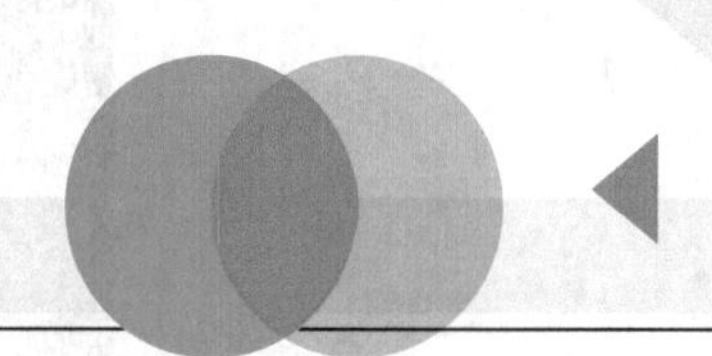

使用计算机视觉算法实现图像识别

项目导入

计算机视觉（Computer Vision，CV）是一门研究如何让计算机像人类那样“看”的学科，也就是用计算机来实现对客观三维世界的识别与理解。这种三维理解是指对被观察对象的形状、尺寸、与观察点的距离、姿态、质地、运动特征等的理解，更准确点说，它是利用摄像机和计算机代替人眼，使得计算机拥有类似于人类的对目标进行分割、分类、识别、跟踪、判别决策的功能。

计算机视觉的发展经历了以下几个重要阶段：

1）图像处理：早期的计算机视觉主要集中在对图像的处理和改善上，例如去噪、增强、滤波等技术。

2）特征提取与检测：随着研究的深入，计算机开始学习从图像中提取出有意义的特征，并用于对象检测、边缘识别等任务。

3）目标识别与分类：该领域的发展重点在于让计算机能够识别和分类不同的目标，如人脸识别、图像分类等。

4）目标跟踪与分割：除了识别目标外，计算机还能够跟踪目标的运动轨迹，并进行像素级别的图像分割，即将图像分为不同的区域。

5）深度学习与神经网络：近年来，深度学习和神经网络在计算机视觉领域取得了巨大突破。通过深度学习模型和卷积神经网络的应用，计算机视觉的性能和准确度得到了显著提高。

6）实时处理与应用：如今，计算机视觉已经广泛应用于各个领域，包括自动驾驶、人脸识别、安防监控、医学影像分析等。同时，实时处理和大规模数据集的应用也成为该领域的热点之一。

总体来说，计算机视觉在过去几十年中取得了显著的发展，不断推动人工智能技术的进步。随着硬件技术的不断革新和算法的改进，计算机视觉有望在更多的领域实现更精确、更高效的应用。计算机视觉在工业上的应用如图2-1所示。

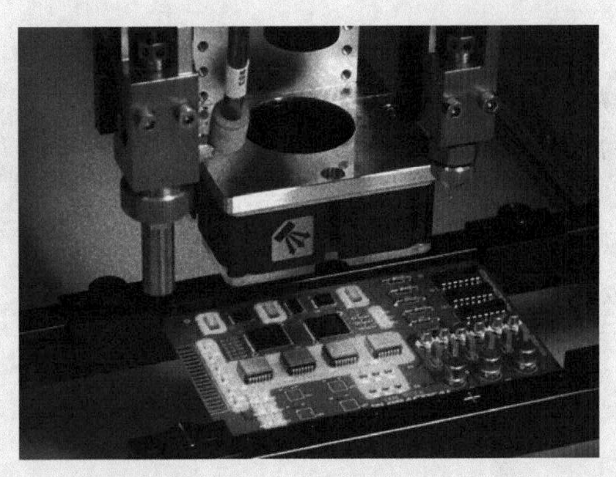

图2-1　计算机视觉在工业上的应用

任务1　使用人脸识别算法实现人脸检测

知识目标

- 了解人脸检测及其方法。
- 了解人脸检测的难点。

能力目标

- 了解人脸识别在生活当中的应用场景。
- 掌握利用OpenCV实现图像采集。
- 掌握调用算法接口，进行图像识别。
- 理解如何使用多线程的方式实现图像采集和人脸检测。

素质目标

- 具有良好的身体素质。
- 具有积极的竞争意识。

任务分析

任务描述：

本任务将实现用人脸检测算法库对USB摄像头实时采集并对显示在JupyterLab的画面进行人脸检测和标注人脸框。

任务要求：

- 使用ipywidgets定义图像盒子。
- 使用IPython. display的display方法显示图像。

- 使用NLFaceDetect人脸检测算法库，实例化人脸检测模型对象。
- 使用多线程检测人脸。

根据所学相关知识，制订本任务的实施计划，见表2-1。

表2-1　任务计划表

项目名称	使用计算机视觉算法实现图像识别
任务名称	使用人脸识别算法实现人脸检测
计划方式	自主设计
计划要求	请按照计划分步骤完整描述出如何完成本任务
序　号	任务计划步骤
1	
2	
3	
4	
5	
6	
7	
8	

知识储备

1. 人脸检测方法

人脸识别是根据电子计算机构建人的大脑现有的认知能力，模拟人的大脑的检测全过程以完成检测。一切人脸识别技术最先都必须从键入信息内容中获得人脸的部位、尺寸，因而人脸检测是人脸识别技术的第一个步骤，这一步骤所获取的精确度与速率可以直接影响全部人脸识别技术的特性。除此之外，人脸检测的使用也大大超越了人脸识别技术的范围，在人脸表情识别系统软件、根据内容的查找、视频会议系统、三维人脸实体模型等层面有至关重要的使用价值。

人脸检测方式包含轮廓标准法、器官分布法、预定模板法、形变模板法、特征空间法、AdaBoost法、神经网络法等。

1）轮廓标准法。人脸的轮廓可类似地当作椭圆形，则人脸检测可以根据检测椭圆形来进行，Govindaraju等把人脸抽象化为3段轮廓线：头顶轮廓线（head contour），左边脸轮廓线（left contour）和右边脸轮廓线（right contour）。对随意一幅图像，首先开展边沿检测，并对优化后的边沿提取曲线特征，随后测算各曲线组合成人脸的评定函数，以检测人脸。

2）器官分布法。人脸的五官分布存有一定的几何图形标准，因而对人脸的器官或器官的组合创建模板，如眼睛模板、双眼与下颌模板，随后检测图像中器官可能分布的位置，将这种位置点分别组合，基于器官分布的几何图形标准开展挑选，进而寻找可能存在的人脸。

3）预定模板法。预定模板法是依据人脸的先验知识明确出人脸轮廓模板及每个器官特征的子模板，先通过测算图像中待检测区域和人脸轮廓模板的有关值来获取候选区域，再利用器官特征的子模板认证备选区域是不是包括人脸。这类方法的缺陷在于无法合理地解决尺度、姿势和形状的转变。

4）形变模板法。形变模板法的关键观念是界定一个具有可塑性的主要参数模板和一个动能函数公式来描述特征，根据一个非线性最优化方法求取动能最小的主要参数模板，此模板即被认为是所求特征的描述。其中，Cootes等提起的主动形状模型（Active Shape Model，ASM）和主动外观模型（Active Appearance Model，AAM）是形变模板中精选的两种模型，如今许多专家学者仍以此为基础，开展更为深层次的发掘和科学研究。以上两种模型均是根据概率退化模型（Probabilistic Degradation Model，PDM），将人脸的多个重点部位（如眼眉、双眼、鼻部、嘴和面颊）用一系列坐标点来表示，进而构成坐标空间向量的训练集。这类方法的缺陷在于动能函数公式在优化时十分复杂，耗时较多，且动能函数公式中的每个权重计算指数都是依据经验来明确的，在具体运用中存在局限。

5）特征空间法。特征空间法通过建立一个线性或者最优控制的空间变换，把初始图像投射到某一特征空间，依据其在特征空间的特征规律区分“人脸”与“非人脸”。其中，主成分分析法是一种常见的方式，该方法最先对图片开展K-L变换，用于清除原各分量中间的关联性，用变换后所获得的最大的若干特征空间向量来代表初始图像，从而保存了初始图像的较大差异信息内容，这若干个分量称为主成分。该方法中人脸模板可以抽象出人脸全局特征信息，与此同时计算中未使用梯度下降法，计算速度更快。其缺点是：单模板检测速度虽快但准确率低；多模板准确率高但检测速度比较慢，且模板的建立和变量值的确认必须依据工作经验来完成。

6）AdaBoost法。AdaBoost法最开始由Viola等人们在2001年提出，其中明确提出了一种称为“积分图像”的图像表示方式。利用AdaBoost优化算法对由积分图像表示的很多特征开展挑选，选择出少许具备代表性的重要特征组合成强分类器，随后选用“联级”策略，每级的特征数量从少到多，在开始粗检的几级就可以清除很多非人脸区域。这种方法搭建了一个迅速、有效的人脸检测架构，可以满足即时要求，但当不正确警报数量较少时，检测率不高。

7）神经网络法。神经网络法根据样本训练一个网络模型，把人脸的统计分析特征暗含在网络模型的结构特征和技术参数中。神经网络法开展人脸检测的特点是可以简单地构造出神经网络系统作为分类器，应用人脸和非人脸样本对该神经网络系统开展训练，让该系统自动学习两类样本复杂的类条件概率密度，从而规避人为因素假定类条件概率密度函数所产生的问题。

深度神经网络是神经网络中的一种。在深度神经网络以前，流行的人脸检测优化算法主要应用AdaBoost法，筛出一些最能代表人脸的矩形特征（弱分类器），依照加权投票的形式将弱分类器构建为一个强分类器，再将训练得到的许多强分类器串联构成一个联级结构的层叠分类器，合理地提升分类器的检测效率。

深度神经网络促使人脸识别在近几年里获得飞跃的发展。在计算机视觉领域，深度神经网络中使用得最好、最顺利的便是卷积神经网络（CNN）。

2. 人脸检测难点

人脸检测是一种复杂的、具有挑战性的模式检测，主要的难点有两方面。

（1）人脸内在变化

1）人脸具有相当复杂的细节变化，不同的外貌如脸形、肤色等，不同的表情如眼、嘴的开与闭等。

2）人脸的遮挡，如眼镜、头发和头部饰物等。

（2）外在条件变化

1）成像角度的不同造成人脸的多姿态，如平面内旋转、深度旋转以及上下旋转，其中深度旋转影响较大。

2）光照的影响，如图像中的亮度、对比度的变化和阴影等。

3）成像条件，如摄像设备的焦距、成像距离，图像获得的途径等。

这些困难都给人脸检测带来了困难。如果能找到一些相关算法并能在应用过程中做到实时，就能保证成功构造出具有实际应用价值的人脸检测与跟踪系统。

1. 使用OpenCV采集图像

（1）引入相关的库

```
import cv2
import time
import ipywidgets as widgets      # Jupyter画图库
from IPython.display import display    # Jupyter显示库
from lib.faceDetect import NLFaceDetect
```

（2）打开摄像头

使用cv2. VideoCapture（camera_id）方法来打开摄像头，并赋值给cap。参数camera_id指的是默认打开第一个接入的摄像头的id，比如0。如果存在两个摄像头，id就是可选的，0或者1代表不同的摄像头。执行时如果没有报错，则表示打开成功。

```
cap = cv2.VideoCapture(0)
```

（3）设置摄像头的分辨率宽度和高度值

使用cv2. set方法来设置摄像头分辨率。参数CAP_PROP_FRAME_WIDTH是摄像头分辨率的宽度，CAP_PROP_FRAME_HEIGHT是摄像头分辨率的高度，可以根据需求设置。

```
cap.set(cv2.CAP_PROP_FRAME_WIDTH, 640)
cap.set(cv2.CAP_PROP_FRAME_HEIGHT, 480)
```

（4）从摄像头获取一帧图片

返回值ret为状态布尔值，True表示获取图片成功，False表示获取图片失败。image为图片数据，如果需要显示视频流，则需要循环读取图片。

```
ret, image = cap.read()
ret, image = cap.read()
print(ret)
```

（5）显示所获取的图片

利用Jupyter的画图库和显示库，来显示所获取的图片。

```
import ipywidgets as widgets      # Jupyter画图库
from IPython.display import display     # Jupyter显示库
imgbox = widgets.Image() # 定义一个图像盒子，用于装载图像数据
display(imgbox)   # 将盒子显示出来
imgbox.value =cv2.imencode('.jpg', image)[1].tobytes()#把图像按照JPG格式编码
cap.release() # 释放摄像头
```

动手练习

第一步：获取图像。

在<1>处设置摄像头拍摄图片尺寸为640×480，宽度为640，高度为480。

在<2>处拍摄自己的头部照片，返回值赋给ret和image。

```
import ipywidgets as widgets      # Jupyter画图库
from IPython.display import display     # Jupyter显示库
cap = cv2.VideoCapture(0)
<1>
time.sleep(2)
#将捕捉的图片命名为image
<2>
print(ret)
```

第二步：显示图像。

在<3>处补充代码，利用cv2.imencode函数与tobytes()函数将图片image显示出来。

若图像中没有人脸，请重新采集。

```
imgbox = widgets.Image() # 定义一个图像盒子，用于装载图像数据
display(imgbox) # 将盒子显示出来
imgbox.value = <3>
cap.release() # 释放摄像头
```

第三步：保存图片。

在<4>处使用cv2.imwrite()方法保存image图片并命名为myself.jpg。

```
<4>
```

填写完成后查看当前路径下是否存在myself.jpg图片，若存在则说明填写正确。

2. 调用人脸识别算法接口

通过调用人脸识别算法接口进行识别检测，并将结果显示在图片上，比如把人脸框画在图片上等。

（1）导入人脸识别算法接口库

人脸识别算法库是底层由C编写的算法库，集成在核心开发板上，经过Python的对接后，形成了一套接口库，可以直接调用。

```
from lib.faceDetect import NLFaceDetect
import cv2
```

（2）实例化算法接口对象

```
# 指定库文件路径
libNamePath = '/usr/local/lib/libNL_faceEnc.so'
# 实例化算法类
nlFaceDetect = NLFaceDetect(libNamePath)
```

加载库，指定函数参数类型和返回值类型，并初始化结构体变量。libNamePath是指定的库文件路径。若执行时没有报错，则表示实例化成功。

（3）加载模型和配置

```
# 指定模型以及配置文件路径
configPath = b"/usr/local/lib/rk3399_AI_model"
# 加载模型并初始化
nlFaceDetect.NL_FD_ComInit(configPath)
```

将内存分配到各个模块，比如人脸检测和人脸对齐等。configPath是模型和配置文件路径。若执行时没有报错，则表示加载成功。

（4）加载图片数据

```
image = cv2.imread("./exp/boy.jpg")
ret1 = nlFaceDetect.NL_FD_InitVarIn(image)
print(ret1)
```

将采集到的图片数据，加载到算法中（image为图片数据）。若返回0，则表示加载成功。

（5）打印原始的照片

```
import ipywidgets as widgets     # Jupyter画图库
from IPython.display import display    # Jupyter显示库
# 定义一个图像盒子，用于装载图像数据
imgbox = widgets.Image()
display(imgbox)  # 将盒子显示出来
# 把图像值转成byte类型的值
imgbox.value = cv2.imencode('.jpg', image)[1].tobytes()
```

（6）调用人脸检测主函数处理图像

nlFaceDetect. NL_FD_Process_C()可以识别图片中的人脸，并且返回人脸个数。

```
# 返回值是目标个数
face_num = nlFaceDetect.NL_FD_Process_C()
print('人脸个数：', face_num)
```

（7）取出人脸个数

nlFaceDetect. NL_FD_Process_C()获取的人脸个数会保存到nlFaceDetect. djEDVarOut. num中。

```
# 从人脸检测的输出结构体中，获取人脸个数
face_num = nlFaceDetect.djEDVarOut.num
print('人脸个数：', face_num)
```

（8）获取人脸框信息

根据人脸个数，循环取出人脸框位置信息，画在图片上，并打印出结果。

outObject = nlFaceDetect. djEDVarOut. faceInfos [i] . bbox的返回值中，(outObject. x1, outObject. y1)代表左上角坐标，（outObject. x2, outObject. y2）代表右下角的坐标。

利用OpenCV在图像上添加文字和画出人脸框:

cv2. putText () 的作用是在图片的某个位置上添加文字信息，参数依次为：图片、要添加的文字、文字添加于图片上的位置坐标、字体类型、字体大小、字体颜色、字体粗细。例如cv2. putText (image, str ('Face'), (int (outObject. x1), int (outObject. y1)), font, 0. 8, (255, 0, 0), 2)。

cv2. rectangle () 的作用是根据坐标，描绘一个简单的矩形边框，参数依次为：图片、左上角的位置坐标、右下角位置坐标、线条颜色、线条粗细。例如cv2. rectangle (image, (int (outObject. x1), int (outObject. y1)), (int (outObject. x2), int (outObject. y2)), (0, 0, 255), 2)。

```
for i in range(face_num):
    outObject = nlFaceDetect.djEDVarOut.faceInfos[i].bbox
    print("Total face:", face_num, " ID: ", i)  # 打印人脸个数
    # 打印人脸框的位置信息
    print('face box :%0.2f,%0.2f,%0.2f,%0.2f' % (outObject.x1, outObject.y1, outObject.x2, outObject.y2))
    print('Scores: %f' % outObject.score)  # 打印识别置信度
    font = cv2.FONT_HERSHEY_SIMPLEX  # 定义字体
    cv2.putText(image, str('Face'), (int(outObject.x1), int(outObject.y1)), font, 0.8, (255, 0, 0), 2) # 在图片上描绘文字
    # 在图片上画出人脸框
    cv2.rectangle(image, (int(outObject.x1), int(outObject.y1)), (int(outObject.x2), int(outObject.y2)), (0, 0, 255), 2)
```

（9）显示算法处理的图像

利用Jupyter的画图库和显示库，来显示所获取的图片，并释放内存和加载的模型。

```
# 定义一个图像盒子，用于装载图像数据
imgbox = widgets.Image()
display(imgbox)  # 将盒子显示出来
# 把图像值转成byte类型的值
imgbox.value = cv2.imencode('.jpg', image)[1].tobytes()
nlFaceDetect.NL_FD_Exit() # 释放算法内存和加载的模型
```

动手练习

使用上个动手练习中采集到的图片进行人脸检测。

在<1>处将文件路径赋值给libNamePath。

在<2>处使用NLFaceDetect()方法实例化算法类。

在<3>处指定模型以及配置文件路径，路径为“/usr/local/lib/rk3399_AI_model”。

在<4>处使用nlFaceDetect.NL_FD_ComInit()方法加载模型。

在<5>处加载“./exp/myself.jpg”图片并赋值给image，使用nlFaceDetect.NL_FD_InitVarIn()将图片加载到算法中。

在<6>处使用nlFaceDetect.NL_FD_Process_C()写入测定目标个数，赋值给ret3。

在<7>处利用nlFaceDetect.djEDVarOut.num读取人脸个数，并赋值给face_num。

完成实验后执行代码，在图片中绘制人脸框并打印出图片。若不能成功打印则表示实验失败，请查找原因，修改后再次尝试实验。

```
from lib.faceDetect import NLFaceDetect
<1> = '/usr/local/lib/libNL_faceEnc.so' # 指定库文件路径
nlFaceDetect = <2>(libNamePath) # 实例化算法类
configPath = b"<3>" # 指定模型以及配置文件路径
<4> # 加载模型并初始化
<5>
ret1 = <5>(image)
print(ret1)
<6> # 返回值是目标个数
print('目标个数：', ret3)
<7>
print('人脸个数：', face_num)
for i in range(face_num):
    outObject = nlFaceDetect.djEDVarOut.faceInfos[i].bbox
    print("Total face:", face_num, " ID: ", i) # 打印人脸个数
    print('face box :%0.2f,%0.2f,%0.2f,%0.2f' % (outObject.x1, outObject.y1, outObject.x2, outObject.y2))
    # 打印人脸框的位置信息
    print('Scores: %f' % outObject.score) # 打印识别置信度
    font = cv2.FONT_HERSHEY_SIMPLEX # 定义字体
    imgzi = cv2.putText(image, str('Face'), (int(outObject.x1), int(outObject.y1)), font, 0.8, (255, 0, 0), 2)
# 在图片上描绘文字
    # 在图片上画出人脸框
    cv2.rectangle(image,(int(outObject.x1), int(outObject.y1)), (int(outObject.x2), int(outObject.y2)), (0, 0, 255), 2)
import ipywidgets as widgets # Jupyter画图库
from IPython.display import display # Jupyter显示库
# 定义一个图像盒子，用于装载图像数据
imgbox = widgets.Image()
display(imgbox) # 将盒子显示出来
# 把图像值转成byte类型的值
imgbox.value = cv2.imencode('.jpg', image)[1].tobytes()
nlFaceDetect.NL_FD_Exit() # 释放算法内存和加载的模型
```

3. 利用多线程方式实现视频流的人脸检测

利用多线程使图像采集和算法识别同时运行，从而实现视频流的人脸检测，避免一些因运行时间太久而导致的视频卡顿。

（1）引入相关的库

引入threading线程库。多线程类似于同时执行多个不同程序，多线程运行有如下优点：

1）使用线程，可以把那些长时间占据程序的任务放到后台去处理。

2）用户界面可以更加吸引人，比如用户单击了一个按钮去触发某些事件的处理时，可以弹出一个进度条来显示处理的进度。

3）程序的运行速度可能加快。

4）在一些等待的任务上实现如用户输入、文件读写和网络收发数据等，线程就比较有用了。在这种情况下可以释放一些珍贵的资源如内存等。

5）每个独立的线程有一个程序运行的入口、顺序执行的序列和程序的出口。但是线程不能独立执行，依赖应用程序，由应用程序提供多个线程的执行控制。

```
import time # 时间库
import cv2 # 引入OpenCV图像处理库
import threading # 这是Python的标准库，即线程库
import ipywidgets as widgets # Jupyter画图库
from IPython.display import display # Jupyter显示库
from lib.faceDetect import NLFaceDetect # 人脸识别算法库接口
```

（2）定义摄像头采集线程

结合上面的OpenCV采集图像的内容，利用多线程的方式形成一个可传参、可调用的通用类。这里定义了一个全局变量camera_img，用于存储所获取的图片数据，便于其他线程调用。

1）init函数：该函数在实例化该线程时会自动执行。在init函数里打开摄像头，并设置分辨率。

2）run函数：该函数在实例化后，执行start函数时会自动执行。在run函数里实现循环获取图像的内容。

```
class CameraThread(threading.Thread):
    def __init__(self, camera_id, camera_width, camera_height):
        threading.Thread.__init__(self)
        self.working = True
        self.cap = cv2.VideoCapture(camera_id)  # 打开摄像头
        # 设置摄像头分辨率宽度
        self.cap.set(cv2.CAP_PROP_FRAME_WIDTH, camera_width)
        # 设置摄像头分辨率高度
        self.cap.set(cv2.CAP_PROP_FRAME_HEIGHT, camera_height)
    def run(self):
        # 定义一个全局变量，用于存储所获取的图片数据
        global camera_img
        camera_img = None
        while self.working:
            ret, image = self.cap.read()  # 获取新的一帧图片
            if ret:
                camera_img = image
    def stop(self):
        self.working = False
        self.cap.release()
```

（3）定义算法识别线程

通过多线程的方式整合调用算法接口的内容和图像显示的内容，循环识别，对摄像头采集线程中获取的每一帧图片进行识别并显示，形成视频流的画面。

1）init函数：该函数在实例化该线程时，会自动执行。在init函数里定义了显示内容，并实例化算法和加载模型。

2）run函数：该函数在实例化后，执行start函数时会自动执行。在run函数的循环中实现了对采集

的每一帧图片进行算法识别，然后将结果绘制在图片上，并将处理后的图片显示出来。

```
class FaceDetectThread(threading.Thread):
    def __init__(self):
        threading.Thread.__init__(self)
        self.working = True
        self.running = False
        self.imgbox = widgets.Image()
        display(self.imgbox)
                # 指定模型以及配置文件路径
        configPath = b"/usr/local/lib/rk3399_AI_model"
                # 指定库文件路径
        libNamePath = '/usr/local/lib/libNL_faceEnc.so'
                # 实例化算法类
        self.nlFaceDetect = NLFaceDetect(libNamePath)
                # 初始化
        ret = self.nlFaceDetect.NL_FD_ComInit(configPath)
    def run(self):
        self.running = True
        while self.working:
            try:
                if camera_img is not None:
                    limg = camera_img  # 获取全局变量图像值
                    if self.nlFaceDetect.NL_FD_InitVarIn(limg) == 0:
                        if self.nlFaceDetect.NL_FD_Process_C() > 0: # 返回值是目标个数
                            # 人脸检测结果输出
                            for i in range(self.nlFaceDetect.djEDVarOut.num):
                                outObject = self.nlFaceDetect.djEDVarOut.faceInfos[i].bbox
                                font = cv2.FONT_HERSHEY_SIMPLE
                                imgzi = cv2.putText(limg, str('Face'), (int(outObject.x1), int(outObject.y1)),
font, 0.8, (255, 0, 0), 2)
                                cv2.rectangle(limg, (int(outObject.x1), int(outObject.y1)), (int(outObject.x2),
int(outObject.y2)), (0, 0, 255), 2) # 在图片上画出人脸框
                    self.imgbox.value = cv2.imencode('.jpg', limg)[1].tobytes() # 把图像值转成byte类型的值
            except Exception as e:
                pass
        self.running = False
    def stop(self):
        self.working = False
        while self.running:
            pass
        self.nlFaceDetect.NL_FD_Exit()
```

（4）启动线程

实例化两个线程，并启动这两个线程，实现完整的人脸检测功能。运行时加载模型比较久，需要等待几秒。

```
camera_th = CameraThread(0, 640, 480)
face_detect_th = FaceDetectThread()
camera_th.start()
face_detect_th.start()
```

（5）停止线程

```
face_detect_th.stop()
camera_th.stop()
```

任务小结

本任务首先介绍了人脸检测的相关知识，包括人脸检测方法、人脸检测难点等。之后通过任务实施，带领读者完成了利用OpenCV采集图像、调用人脸识别算法接口、利用多线程方式实现视频流的人脸检测等操作。

通过本任务的学习，读者可以对人脸检测的基本知识有更深入的了解，在实践中逐渐熟悉OpenCV的基础操作方法。本任务相关的知识技能的思维导图如图2-2所示。

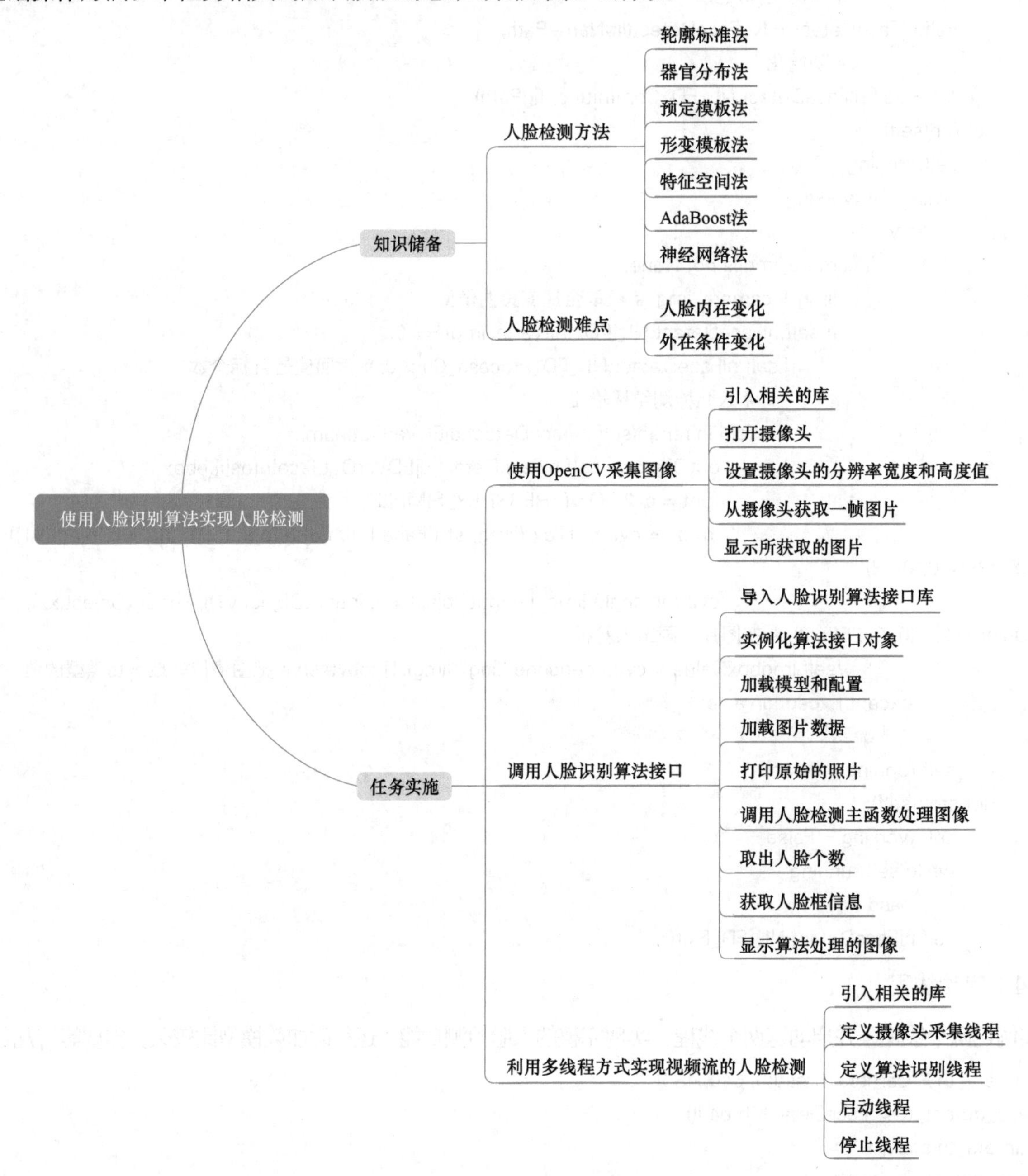

图2-2　思维导图

任务2 使用人脸属性分析算法实现人脸检测

知识目标

- 了解人脸多属性分析在生活当中的应用场景。
- 理解如何使用多线程的方式实现图像采集和人脸多属性分析。

能力目标

- 掌握利用OpenCV实现图像的采集。
- 掌握调用算法接口的方法，进行人脸多属性分析。

素质目标

- 具有较强的自信心。
- 具有强烈的进取心。

任务分析

任务描述：

本任务将实现基于人脸属性分析算法库对采集到的实时画面进行人脸检测，并标注人脸框和人脸属性。

任务要求：

- 使用NlFaceMultiAttr人脸属性算法库实例化人脸属性模型对象。
- 使用NL_EM_ComInit方法初始化模型。
- 使用NL_EM_InitVarIn方法读取图像数据。
- 使用NL_EM_bbox方法输入人脸框的位置坐标。
- 使用NL_EM_Process_C方法检测人脸数量。
- 使用result_show方法把中文显示在图像上。
- 使用NL_EM_Exit方法释放算法内存。

任务计划

根据所学相关知识，制订本任务的实施计划，见表2-2。

表2-2 任务计划表

项目名称	使用计算机视觉算法实现图像识别
任务名称	使用人脸属性分析算法实现人脸检测
计划方式	自主设计
计划要求	请按照计划分步骤完整描述出如何完成本任务
序　号	任务计划步骤
1	
2	
3	
4	
5	
6	
7	
8	

知识储备

1. 人脸识别简介

（1）人脸识别的概念

人脸识别是基于人的脸部特征信息进行身份识别的一种生物识别技术。具体来说，人脸识别是用摄像机或摄像头采集含有人脸的图像或视频流，并自动在图像中检测和跟踪人脸，进而对检测到的人脸进行脸部识别的一系列相关技术，通常也叫作人像识别、面部识别。

人脸识别系统的研究始于20世纪60年代，20世纪80年代后它随着计算机技术和光学成像技术的发展得到提高，而真正进入初级的应用阶段则在20世纪90年代后期，并且以美国、德国和日本的技术实现为主。人脸识别系统成功的关键在于拥有尖端的核心算法，并使识别结果具有实用化的识别率和识别速度。“人脸识别系统”集成了人工智能、机器识别、机器学习、模型理论、专家系统、视频图像处理等多种专业技术，同时结合了中间值处理的理论与实现，是生物特征识别的最新应用，其核心技术的实现体现了弱人工智能向强人工智能的转化。

（2）人脸识别技术流程

人脸识别系统主要包括四个组成部分，分别为人脸图像采集及检测、人脸图像预处理、人脸图像特征提取以及人脸图像匹配与识别。

1）人脸图像采集及检测。在人脸图像采集中，不同的人脸图像都能通过摄像头采集下来，可以很好的采集如静态图像、动态图像、不同的位置、不同的表情等信息。当用户在采集设备的拍摄范围内时，采集设备会自动搜索并拍摄用户的人脸图像。

人脸检测在实际中主要用于人脸识别的预处理，即在图像中准确标定出人脸的位置和大小。人脸图像中包含的模式特征十分丰富，如直方图特征、颜色特征、模板特征、结构特征及Haar特征等。人脸检测就是把其中有用的信息挑出来，并利用这些特征实现人脸检测。

主流的人脸检测方法基于以上特征采用AdaBoost学习算法，AdaBoost算法是一种用来分类的方法。人脸检测过程中使用AdaBoost算法挑选出一些最能代表人脸的矩形特征（弱分类器），按照加权投票的方式将弱分类器构造为一个强分类器，再将训练得到的若干强分类器串联组成一个级联结构的层叠分类器，有效地提高分类器的检测速度。

2）人脸图像预处理。人脸图像预处理是基于人脸检测结果，对图像进行处理并最终服务于特征提取的过程。系统获取的原始图像由于受到各种条件的限制和随机干扰，往往不能直接使用，必须在图像处理的早期阶段进行灰度校正、噪声过滤等图像预处理。对于人脸图像而言，其预处理过程主要包括人脸图像的光线补偿、灰度变换、直方图均衡化、归一化、几何校正、滤波以及锐化等。

3）人脸图像特征提取。人脸识别系统可使用的特征通常分为视觉特征、像素统计特征、人脸图像变换系数特征、人脸图像代数特征等。人脸特征提取就是针对人脸的某些特征进行的。人脸特征提取也称人脸表征，它是对人脸进行特征建模的过程。人脸特征提取的方法归纳起来分为两大类：一类是基于知识的表征方法；另外一类是基于代数特征或统计学习的表征方法。

基于知识的表征方法主要是根据人脸器官的形状描述以及它们之间的距离特性来获得有助于人脸分类的特征数据，其特征分量通常包括特征点间的欧氏距离、曲率和角度等。人脸由眼睛、鼻子、嘴、下巴等局部构成，对这些局部和它们之间结构关系的几何描述，可作为识别人脸的重要特征，这些特征被称为几何特征。基于知识的人脸表征主要包括基于几何特征的方法和模板匹配法。

4）人脸图像匹配与识别

人脸图像匹配与识别将提取的人脸图像的特征数据与数据库中存储的特征模板进行搜索匹配，设定一个阈值，当相似度超过这一阈值，则把匹配得到的结果输出。人脸识别就是将待识别的人脸特征与已得到的人脸特征模板进行比较，根据相似程度对人脸的身份信息进行判断。这一过程又分为两类：一类是确认，是一对一进行图像比较的过程；另一类是辨认，是一对多进行图像匹配对比的过程。

（3）人脸识别应用场景

随着人脸识别技术的迅速发展，“刷脸”逐渐成为新时期生物识别技术应用的主要领域。在2017年之后，人脸识别更是迎来了井喷式的爆发，无论是在通关、金融、电信、公证等需要对人和证件进行一致性验证的场景中，还是在交通、公安、楼宇、社区等安防布控场景中，都可以见到人脸识别的踪迹。

人脸识别的一些应用场景如下：

1）企业、住宅安全和管理。如人脸识别门禁考勤系统、人脸识别防盗门等。

2）电子护照及身份证。2023年7月1日中华人民共和国公务电子护照及公务普通电子护照启用。

3）公安、司法和刑侦。如利用人脸识别系统在全国范围内搜捕逃犯。

4）信息安全。如计算机登录、电子政务和电子商务。使用生物特征，做到当事人在网上的数字身份和真实身份统一，从而大大增强电子商务和电子政务系统的可靠性。

2. 人脸检测和属性

人脸检测是在图像中定位人脸，并有选择地返回不同类型的人脸相关数据的过程。

（1）人脸矩形

检测到的每个人脸对应于响应中的faceRectangle字段。这是一组像素坐标，用于检测脸部的左边缘、顶部、宽度和高度，使用这些坐标可以获取人脸的位置及大小。在API响应中，人脸按照从大到小的顺序列出。

（2）人脸ID

人脸ID是在图像中检测到的每个人脸的唯一标识符字符串，可以在人脸检测API调用中请求人脸ID。

（3）人脸特征点

人脸特征点是人脸上的一组易于查找的点，例如瞳孔或鼻尖，如图2-3所示。

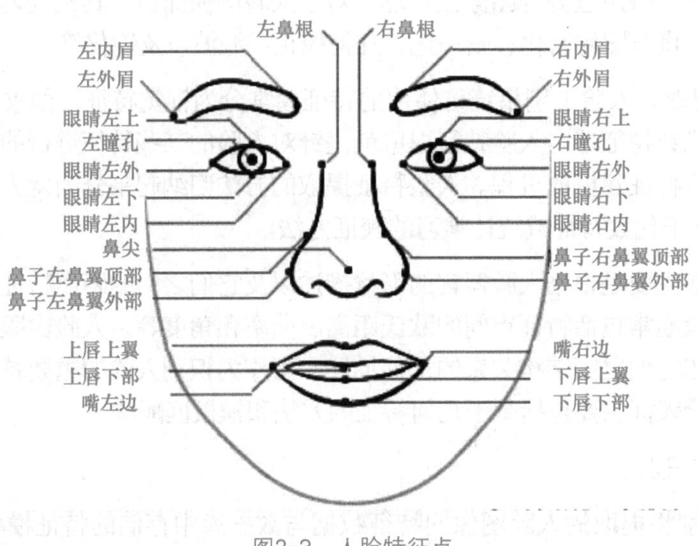

图2-3　人脸特征点

人脸特征点也是以像素为单位返回的点坐标。Detection_03模型目前具有最准确的坐标检测能力。此模型返回的眼睛和瞳孔坐标足够精确，可以对面部进行注视跟踪。

（4）属性

属性是可被人脸检测API选择性地检测到的一组特征。以下属性可以被检测到：

1）Accessories：给定的人脸是否戴有配饰。此属性会返回可能的配饰，包括头饰、眼镜和口罩，每个配饰的置信度分数介于0到1。

2）Age：特定人脸的估计年龄（岁）。

3）Blur：图像中人脸的模糊度。此属性返回0到1的值，以及非正式分级：low、medium或high。

4）Emotion：给定人脸的情感列表及其检测置信度。置信度分数会被标准化，所有情感的分数加起来后得到一个总的分数。返回的情感包括快乐、悲伤、中性、愤怒、蔑视、厌恶、惊讶、恐惧等。

5）Exposure：图像中人脸的曝光度。此属性返回0到1的值，以及非正式的分级：underExposure、goodExposure或overExposure。

6）Facial hair：给定人脸的胡须状态和长度。

7）Gender：给定人脸的估计性别。可能的值为male、female和genderless。

8）Glasses：给定的人脸是否戴有眼镜。可能的值为NoGlasses、ReadingGlasses、SunGlasses和Swimming Goggles。

9）Hair：人脸的发型。此属性显示头发是否可见、是否检测到秃顶，以及检测到了哪种发色。

10）Head pose：人脸在3D空间中的摆向。此属性由按右手规则定义的翻滚角（Roll）、偏航角（Yaw）和俯仰角（Pitch）（以度为单位）描述。三角度的顺序是翻滚角—偏航角—俯仰角，每个角度的值范围是从-180°～180°。按翻滚角、偏航角、俯仰角的顺序估算面部的三维朝向。人脸3D角度映射如图2-4所示。

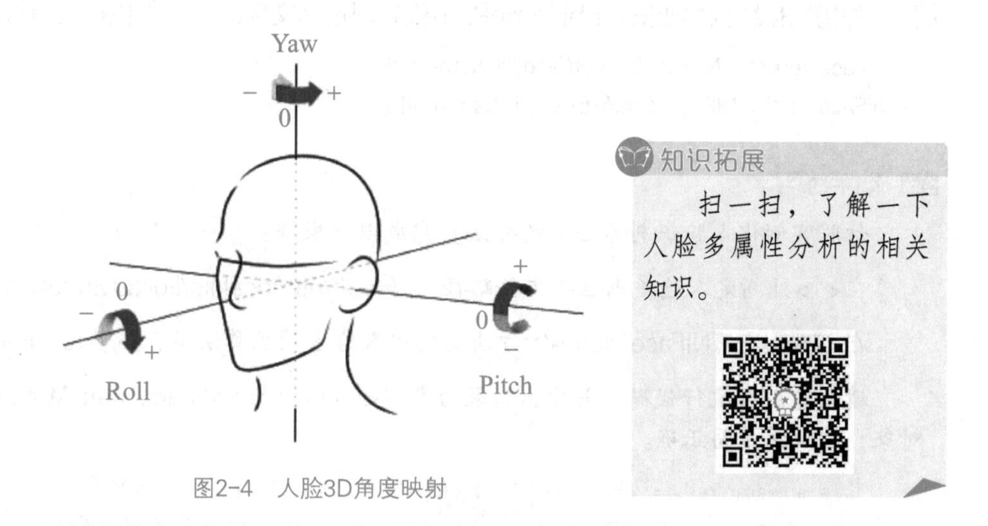

图2-4 人脸3D角度映射

11）Makeup：人脸是否有化妆。此值返回eyeMakeup和lipMakeup的布尔值。

12）Noise：在人脸图像中检测到的视觉噪点。此属性返回0到1的值，以及非正式分级：low、medium或high。

13）Occlusion：是否存在遮挡人脸部位的物体。此属性返回 eyeOccluded、foreheadOccluded 和 mouthOccluded 的布尔值。

14）Smile：给定人脸的微笑表情。此值介于0（未微笑）与1（明确的微笑）之间。

15）QualityForRecognition：检测中使用的图像是否具有足够高的质量。非正式评级值为低、中或高。仅建议将“高”质量图像用于人员注册，“中”或以上质量用于识别方案。

任务实施

1. 调用人脸多属性分析算法接口

人脸多属性分析是人脸识别的一种应用场景，所以有依赖于人脸识别接口，来确定人脸的位置信息。人脸多属性分析算法接口的调用，不但要进行识别和检测，还要把结果显示在图片上，比如把人脸框画在图片上，并把人脸属性、年龄、性别写在图片上等。

（1）导入算法接口库

导入人脸识别算法接口库和人脸多属性分析算法接口库：①NLFaceDetect为人脸识别库；②NlFaceMultiAttr为人脸多属性库。

这两种算法库都是底层由C编写的算法库，集成在核心开发板上，在经过Python的对接后，形成了一套Python的接口库，可以直接调用。

```
from lib.faceDetect import NLFaceDetect
from lib.faceAttr import NlFaceMultiAttr import cv2
import ipywidgets as widgets    # Jupyter画图库
from IPython.display import display    # Jupyter显示库
```

（2）实例化算法接口对象

实例化的时候，会自动执行init()函数，该函数的功能主要是加载算法库，指定函数参数类型和返回值类型，并初始化结构体变量。libNamePath代表固定库文件路径。若执行没有报错，则表示实例化成功。

```
nlFaceDetect = NLFaceDetect(face_libNamePath)
nlFaceMulti = NlFaceMultiAttr(em_libNamePath)
```

动手练习

仿照实例化人脸识别算法类的方法，完成以下操作：

在<1>处指定人脸多属性库文件路径，路径为/usr/local/lib/libNLMultiAttrPredEnc.so。

在<2>处使用NlFaceMultiAttr方法实例化人脸多属性算法类，赋值给nlFaceMulti。

填写完成后执行代码，若输出结果为类似<lib.faceAttr.NlFaceMultiAttr at 0x7f8a2ae438>的实例对象，则说明填写正确。

```
face_libNamePath = '/usr/local/lib/libNL_faceEnc.so'#指定人脸识别库文件路径
nlFaceDetect = NLFaceDetect(face_libNamePath)  # 实例化人脸识别算法类
em_libNamePath = <1>  # 指定人脸多属性库文件路径
nlFaceMulti = <2>  # 实例化人脸多属性算法类
```

（3）加载模型和配置

将内存分配到各个模块，比如，在人脸识别里面的人脸检测、人脸对齐模块等，在人脸多属性里面的人脸多属性模块等。configPath是模型和配置文件路径。若执行没有报错，则表示加载成功。

```
# 指定模型以及配置文件路径
configPath = b"/usr/local/lib/rk3399_AI_model"
# 加载人脸识别模型并初始化
nlFaceDetect.NL_FD_ComInit(configPath)
# 加载人脸多属性分析模型并初始化
nlFaceMulti.NL_EM_ComInit(configPath)
```

（4）加载图片数据

将采集到的图片数据，加载到两个算法中（image为图片数据），返回0表示加载成功。

```
nlFaceDetect.NL_FD_InitVarIn(image)
nlFaceMulti.NL_EM_InitVarIn(image)
```

动手练习

在<1>处填写代码，使用display函数显示图像盒子。

在<2>处补充代码，使用cv2.imencode与tobytes()函数将image1图像显示出来。

填写完成后查看能否正确显示图像，若能够正确显示则说明填写正确。

（1）显示原始的目标图像

```
import ipywidgets as widgets # Jupyter画图库
from IPython.display import display # Jupyter显示库
image = cv2.imread("./exp/face1.jpg")
# 定义一个图像盒子，用于装载图像数据
```

```
imgbox = widgets.Image()
<1> # 将盒子显示出来
imgbox.value = <2> # 把图像值转成byte类型的值
```

（2）加载图片到算法中

```
# 将图像加载到人脸算法中
ret1 = nlFaceDetect.NL_FD_InitVarIn(image)
print(ret1)
```

（5）调用人脸检测主函数处理图像

返回人脸个数，输出人脸框的位置信息，再输出结构体，可以获取相关信息。

```
ret2 = nlFaceDetect.NL_FD_Process_C() # 返回值是目标个数
print('目标个数：', ret2)
```

（6）取出人脸个数值

从人脸检测输出的结构体里面，获取人脸个数，并赋值给人脸属性分析。

```
nlFaceMulti.faceNum = nlFaceDetect.djEDVarOut.num
print('人脸个数：', nlFaceMulti.faceNum)
# 将图像加载到人脸多属性算法中
ret3 = nlFaceMulti.NL_EM_InitVarIn(image)
print(ret3)
```

（7）将人脸坐标信息输入人脸多属性模型

根据人脸个数，把人脸坐标的位置信息作为人脸多属性的输入。

1）取出人脸框位置信息。（x1，y1）代表左上角坐标，（x2，y2）代表右下角的坐标。

```
outObject=nlFaceDetect.djEDVarOut.faceInfos[i].bbox(outObject.x1,outObject.y1, outObject.x2,outObject.y2)
```

2）作为人脸多属性的输入。把人脸框的位置坐标传入人脸多属性算法中。通过调用cv2. rectangle()画出人脸框。cv2. rectangle()的作用是根据坐标，描绘一个简单的矩形边框。

```
cv2.rectangle(image,(int(outObject.x1),int(outObject.y1)),(int(outObject.x2), int(outObject.y2)) (0,0,255),2)
```

中参数依次为：图片，左上角位置坐标，右下角位置坐标，线条颜色，线条粗细。

动手练习

在<1>处填写代码，将outObject中的x2和y2坐标插入fFDCoordinates列表。

填写完成后执行代码，若打印出的列表中有4个坐标值，则说明填写正确。

```
fFDCoordinates = []
for i in range(nlFaceDetect.djEDVarOut.num):
    outObject = nlFaceDetect.djEDVarOut.faceInfos[i].bbox
    fFDCoordinates.append(outObject.x1)
    fFDCoordinates.append(outObject.y1)
    <1>
    cv2.rectangle(image, (int(outObject.x1), int(outObject.y1)),(int(outObject.x2), int(outObject.y2)), (0, 0, 255), 2)
image = nlFaceMulti.NL_EM_bbox(fFDCoordinates, image)
print(fFDCoordinates)
```

（8）调用人脸多属性分析主处理函数

调用主处理函数，分析人脸多属性，包括年龄、性别和是否戴眼镜等，具体取决于接口信息。如果没有人脸就不执行主处理函数，否则会报错。返回的是能获取到属性的人脸个数信息。

```
ret4 = nlFaceMulti.NL_EM_Process_C()
if ret3 == 0:
    ret4 = nlFaceMulti.NL_EM_Process_C()
    print(ret4)    # 返回人脸个数
```

（9）绘制结果

调用结果函数，输出结果，并描绘在图片上。

```
nlFaceMulti.result_show(rgb)
```

该函数里面有调用freetype的中文描绘模块，目的是把中文显示在图片上，OpenCV是不支持中文显示的。

```
image = nlFaceMulti.result_show(image)
```

（10）结果可视化

利用Jupyter的画图库和显示库显示经过算法处理的图像，并释放内存和模型。

动手练习

在<1>处填写代码，显示识别了人脸属性的图像image。

填写完成后查看图片中是否打印出了人脸属性，若打印出了则说明填写正确。

```
import ipywidgets as widgets    # Jupyter画图库
from IPython.display import display    # Jupyter显示库
<1>
nlFaceDetect.NL_FD_Exit() # 释放算法内存和模型
nlFaceMulti.NL_EM_Exit()
```

2．多线程实现实时人脸属性分析

利用多线程使图像采集和算法识别同时运行，从而实现视频流的人脸检测，并且可以避免一些因运行时间太久而导致的视频卡顿。

（1）引入相关的库

多线程类似于同时执行多个不同程序，多线程运行有如下优点：①使用线程可以把长时间占据程序的任务放到后台去处理。②用户界面可以更加吸引人，比如用户单击了一个按钮去触发某些事件的处理，可以弹出一个进度条来显示处理的进度。③程序的运行速度可能加快。④在一些等待的任务实现上如用户输入、文件读写和网络收发数据等，线程就比较有用了。在这种情况下可以释放一些珍贵的资源，如内存等。

每个独立的线程有一个程序运行的入口、顺序执行的序列和程序的出口。但是线程不能够独立执行，必须依存于应用程序，由应用程序提供多个线程执行控制。

```
import time # 时间库
import cv2 # 引入OpenCV图像处理库
import threading # 这是Python的标准库，线程库
import ipywidgets as widgets # Jupyter画图库
```

```
from IPython.display import display # Jupyter显示库
# 人脸识别算法库接口
from lib.faceDetect import NLFaceDetect
# 人脸多属性算法接口
from lib.faceAttr import NlFaceMultiAttr
```

（2）定义摄像头采集线程

```
class CameraThread(threading.Thread):
    def __init__(self, camera_id, camera_width, camera_height):
        threading.Thread.__init__(self)
        self.working = True
        self.cap = cv2.VideoCapture(camera_id) # 打开摄像头
        # 设置摄像头分辨率宽度
        self.cap.set(cv2.CAP_PROP_FRAME_WIDTH, camera_width)
        # 设置摄像头分辨率高度
        self.cap.set(cv2.CAP_PROP_FRAME_HEIGHT, camera_height)
    def run(self):
        # 定义一个全局变量，用于存储所获取的图片，以便于算法可以被直接调用
        global camera_img
        camera_img = None
        while self.working:
            ret, image = self.cap.read() # 获取新的一帧图片
            if ret:
                camera_img = image
    def stop(self):
        self.working = False
        self.cap.release()
```

（3）定义算法识别线程

通过多线程的方式整合调用算法接口的内容和图像显示的内容，循环识别，对摄像头采集线程中获取的每一帧图片进行识别并显示，形成视频流的画面。

1）init函数：实例化线程时会自动执行该函数。在init函数里定义了显示内容，并实例化算法和加载模型。

2）run函数：该函数在实例化后，执行start函数时会自动执行。在该函数的循环中，实现了对采集的每一帧图片进行算法识别，然后将结果绘制在图片上，并将处理后的图片显示出来。

```
class FaceAttrThread(threading.Thread):
    def __init__(self):
        threading.Thread.__init__(self)
        self.working = True
        self.running = False
        self.imgbox = widgets.Image() #定义一个图像盒子，用于装载图像数据
        display(self.imgbox) # 将盒子显示出来
        configPath=b"/usr/local/lib/rk3399_AI_model"#指定模型和配置文件路径
        face_libNamePath = '/usr/local/lib/libNL_faceEnc.so' # 指定人脸识别库文件路径
        self.nlFaceDetect = NLFaceDetect(face_libNamePath) # 实例化人脸识别算法类
        em_libNamePath = "/usr/local/lib/libNLMultiAttrPredEnc.so" # 指定人脸多属性库文件路径
```

```
        self.nlFaceMulti = NlFaceMultiAttr(em_libNamePath)  # 实例化人脸多属性算法类
        self.nlFaceDetect.NL_FD_ComInit(configPath)  # 加载人脸识别模型并初始化
        self.nlFaceMulti.NL_EM_ComInit(configPath)  # 加载人脸多属性分析模型并初始化
    def run(self):
        self.running = True
        # 显示图像，把摄像头线程采集到的数据、全局变量camera_img转换后装在盒子里
        # 全局变量是不断更新的
        while self.working:
            try:
                if camera_img is not None:
                    limg = camera_img   # 获取全局变量图像值
                    if self.nlFaceDetect.NL_FD_InitVarIn(limg) == 0:  # 将图片作为输入，传入算法中
                        if self.nlFaceDetect.NL_FD_Process_C() > 0:  # 返回值是目标个数
                            # 人脸检测结果输出
                            self.nlFaceMulti.faceNum = self.nlFaceDetect.djEDVarOut.num
                            if self.nlFaceMulti.NL_EM_InitVarIn(limg) == 0:
                                fFDCoordinates = []
                                for i in range(self.nlFaceDetect.djEDVarOut.num):
                                    outObject = self.nlFaceDetect.djEDVarOut.faceInfos[i].bbox
                                    fFDCoordinates.append(outObject.x1)
                                    fFDCoordinates.append(outObject.y1)
                                    fFDCoordinates.append(outObject.x2)
                                    fFDCoordinates.append(outObject.y2)
                                    cv2.rectangle(limg, (int(outObject.x1), int(outObject.y1)),(int(outObject.
x2), int(outObject.y2)), (0, 0, 255), 2)
                                limg = self.nlFaceMulti.NL_EM_bbox(fFDCoordinates, limg)
                                ret6 = self.nlFaceMulti.NL_EM_Process_C()
                                limg = self.nlFaceMulti.result_show(limg)
                    self.imgbox.value = cv2.imencode('.jpg', limg)[1].tobytes() # 把图像值转成byte类型的值
            except Exception as e:
                # print(e)
                pass
        self.running = False
    def stop(self):
        self.working = False
        while self.running:
            pass
        self.nlFaceDetect.NL_FD_Exit()
        self.nlFaceMulti.NL_EM_Exit()
```

（4）启动线程

实例化两个线程，并启动这两个线程，实现完整的人脸检测功能。运行时加载模型比较久，需要等待几秒。

```
camera_th = CameraThread(0, 640, 480)
face_attr_th = FaceAttrThread()
camera_th.start()
face_attr_th.start()
```

（5）停止线程

为了避免占用资源，结束实验时需要停止摄像头采集线程和算法识别线程，或者重启内核。

```
face_attr_th.stop()
camera_th.stop()
```

任务小结

本任务首先介绍了人脸识别的相关知识，包括人脸识别的概念、人脸识别技术流程、人脸识别应用场景等，也介绍了人脸检测和属性，如人脸矩形、人脸ID、人脸特征点和属性。之后通过任务实施，带领读者完成了调用人脸多属性分析算法接口、多线程实现实时人脸属性分析等实验。

通过本任务的学习，读者对人脸识别的基本知识有了更深入的了解，在实践中逐渐熟悉人脸多属性分析方法。本任务相关知识技能的思维导图如图2-5所示。

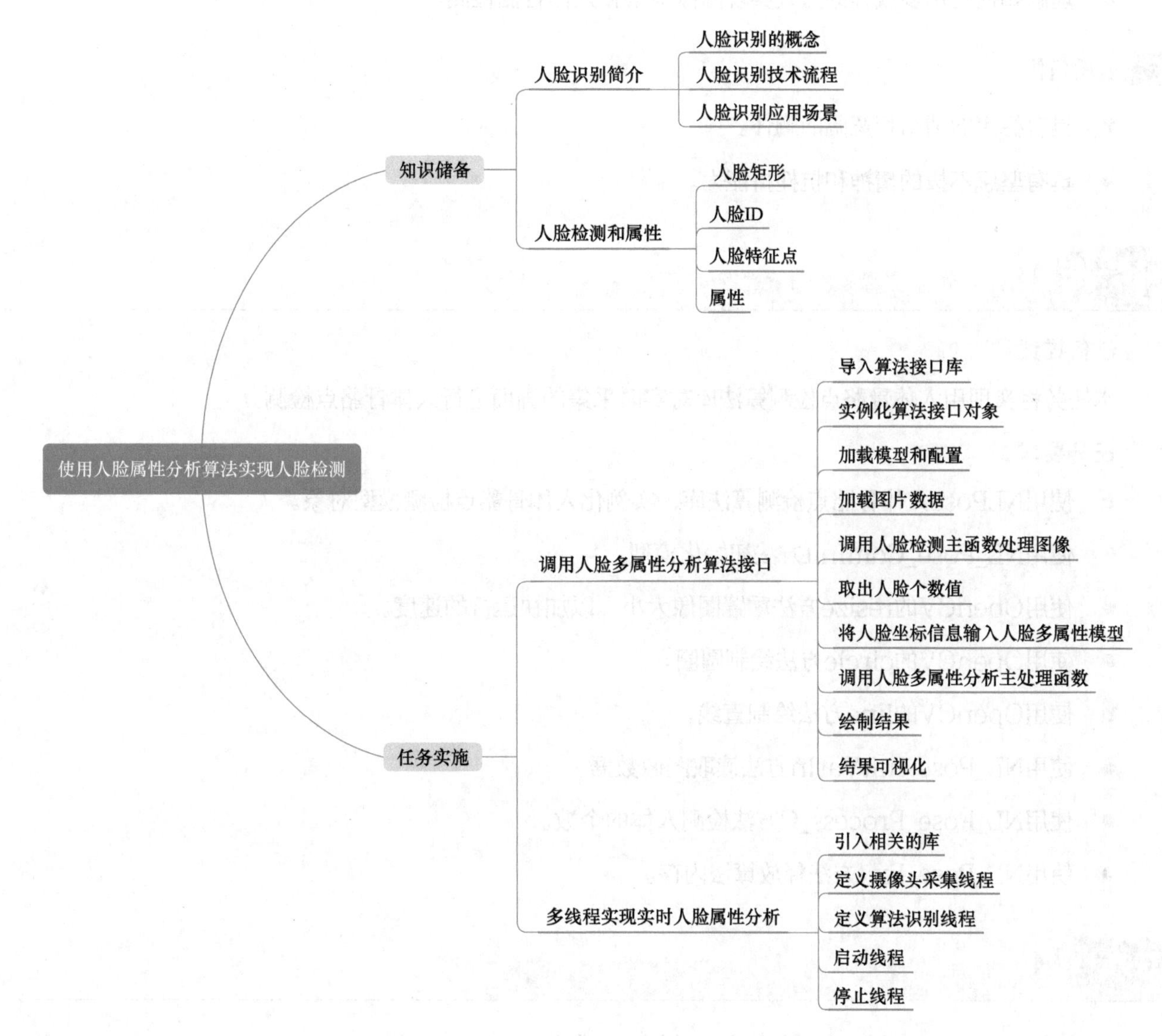

图2-5 思维导图

任务3 使用人体骨骼点检测算法实现人体检测

知识目标

- 了解人体骨骼关键点及其相关的算法。
- 了解人体骨骼关键点检测在生活当中的应用场景。

能力目标

- 掌握利用OpenCV实现图像的采集。
- 掌握调用算法接口，进行人体骨骼关键点检测。
- 理解如何使用多线程的方式实现图像采集和人体骨骼检测。

素质目标

- 具有稳定的情绪和宽阔的胸怀。
- 具有坚忍不拔的精神和抗挫折能力。

任务分析

任务描述：

本任务将实现用人体骨骼点检测算法库对实时采集的画面进行人体骨骼点检测。

任务要求：

- 使用NLPose人体骨骼点检测算法库，实例化人体骨骼点检测模型对象。
- 使用NL_Pose_ComInit方法初始化模型。
- 使用OpenCV的resize方法重置图像大小，以加快运行的速度。
- 使用OpenCV的circle方法绘制圆圈。
- 使用OpenCV的line方法绘制直线。
- 使用NL_Pose_InitVarIn方法读取图像数据。
- 使用NL_Pose_Process_C方法检测人体的个数。
- 使用NL_Pose_Exit方法释放算法内存。

任务计划

根据所学相关知识，制订本任务的实施计划，见表2-3。

表2-3　任务计划表

项目名称	使用计算机视觉算法实现图像识别
任务名称	使用人体骨骼点检测算法实现人体检测
计划方式	自主设计
计划要求	请按照计划分步骤完整描述出如何完成本任务
序　号	任务计划步骤
1	
2	
3	
4	
5	
6	
7	
8	

知识储备

1. 人体骨骼关键点

（1）人体骨骼关键点简介

人体骨骼关键点检测是指对图像或者视频中的人体进行主要关节点定位的过程，其作用是服务于人体动作的分类或识别，安全监控、人机交互、数字娱乐、体育分析等领域都离不开对人体动作的分析。因此，人体骨骼关键点检测有着广阔的应用前景。

人体骨骼关键点检测也称为Pose Estimation，主要检测人体的关节、五官等，通过关键点描述人体骨骼信息。对图片和视频中的人体骨骼关键点进行检测和识别，有助于识别人物的动作，能够作为行为识别、步态识别、人机交互的基础。

人体姿态估计（Human Posture Estimation）是机器理解图片和视频中的人物行为的关键步骤。具体来说，人体姿态估计是将图片中已经检测到的人体骨骼关键点正确联系起来从而实现对人体姿态的估计，以及实现对人体的检测。人体骨骼关键点通常对应人体上有一定自由度的关节，比如颈、肩、肘、腕、腰、膝、踝等。主要的人体骨骼关键点如图2-6所示。

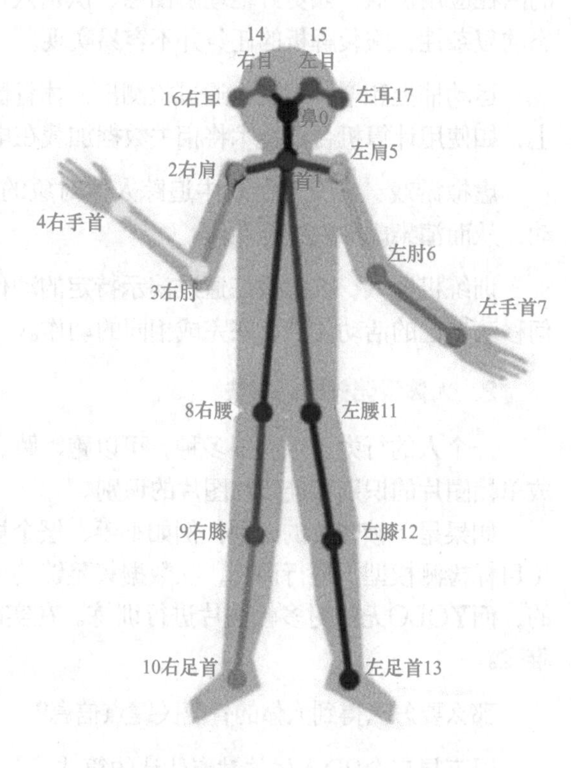

图2-6　主要的人体骨骼关键点

通过对人体骨骼关键点在三维空间相对位置的计算，可以估计人体当前的姿态。如果同时增加时间序列，在一段时间内观测人体骨骼关键点的位置变化，则可以更加准确地进行姿态的检测以及估计目标未来时刻的姿态，做到更加抽象的人体行为分析，比如判断一个人是否在打羽毛球。

（2）人体骨骼关键点应用场景

人体骨骼关键点检测是计算机视觉的基础性算法之一，在计算机视觉其他相关领域的研究中都起到了基础性作用，如人类行为识别、人物跟踪、步态识别等相关领域。具体应用主要集中在智能视频监控、病人监护系统、人机交互、服装解析、运动捕捉和增强现实、虚拟游戏和训练机器人等方面。

人类行为识别是指在给定的图片或者图片序列中识别出人体的动作意图。人类行为识别是计算机视觉领域一个极其重要的研究方向。它被广泛应用于监控、娱乐、人机交互、图像和视频搜索等领域。人类行为识别示意图如图2-7所示。

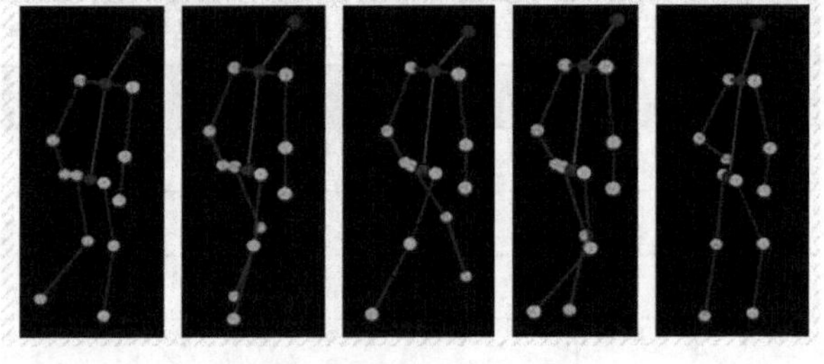

图2-7 人类行为识别示意图

常见的几个应用场景如下：

1）用于检测儿童或者老人是否突然摔倒，人体是否由于碰撞或疾病造成摔倒。

2）用于体育、健身和舞蹈等肢体相关的教学和核对。

3）用于理解人体的明确的肢体信号和指示（如机场跑道信号、交警信号、航海旗语等）。

4）用于协助进行姿态保持和保证（如学生课堂听讲和学情报告）。

5）用于增强安保和监控人体行为（如识别校园中学生追打和上下楼梯推搡等行为）。

人机交互：人机交互是指设计一种计算机和用户进行信息传递的接口程序。人机交互处于计算机科学、行为科学、设计和媒体研究的交叉点。一个常见的例子是研究人员可以通过给计算机安装摄像头的方式使其可以获取人类用户的图像信息，再通过对图像信息的识别使得计算机理解用户的意图，从而达到交互的目的。

服装解析：服装解析是指在一张图像中解析出人体上不同的服装。服装解析的视觉算法具有各种各样的潜在应用价值，如更好地理解图像、识别人物服饰，或者基于内容对图像进行检索等。但是由于人体姿态的复杂性，服装解析的任务并不容易实现。

运动捕捉和增强现实：通过检测出人体骨骼关键点，将人体姿态应用到图形、特效增强、艺术造型等上，如使用计算机合成技术将相关数据加载在电影人物上。

虚拟游戏：在交互游戏中追踪人体对象的运动，使用人体骨骼关键点检测技术来追踪人类玩家的运动，从而渲染虚拟人物的动作。

训练机器人：人类教练通过演示特定的动作，引导机器人学习。机器人识别人体骨骼关键点，计算如何移动自己的活动关节，来完成相同的动作。

2. 人体骨骼关键点算法

一个人的行为可以有很多种，可以跑、跳、走、跌倒、打架等，要用神经网络来识别行为，就可以分成单帧图片的识别和连续帧图片的识别。

如果是单帧图片的识别，例如举手、摆个姿势等简单的动作，可以直接用卷积网络或者直接用YOLO（目标检测模型）进行训练，在数据集足够的情况下能够达到很好的效果。但是在生活中行为往往是连续的，而YOLO无法对多帧图片进行训练。在实际训练时，人的体型、衣着以及背景的复杂性等会加大训练难度。

那么要怎么得到人体的骨骼关键点信息？

以下是三个2D人体关键点估计的算法：

（1）OpenPose

OpenPose是自下而上的人体姿态估计算法，也就是先得到关键点位置，再获得骨架。因此计算量不会因为图片上人物的增加而显著增加，能保证时间基本不变。

官方源代码是用C++编写的。由于OpenPose是自下而上的人体姿态估计算法，因此当人群密集或者两个人靠得太近，就容易检测错误。

原始的OpenPose对显卡的要求比较高，也就是说需要很好的硬件支持才能够顺利运行，因此就产生了一个轻量级版本的OpenPose（基于mobileNet V2）。

轻量级版本的OpenPose虽然运行速度快，但是准确率较低。它能够在移动设备上运行，在特定场景下是一个比较好的选择。

（2）AlphaPose

AlphaPose是自上而下的算法，也就是先检测到人体，再得到关键点位置和骨架。它的准确率、AP（平均精度）要比OpenPose高，但是有个好处是它被遮挡部分的关键点不会被任意获取，即可以只显示看得到的部分。缺点就是随着图片上人数的增加，它的计算量增大，速度变慢。网络模型基于Resnet50、Resnet101，因此计算量比较大，运算速度也比较慢。

（3）MobilePose

MobilePose就是用轻量级网络来识别人体关键点，而且大部分都是单人姿态估计。因此可以先对人体进行侦测，如用YOLO侦测到人的位置，然后采用MobilePose，这样速度可以非常快，而且准确率也比较高。缺点则是不管人体部分是不是被遮挡，都会生成所有关键点。

任务实施

1. 调用人体骨骼关键点算法接口

调用算法接口识别检测，并把结果显示在图片上，比如把人体关节点和关节点的连线全部描绘在图片上等。

（1）导入人体骨骼关键点算法接口库

人体骨骼关键点算法接口库底层是由C编写的算法库，集成在核心开发板上，在经过Python的对接后，形成了一套Python的接口库，可以直接调用。

```
import cv2
from lib.posePoint import NLPose, gColors, gPosePairs
```

（2）实例化算法接口对象

函数说明

NLPose(libNamePath)：加载库，以及指定函数参数类型和返回值类型，并初始化结构体变量。libNamePath是固定库文件路径。若执行没有报错，则表示实例化成功。

```
# 指定库文件路径
libNamePath = "/usr/local/lib/libNL_ACTIONENC.so"
nlPose = NLPose(libNamePath) # 实例化算法类
```

（3）加载模型和配置

函数说明

nlPose.NL_Pose_ComInit(configPath)：初始化配置，加载模型。configPath是模型和配置文件路径。若执行没有报错，则表示加载成功。

```
# 指定模型以及配置文件路径
configPath = b"/usr/local/lib/rk3399_AI_model"
nlPose.NL_Pose_ComInit(configPath) # 加载模型并初始化
```

（4）加载图片数据

函数说明

nlPose.NL_Pose_InitVarIn(image)：将采集到的图片数据，加载到算法中。image为图片数据，返回0表示加载成功。

因为在算法中，采用的是1280×960的分辨率，所以需要把图片放大或者缩小成该分辨率的图像。

1）显示原始的目标图像。

```
import ipywidgets as widgets     # Jupyter画图库
from IPython.display import display    # Jupyter显示库
image1 = cv2.imread("./exp/body.jpg")
# 定义一个图像盒子，用于装载图像数据
imgbox = widgets.Image()
display(imgbox)     # 将盒子显示出来
# 把图像值转成byte类型的值
imgbox.value = cv2.imencode('.jpg', image1)[1].tobytes()
```

2）加载图片到算法中。

```
height = image1.shape[0]
width = image1.shape[1]
if height != 960 or width != 1280:
    image = cv2.resize(image1, (1280, 960), interpolation=cv2.INTER_CUBIC)
ret1 = nlPose.NL_Pose_InitVarIn(image)
print(ret1)
```

（5）调用人体骨骼关键点检测主函数处理图像

返回人体的个数，并输出骨骼点的位置信息，在人体骨骼点输出结构体中可以获取相关信息。

```
nlPose.NL_Pose_Process_C()
person_num = nlPose.NL_Pose_Process_C() # 返回值是目标个数
print('人体个数：', person_num)
```

（6）取出人体个数值

```
# 从人体骨骼点输出结构体中，获取人体个数
nlFaceDetect.djEDVarOut.num
persion_num = nlPose.djACTVarOut.dwPersonNum
print('人体个数：', persion_num)
```

（7）结果绘制

图像绘制说明：循环取出人体骨骼关键点的位置信息和骨骼点连线，画在图片上，并打印出结果。

1）骨骼点连线的定义。骨骼点连线—— 每两个值是一条线，数组值为gPosePairs = [1，2，1，5，2，3，3，4，5，6，6，7，1，8，8，9，9，10，1，11，11，12，12，13，1，0，0，14，14，16，0，15，15，17]。

2）对应的颜色数组。颜色数组中每三个值是一种颜色，对应线条的颜色为gColors = [255，0，85，255，0，0，255，85，0，255，170，0，255，255，0，170，255，0，85，255，0，0，255，0，0，255，85，0，255，170，0，255，255，0，170，255，0，85，255，0，0，255，255，0，170，170，0，255，255，0，255，85，0，255]。

3）取出人体骨骼点位置信息。

```
djActionInfors = nlPose.djACTVarOut.pdjActionInfors[i] # 获取人体信息
djActionInfors.dwPoseNum# 关节点的个数
djfPosePos.p_score# 关节点的置信度
(int(djfPosePos.x), int(djfPosePos.y)) # 关节点坐标
#设置颜色
color = (gColors[colorIndex + 2], gColors[colorIndex + 1], gColors[colorIndex])
```

4）利用OpenCV在图像上画出关节圆点。

cv2. circle () 的作用是在图片关节点位置画上圆点。参数依次为：图片，关节点在图片上的位置，半径，字体颜色，圆形轮廓的粗细（正数，如果为负数，则表示要绘制实心圆），圆边界的类型。

```
cv2.circle(rgb,centerPoint,3,color,1,lineType)
```

5）画出骨骼点的连线和头部矩形框。

利用cv2. line () 函数来画直线线条，参数依次为：背景图（图片），起点坐标，终点坐标，颜色，画笔的粗细线宽，线条的类型。

```
cv2.line(image,keypoint1,keypoint2,color,LineScaled,lineType)
```

采用cv2. rectangle () 的作用是根据坐标，描绘一个简单的矩形边框。参数依次为：图片，左上角位置坐标，右下角位置坐标，线条颜色，线条粗细。

```
cv2.rectangle(limg, (int(outObject.x1),int(outObject.y1)),(int(outObject.x2), int(outObject.y2)),(0, 0, 255), 2)
```

动手练习

按照设置关节点颜色的方式在<1>处设定关节点线条的颜色。

仿照关节点连线起始点的设定，在<2>处设置关节点连线终点。

仿照头部右下角坐标横坐标设定方式，在<3>处设置头部右下角纵坐标，其中框高为nlPose.djACTVarOut.pdjUpBodyPos[i].height。

填写完成后，若能够成功执行后续显示图片的代码，并画出人体骨骼点和连线，则说明成功。

```
lineType = 8  # 线条的类型
threshold = 0.05  # 阈值,用于判断是否为骨骼点
for i in range(int(nlPose.djACTVarOut.dwPersonNum)):
```

```
    djActionInfors = nlPose.djACTVarOut.pdjActionInfors[i] # 获取人体信息
    # 绘制关节点
    for pose in range(djActionInfors.dwPoseNum):  # 循环关节点的数量
        djfPosePos = djActionInfors.fPosePos[pose]  # 获取关节点的信息
        if djfPosePos.p_score > threshold:  # 判断关节点位置坐标的置信度，取大于0.05的值
            colorIndex = pose * 3  # 每三个值为一种颜色
            centerPoint = (int(djfPosePos.x), int(djfPosePos.y)) # 关节点坐标
            color = (gColors[colorIndex + 2], gColors[colorIndex + 1], gColors[colorIndex])  # 设置颜色
            cv2.circle(image, centerPoint, 10, color, -1, lineType)
# 画出圆点
    # 绘制关节点连线
    for pair in range(0, len(gPosePairs), 2): # 依据设定好的关键点连线，循环每条线
        fPosePos1 = djActionInfors.fPosePos[gPosePairs[pair]] # 取出连线两端的点的坐标
        fPosePos2 = djActionInfors.fPosePos[gPosePairs[pair + 1]]
        if (fPosePos1.p_score > threshold) and (fPosePos2.p_score > threshold): # 判断两个点的置信度是否达标
            colorIndex = gPosePairs[pair + 1] * 3  # 每三个值为一种颜色，根据点位来获取颜色值
            color = <1> # 设置颜色
            keypoint1 = (int(fPosePos1.x), int(fPosePos1.y)) # 起始点
            keypoint2 = <2> # 终点
            cv2.line(image, keypoint1, keypoint2, color, LineScaled=5, lineType)  # 画线

    # 绘制头部矩形框
    RectPoint1 = (nlPose.djACTVarOut.pdjUpBodyPos[i].x, nlPose.djACTVarOut.pdjUpBodyPos[i].y)
    # 头部左上角坐标
    RectPoint2 = (nlPose.djACTVarOut.pdjUpBodyPos[i].x + nlPose.djACTVarOut.pdjUpBodyPos[i].width,
            <3>) # 头部右下角坐标
    cv2.rectangle(image, RectPoint1, RectPoint2, (200, 0, 125), 5, 8)  # 画出矩形框
```

（8）结果可视化

利用Jupyter的画图库和显示库显示经过算法处理的图像，并释放内存和模型。

```
import ipywidgets as widgets   # Jupyter画图库
from IPython.display import display  # Jupyter显示库
import cv2
from lib.posePoint import NLPose, gColors, gPosePairs
import time
imgbox = widgets.Image() # 定义一个图像盒子，用于装载图像数据
display(imgbox)  # 将盒子显示出来
imgbox.value = cv2.imencode('.jpg', image)[1].tobytes() # 把图像值转成byte类型的值
nlPose.NL_Pose_Exit() # 释放算法内存和模型
```

2. 利用多线程方式实现视频流的人体骨骼检测

通过多线程使图像采集和算法识别同时运行，从而实现视频流的人体骨骼检测，并且可以避免一些因运行时间太久而导致的视频卡顿。

（1）引入相关的库

引入threading线程库。

多线程类似于同时执行多个不同程序，多线程运行有如下优点：

1）使用线程可以把长时间占据程序的任务放到后台去处理。

2）用户界面可以更加吸引人，比如用户单击了一个按钮去触发某些事件的处理时，可以弹出一个进度条来显示处理的进度。

3）程序的运行速度可能加快。

4）在一些等待的任务实现上如用户输入、文件读写和网络收发数据等，线程就比较有用了。在这种情况下可以释放一些珍贵的资源如内存等。

5）每个独立的线程有一个程序运行的入口、顺序执行的序列和程序的出口。

6）线程不能独立执行，必须依存于应用程序，由应用程序提供多个线程执行控制。

```
import time # 时间库
import cv2 # 引入OpenCV图像处理库
import threading  # 这是Python的标准库，线程库
import ipywidgets as widgets # Jupyter画图库
from IPython.display import display # Jupyter显示库
# 引入骨骼秒点算法库
from lib.posePoint import NLPose, gColors, gPosePairs
```

（2）定义摄像头采集线程

结合上面的OpenCV采集图像的内容，通过多线程的方式形成一个可传参、可调用的通用类。

这里定义了一个全局变量camera_img，用于存储所获取的图片数据，以便其他线程调用。

init函数：实例化线程的时候，该函数会自动执行。在init函数里，打开摄像头，并设置分辨率。

run函数：该函数在实例化后，执行start函数时自动执行。在该函数里，实现了循环获取图像的内容。

```
class CameraThread(threading.Thread):
    def __init__(self, camera_id, camera_width, camera_height):
        threading.Thread.__init__(self)
        self.working = True
        self.cap = cv2.VideoCapture(camera_id)  # 打开摄像头
        # 设置摄像头分辨率宽度
        self.cap.set(cv2.CAP_PROP_FRAME_WIDTH, camera_width)
        # 设置摄像头分辨率高度
        self.cap.set(cv2.CAP_PROP_FRAME_HEIGHT, camera_height)
  def run(self):
  # 定义一个全局变量，用于存储所获取的图片，以便算法可以直接调用
        global camera_img
        camera_img = None
        while self.working:
```

```
            ret, image = self.cap.read()  # 获取新的一帧图片
            if ret:
                camera_img = image
    def stop(self):
        self.working = False
        self.cap.release()
```

（3）定义算法识别线程

结合调用算法接口的内容和图像显示的内容，利用多线程的方式加以整合，循环识别，对摄像头采集线程中获取的每一帧图片进行识别并显示，形成视频流的画面。

init函数：实例化线程的时候，该函数会自动执行。在init函数里面，定义了显示内容，并实例化算法和加载模型。

pose_init函数：该函数是人体骨骼关键点的初始化内容，加载算法库，初始化模型和配置。

run函数：该函数在实例化后，执行start函数时会自动执行。该函数是一个循环，实现了对采集的每一帧图片进行算法识别，然后将结果绘在图片上，并将处理后的图片显示出来。

```
class PoseDetectThread(threading.Thread):
    def __init__(self):
        threading.Thread.__init__(self)
        self.working = True
        self.running = False
        self.isInit = False
        # 定义一个图像盒子，用于装载图像数据
        self.imgbox = widgets.Image()
        display(self.imgbox)  # 将盒子显示出来
        # 指定库文件路径
        self.libNamePath = "/usr/local/lib/libNL_ACTIONENC.so"
         # 指定模型以及配置文件路径
        self.configPath = b"/usr/local/lib/rk3399_AI_model"
    def pose_init(self):
        # 骨骼描点初始化
        if not self.isInit:
            self.nlPose = NLPose(self.libNamePath)  # 实例化算法类
            if self.nlPose == -1001:
                print('NL_Pose Error code:', self.nlPose)
                quit()
            ret = self.nlPose.NL_Pose_ComInit(self.configPath)  # 加载模型并初始化
            if ret != 0:
                print('ComInit Error code:', ret)
            self.isInit = True
    def run(self):
        self.running = True
        self.pose_init()
        # 显示图像，把摄像头线程采集到的数据、全局变量camera_img，转换后装在盒子里
        # 全局变量是不断更新的
```

```
        lineType = 8 # 线条类型
        threshold = 0.05  # 阈值
        while self.working:
            try:
                if camera_img is not None:
                    limg = camera_img # 获取全局变量图像值
                    # height = limg.shape[0]
                    # width = limg.shape[1]
                    # if height != 960 or width != 1280:
                    # limg = cv2.resize(limg, (1280, 960), interpolation=cv2.INTER_CUBIC)
                    if self.nlPose.NL_Pose_InitVarIn(limg) == 0:
                        if self.nlPose.NL_Pose_Process_C() > 0: # 返回值是目标个数
                            # 人体骨骼点结果输出
                            for i in range(int(self.nlPose.djACTVarOut.dwPersonNum)):
                                djActionInfors = self.nlPose.djACTVarOut.pdjActionInfors[i] # 获取人体信息
                                # 绘制关节点
                                for pose in range(djActionInfors.dwPoseNum):  # 循环关节点的数量
                                    djfPosePos = djActionInfors.fPosePos[pose]  # 获取关节点的信息
                                    # 判断关节点位置坐标的置信度，取大于0.05的值
                                    if djfPosePos.p_score > 0.05:
                                        colorIndex = pose * 3
                                        centerPoint = (int(djfPosePos.x), int(djfPosePos.y)) # 关节点坐标
                                        color = (
                                                gColors[colorIndex + 2], gColors[colorIndex + 1],
                                                gColors[colorIndex])
                                        cv2.circle(limg, centerPoint, 3, color, 1, lineType)
                                # 绘制关节点连线
                                # 依据设定好的关键点连线，循环每条线
                                for pair in range(0, len(gPosePairs), 2):
                                    fPosePos1 = djActionInfors.fPosePos[gPosePairs[pair]]
                                    fPosePos2 = djActionInfors.fPosePos[gPosePairs[pair + 1]]
                                    if (fPosePos1.p_score > threshold) and (fPosePos2.p_score > threshold):
                                        colorIndex = gPosePairs[pair + 1] * 3
                                        color = (gColors[colorIndex + 2],
                                                 gColors[colorIndex + 1],
                                                 gColors[colorIndex])

                                        keypoint1 = (int(fPosePos1.x), int(fPosePos1.y))
                                        keypoint2 = (int(fPosePos2.x), int(fPosePos2.y))
                                        cv2.line(limg, keypoint1, keypoint2, color, 5, lineType)
                                # 绘制上半身矩形框
                                RectPoint1 = (self.nlPose.djACTVarOut.pdjUpBodyPos[i].x, self.nlPose.
djACTVarOut.pdjUpBodyPos[i].y)
                                RectPoint2 = (self.nlPose.djACTVarOut.pdjUpBodyPos[i].x + self.nlPose.
djACTVarOut.pdjUpBodyPos[i].width,
```

```
self.nlPose.djACTVarOut.pdjUpBodyPos[i].y + self.nlPose.djACTVarOut.pdjUpBodyPos[i].height)
                        cv2.rectangle(limg, RectPoint1, RectPoint2, (200, 0, 125), 5, 8)
                    self.imgbox.value = cv2.imencode('.jpg', limg)[1].tobytes() # 把图像值转成byte类型的值
                # time.sleep(0.01)
            except Exception as e:
                pass
        self.running = False
    def stop(self):
        self.working = False
        while self.running:
            pass
        if self.isInit:
            self.nlPose.NL_Pose_Exit()
```

（4）启动线程

实例化两个线程，并启动这两个线程，实现完整的人体骨骼检测功能。运行时加载模型比较久，需要等待几秒。

动手练习

在<1>处实例化摄像头线程CameraThread()，设置摄像头id为0，分辨率宽为1280，高为960。

在<2>处实例化人体骨骼检测线程PoseDetectThread()。

在<3>处使用camera_th.start()方法启动线程。

在<4>处使用pose_detect_th.start()方法启动线程。

填写完成后，运行代码。若能够出现视频流人体骨骼检测，则说明填写正确。

```
<1>
<2>

<3>
<4>
```

（5）停止线程

为了避免占用资源，结束实验时需要停止摄像头采集线程和算法识别线程，或者重启内核。

```
camera_th.stop()
pose_detect_th.stop()
```

任务小结

本任务首先介绍了人脸骨骼关键点的相关知识，包括人脸骨骼关键点简介、人脸骨骼关键点应用场景等，也展示了人体骨骼关键点算法。之后通过任务实施，带领读者完成了调用人体骨骼关键点算法接口、利用多线程方式实现视频流的人体骨骼检测等操作。

通过本任务的学习，读者对人体骨骼关键点的基本知识有了更深入的了解，在实践中逐渐熟悉人体骨骼点检测的基础操作方法。本任务相关的知识技能的思维导图如图2-8所示。

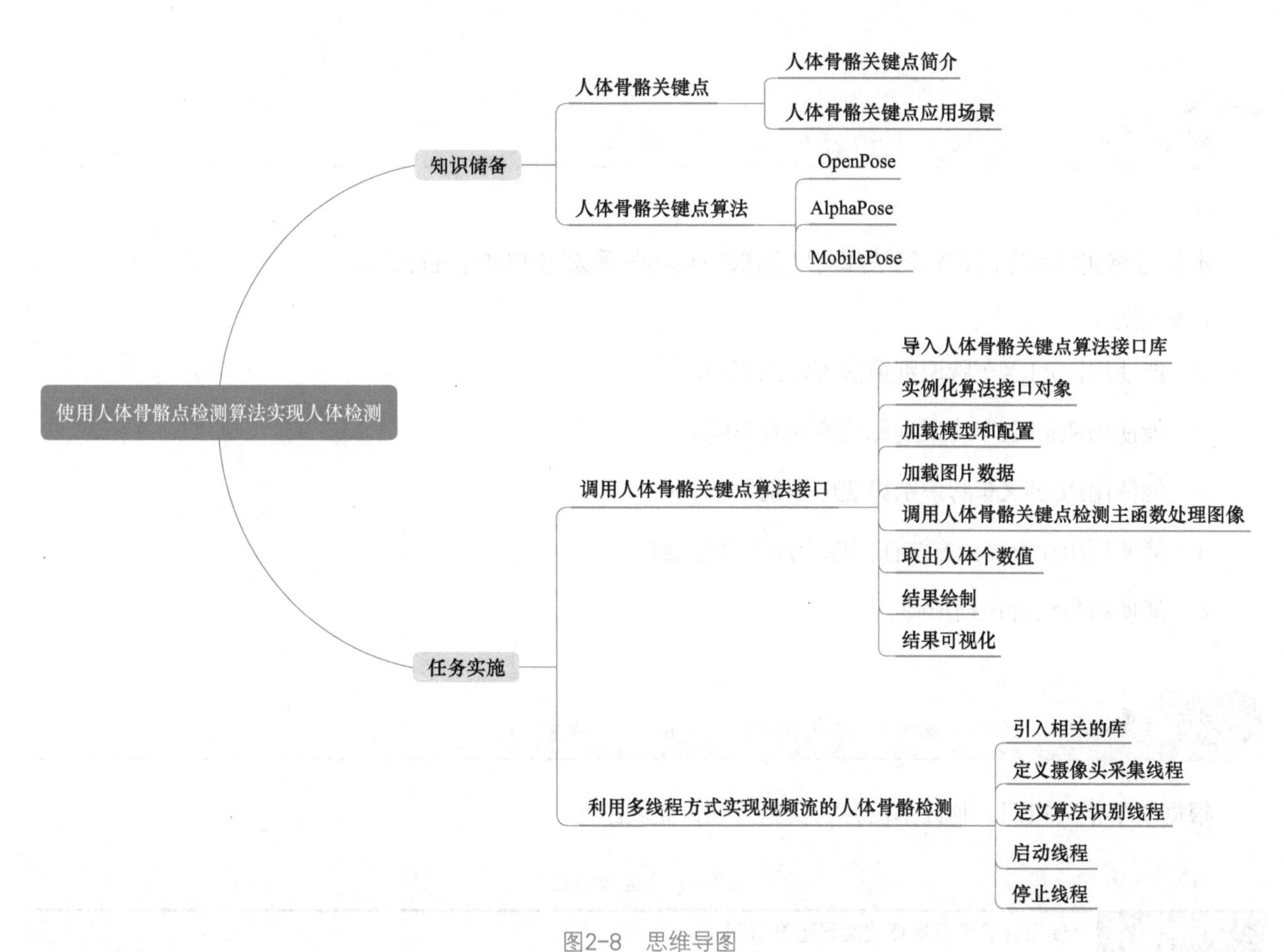

图2-8 思维导图

任务4 使用车牌识别算法实现车牌号码识别

知识目标

- 认识车牌识别系统的工作原理。
- 了解车牌识别在生活当中的应用场景。

能力目标

- 能够调用算法接口完成识别。
- 能够使用多线程方式实现图像采集和车牌识别。

素质目标

- 具有质量意识。
- 具有系统意识。

任务分析

任务描述：

本任务将实现用车牌识别算法库对USB摄像头实时采集的车牌号进行识别。

任务要求：

- 能使用RockX车牌识别算法库检测车牌。
- 能使用RockX车牌识别算法库对齐车牌。
- 能使用RockX车牌识别算法库识别车牌。
- 能使用draw_text方法在图像上添加文字信息。
- 能使用多线程识别车牌。

任务计划

根据所学相关知识，制订本任务的实施计划，见表2-4。

表2-4 任务计划表

项目名称	使用计算机视觉算法实现图像识别
任务名称	使用车牌识别算法实现车牌号码识别
计划方式	自主设计
计划要求	请按照计划分步骤完整描述出如何完成本任务
序　号	任务计划步骤
1	
2	
3	
4	
5	
6	
7	
8	

知识储备

1. 车牌识别系统简介

车牌识别系统（Vehicle License Plate Recognition，VLPR）是计算机视频图像识别技术在车辆牌照识别中的一种应用。车牌识别在高速公路车辆管理中得到广泛应用，在电子不停车收费（ETC）系统中，车牌识别也是识别车辆身份的主要手段。

车牌识别技术要求能够将运动中的车辆牌照从复杂背景中识别并提取出来，通过车牌提取、图像预处理、特征提取、车牌字符识别等技术，识别车辆牌号、颜色等信息，现有技术对字母和数字的识别率可达到99.7%，汉字的识别率可达到99%。

在停车场管理中，车牌识别技术也是识别车辆身份的主要手段。深圳发布的《停车库（场）车辆视频图像和号牌信息采集与传输系统技术要求》（SZJG 44—2017）中，车牌识别技术成为车辆身份识别的主要手段。

车牌识别技术结合ETC系统识别车辆，过往车辆通过道口时无须停车，就能够实现车辆身份自动识别、自动收费。在车场管理中，为提高出入口车辆通行效率，车牌识别针对无须收停车费的车辆（如月卡车、内部免费通行车辆），建设无人值守的快速通道。免取卡、不停车的出入体验，正改变出入停车场的管理模式。

牌照作为车辆的唯一“身份”标识，其自动识别可以在对车辆不做任何改动的情况下实现车辆“身份”的自动登记和验证。如今，很多小区、商场、公园都用到了车牌识别系统，一个典型的车牌识别系统如图2-9所示。

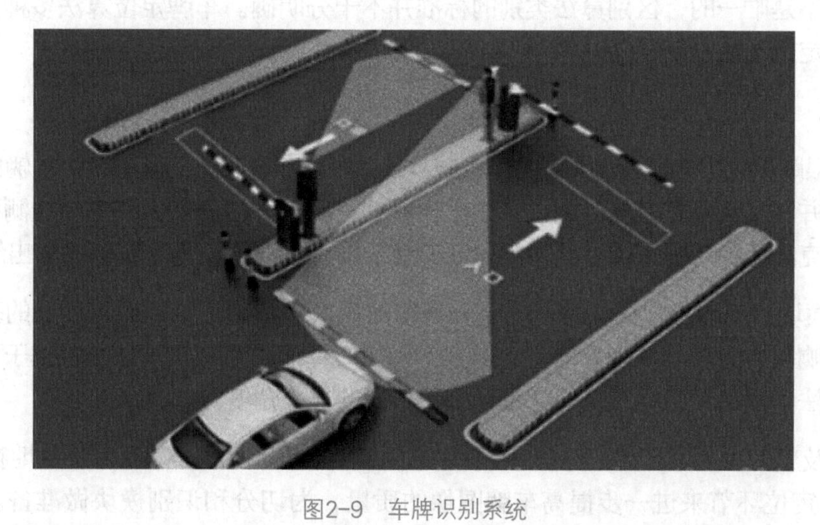

图2-9　车牌识别系统

车牌识别系统包含车辆检测、图像采集、车牌识别三个单元。当有车辆到达时，车辆检测单元感应到信号并触发图像采集单元采集当前的车牌图像，然后车牌识别单元对图像进行处理，定位出车牌位置，再将车牌中的字符分割出来进行识别，组成牌照号码输出给道闸（用来控制车辆进出的管理设备，在获取了要求通过车辆的车牌信息后，系统发送指令控制道闸开启，根据闸杆类型可分为直杆道闸、曲杆道闸、栅栏道闸、广告道闸等）。

2. 车牌识别系统工作原理

车辆牌照的识别基于图像分割和图像识别理论，对含有车辆号牌的图像进行分析处理，从而确定牌照在图像中的位置，并进一步提取和识别出文本字符。

车牌识别就是依次实现车辆图像的车牌定位、车牌字符分割、车牌字符识别算法三个步骤的过程。三个步骤的识别工作相辅相成，只有各自效率都较高，整体的识别率才会提高。识别速度的快慢取决于字符识别，字符识别目前的主要应用技术为比对识别样本库，即将所有的字符建立样本库，字符提取后通过比对样本库实现字符的判断，识别过程中将产生可信度、倾斜度等中间结果值；另一种基于字符结构知识的字符识别技术，可以更加有效地提高识别速度和准确率，适应性较强。

车牌识别系统的实现方式主要分为两种：一种是静态图像的识别，另一种是动态视频流的实时识别。静态图像识别技术的识别率较大程度上受限于图像的抓拍质量，为单帧图像识别，目前市场上产品识别速度平均为200ms/帧。动态视频流识别技术适应性较强，识别速度快，它实现了对视频每一帧图像进行识别，增加识别比对次数，择优选取车牌号，关键在于较少地受到单帧图像质量的影响，目前市场上产品识别较好的时间为10ms/帧。

（1）车牌定位

车牌定位就是把车牌图像从含有车辆和背景的图像中提取出来，输入的是原始的车辆图像，输出的是车牌图像。车牌定位是车牌识别系统的基础，定位准确与否直接影响到车牌的字符分割和识别效果，是影响整个车牌识别系统识别率的主要因素。车牌定位运用数字图像处理、模式识别、人工智能等技术对采集到的车辆图像进行处理，从而准确地获得图像中的车牌区域。

在现实车牌识别系统中，光照不均匀、背景的复杂性等使得准确定位出车牌的难度较大。目前，根据车牌的特征，常见的车牌定位方法有基于车牌颜色特征信息的定位法、基于车牌区域频谱特征的定位法、基于分类器的车牌定位法、基于车牌边缘特征的车牌定位法等，这些方法各有所长。值得注意的是，车牌定位算法的分类并不是唯一的，区别算法类别的标准并不十分明确。车牌定位算法多种多样、各有所长，但存在计算量大或定位准确率低等问题。

（2）算法实现

1）车辆检测跟踪模块。车辆检测跟踪模块主要对视频流进行分析，判断其中车辆的位置，对图像中的车辆进行跟踪，并在车辆位置最佳时刻记录该车辆的特写图片。由于加入了车辆检测跟踪模块，车牌识别系统能够很好地克服各种外界干扰，更加合理地识别结果，可以检测无牌车辆并输出结果。

2）车牌定位模块。车牌定位模块是一个十分重要的模块，车牌定位是后续环节的基础，其准确性对整体系统性能的影响巨大。车牌识别系统完全摒弃了以往的算法思路，实现了一种基于学习的多种特征融合的车牌定位新算法，适用于各种复杂的背景环境和不同的摄像角度。

3）车牌矫正及精定位模块。由于受拍摄条件的限制，图像中的车牌不可避免地存在一定的倾斜，需要一个矫正和精定位环节来进一步提高车牌图像的质量，为切分和识别模块做准备。使用精心设计的快速图像处理滤波器，不但计算快速，而且利用了车牌整体信息，避免了局部噪声带来的影响。使用此模块的另一个优点就是通过对多个中间结果的分析，可以对车牌进行精定位，进一步减少非车牌区域的影响。

4）车牌切分模块。车牌字符分割就是通过对车牌图像的预处理、几何校正等把字符从车牌图像中分割出来，分成一个个独立的字符，其输入是车牌定位后得到的车牌图像，输出是经过预处理、几何校正等得到的一组单个的字符图像，并得到各个字符的点阵数据。

车牌识别系统的车牌切分模块利用了车牌文字的灰度、颜色、边缘分布等各种特征，能较好地减轻车牌周围其他噪声的影响，并能识别有一定倾斜角度的车牌。其算法有利于类似移动式稽查这种车牌图像噪声较大的应用。

5）车牌识别模块。字符识别是指依次从单个字符点阵数据中提取字符特征数据，并给出识别结果。在车牌识别系统中，通常采用多种识别模型相结合的方法来进行车牌识别，构建一种层次化的字符识别流程，可有效地提高字符识别的正确率。在字符识别之前，使用计算机智能算法对字符图像进行前期处理，不但可以尽量保留图像信息，而且可以提高图像质量，提高相似字符的可区分性，保证字符识别的可靠性，如图2-10所示。

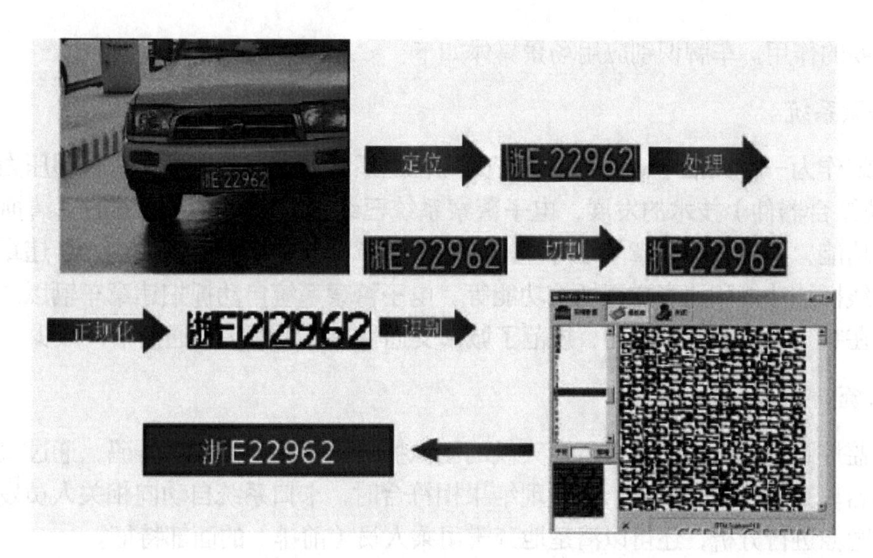

图2-10　车牌识别模块前期处理

6）车牌识别结果决策模块。车牌识别结果决策模块利用一个车牌经过视野过程留下的历史记录，对识别结果进行智能化决策。其通过计算观测帧数、识别结果稳定性、轨迹稳定性、速度稳定性、平均可信度和相似度等度量值得到该车牌的综合可信度评价，从而决定是继续跟踪该车牌，还是输出识别结果，抑或是拒绝该结果。此模块综合利用了所有帧的信息，减少了以往基于单幅图像的识别算法所带来的偶然性错误，大大提高了车牌识别系统的识别率以及识别结果的正确性和可靠性。

7）车牌跟踪模块。车牌跟踪模块记录车辆行驶过程中每一帧里该车辆车牌的位置及外观、识别结果、可信度等各种历史信息。由于车牌跟踪模块采用了具有一定容错能力的运动模型和更新模型，因此那些被短时间遮挡或瞬间模糊的车牌仍能被正确地跟踪和预测，最终只输出一个识别结果。

3．车牌识别技术难点

车牌识别技术的主要难点有：

1）文件分辨率低，通常是由于车牌较远，或是由于相机配置低。

2）图像模糊，尤其是运动模糊。

3）强光、反射或阴影造成的光照和对比度较差。

4）车牌（部分）遮挡，通常是由于拖车杆或车牌上的污渍。

5）前后识别结果不同，如拖车、露营车等。

6）采集车牌时，车道在相机视角中发生改变。

7）字体不同，常见于一些浮夸的车牌。

8）规避车牌识别的手段。

9）不同国家或各地区间缺乏协调。不同国家或地区的两辆车可能有相同的车牌号但设计不同。

尽管一些难点可通过算法纠正，但更需要硬件系统给出解决方案。例如增加相机高度，可以避免物体（比如其他车辆）遮挡车牌，但是这可能会增加其他问题，如需要校准更加倾斜的车牌。

4．车牌识别应用场景

车牌识别技术可以实现自动登记车辆“身份”，已经被广泛应用于各种交通场合，对“平安城市”的建设有着至关重要的作用。车牌识别应用场景具体如下：

（1）电子警察系统

电子警察系统作为一种抓拍车辆违章违规行为的智能系统，大大降低了交通管理压力。随着计算机技术和CCD（电荷耦合器件）技术的发展，电子警察系统已经是一种纯视频触发的高清抓拍系统，可以完成多项违章抓拍功能，其中包括违章闯红灯抓拍功能、违章不按车道行驶抓拍功能、违章压线变道抓拍功能、违章压双黄线抓拍功能和违章逆行抓拍功能等。电子警察系统自动抓拍违章车辆以及识别车牌号码，将违法行为记录在案，大大节省了警力，规范了城市交通秩序，缓解了交通拥堵，减少了交通事故。

（2）卡口系统

卡口系统对监控路段的机动车辆进行全天候的图像抓拍，自动识别车牌号码，通过公安专网与卡口系统控制中心的黑名单数据库进行比对，当发现结果相符合时，卡口系统自动向相关人员发出警报信号。对卡口系统记录的图像进行分析，还可以清楚地分辨司乘人员（前排）的面部特征。

（3）高速公路收费系统

高速公路收费系统已经基本实现自动化。当车辆在高速公路收费入口站时，系统进行车牌识别，保存车牌信息。当车辆在高速公路收费出口站时，系统再次进行车牌识别，与进入时车辆的车牌信息进行比对，只有进站和出站的车牌一致方可让车辆通行。高速公路收费系统可以有效地提高车辆的通行效率，并且可以有效地检测出逃费车辆。

（4）高速公路超速抓拍系统

高速公路超速抓拍系统抓拍超速的车辆并识别车牌号码，通过公安专网将超速车辆的车牌号码传达到各出口处罚点。各出口处罚点用车牌识别设备对出口车辆进行车牌识别，与已收到的超速车辆的号码对比，一旦号码相同立即报警。

（5）停车场收费系统

当车辆进入停车场时，停车场收费系统抓拍车辆图片进行车牌识别，保存车辆信息和进入时间，并语音播报空闲车位。当车辆离开停车场时，停车场收费系统自动识别出该车的车牌号码和保存车辆离开的时间，并在数据库中查找该车的进入时间，计算出该车的停车费用。车主交完费用后，系统自动放行。停车场收费系统示意图如图2-11所示。其不但实现了自动化管理，节约了人力资源，而且保证了车辆停放的安全性。

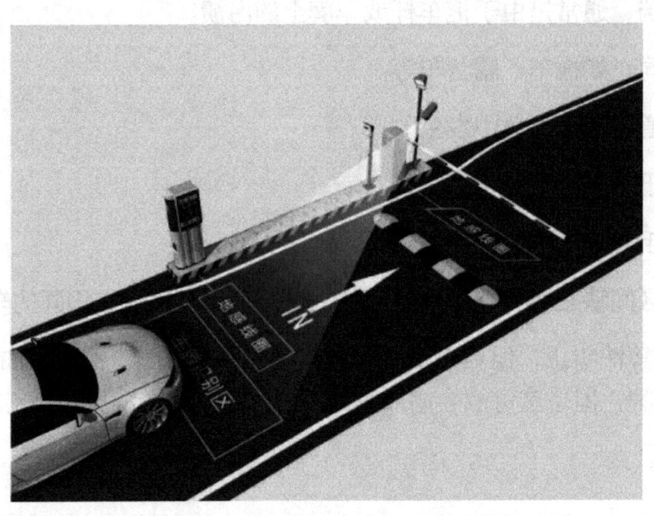

图2-11　停车场收费系统示意图

1. 调用车牌识别算法接口

RockX车牌识别库是集成在核心开发板上的一套Python的接口库，可以直接调用。

（1）导入相关的库

```
import time
import cv2 # 引入OpenCV图像处理库
from rockx import RockX  # 引入车牌识别算法接口库
import ipywidgets as widgets # Jupyter画图库
from IPython.display import display # Jupyter显示库
from lib.ft2 import ft  # 中文描绘库
```

（2）实例化算法接口对象

在RockX库中包含了算法的各种功能模式，这里采用车牌的检测、对齐和识别的功能模式。

函数说明

RockX(RockX.ROCKX_MODULE_CARPLATE_DETECTION)：车牌检测功能的接口对象。

RockX(RockX.ROCKX_MODULE_CARPLATE_ALIGN)：车牌对齐功能的接口对象。

RockX(RockX.ROCKX_MODULE_CARPLATE_RECOG)：车牌识别功能的接口对象。

```
carplate_det_handle= RockX(RockX.ROCKX_MODULE_CARPLATE_DETECTION) # 检测
carplate_align_handle = RockX(RockX.ROCKX_MODULE_CARPLATE_ALIGN)  # 对齐
carplate_recog_handle = RockX(RockX.ROCKX_MODULE_CARPLATE_RECOG)  # 识别
```

（3）加载图片数据

```
# 使用已经保存在当前路径下的车牌图片
image_car = cv2.imread("./exp/car.jpg")
```

（4）打印原始的照片

```
# 定义一个图像盒子，用于装载图像数据
imgbox = widgets.Image()
display(imgbox)  # 将盒子显示出来
# 把图像值转成byte类型的值
imgbox.value = cv2.imencode('.jpg', image_car)[1].tobytes()
```

（5）获取图片信息

```
# 获取图片的长、宽和通道数
in_img_h, in_img_w, bytesPerComponent = image_car.shape
```

（6）调用车牌识别主函数接口

为了获取车牌框的位置，调用车牌检测函数，通过对图像的检测，识别车牌的位置信息。

函数说明

rockx_carplate_detect(self, in_img, width, height, pixel_fmt)：车牌检测。

in_img代表输入图片(numpy ndarray)。

width代表图片宽度。

height代表图片高度。

pixel_fmt即像素格式(pixel format)。

返回值包括ret和results。

ret是状态码，0为成功，其他为失败。

results是RockX对象的列表，就是说一张图可能包含多个车牌对象，每个对象包含了车牌的位置框信息等。

动手练习

在<1>处填写代码，利用carplate_det_handle.rockx_carplate_detect函数识别车牌，参数分别为image_car、in_img_w、in_img_h、RockX.ROCKX_PIXEL_FORMAT_BGR888。

填写完成后执行代码，若输出如下结果，则表明填写正确。

0 [Object(id=0, cls_idx=0, box=Rect(left=64, top=184, right=371, bottom=280), score=0.999495804309845)]

```
ret, results = <1>
print(ret, results)
```

（7）调用车牌对齐函数

由于车牌图片的倾斜等，需要对车牌进行矫正对齐。调用车牌对齐函数，通过前面得到的车牌对象，把车牌对象的位置框信息作为输入，进行车牌的矫正对齐。这里只使用单个车牌（results [0]）结果来做检测识别。

函数说明

rockx_carplate_align(self, in_img, width, height, pixel_fmt, in_box)：车牌对齐。

in_img代表输入图片(numpy ndarray)。

width代表图片宽度。

height代表图片高度。

pixel_fmt即像素格式(pixel format)。

in_box：车牌检测后的车牌框。

返回值包括ret和align_result。

ret是状态码，0为成功，其他为失败。

align_result是返回的对齐后的结果对象，主要包含对齐后的图片数据信息。

动手练习

在<1>处填写代码，利用carplate_align_handle.rockx_carplate_align函数将车牌对齐，参数分别为image_car、in_img_w、in_img_h、RockX.ROCKX_PIXEL_FORMAT_BGR888,results[0].box。

填写完成后执行代码，若输出类似图2-12的结果，则表明填写正确。

```
0 CarplateAlignResult(aligned_image=array([[[121, 169, 217],
        [ 87, 140, 195],
        [ 86, 139, 198],
        ...,
        [158, 205, 255],
        [157, 205, 255],
        [150, 200, 252]],

       [[ 29,  89, 155],
        [ 16,  84, 163],
        [ 19,  87, 176],
        ...,
```

图2-12　输出结果

```
ret, align_result = <1>
print(ret, align_result)
```

（8）调用车牌识别函数

为了获取具体的车牌信息，调用车牌识别函数，针对矫正对齐后的图片数据结果，进行识别分析。

函数说明

rockx_carplate_recognize(self, in_aligned_img)：车牌识别。

in_aligned_img是车牌对齐后的对象的图片数据（align_result.aligned_image）。

返回值包括ret和recog_result。

ret是状态码，0为成功，其他为失败。

recog_result是返回的识别后的结果信息。

```
ret, recog_result = carplate_recog_handle.rockx_carplate_recognize(align_result.aligned_image)
print(ret, recog_result)
```

（9）画车牌框和车牌号

函数说明

cv2.rectangle(image, pt1=(int(left), int(top)), pt2=(int(right), int(bot)), color=(0, 255, 0), thickness=3)：根据坐标，描绘一个简单的矩形边框，参数依次为图片、左上角位置坐标、右下角位置坐标、线条颜色、线条粗细。

ft.draw_text(img, position, '{}'.format(plate_number), 34, (255, 0, 0))：在图片的某个位置上添加文字信息，参数依次为图片、位置、文字、字体大小、字体颜色。

动手练习

在<1>处使用cv2.rectangle()方法在image_car图片上绘制矩形边框。

①参数image设置为image_car。

②参数pt1、pt2分别设置为两个坐标点。

③参数color设置为（0，255，0）。

④参数thickness设置为3。

填写完成后，若能够成功执行后续显示图片的代码，绘制出车牌边界框和车牌号码，则说明填写正确。

```
if recog_result is not None:
    <1>
    image_car = ft.draw_text(image_car, (results[0].box.left, results[0].box.top – 50), '{}'.format(recog_result),
34, (0, 0, 255))
```

（10）结果可视化

利用Jupyter的画图库和显示库显示经过算法处理的图像。

```
# 定义一个图像盒子，用于装载图像数据
imgbox = widgets.Image()
display(imgbox) # 将盒子显示出来
# 把图像值转成byte类型的值
imgbox.value = cv2.imencode('.jpg', image_car)[1].tobytes()
```

动手练习

尝试利用图片car1.jpg，从头进行车牌识别实验。

填写完成后，若能够成功绘制出车牌边界框和车牌号码，则说明填写正确。

```
<1>
# 释放资源
carplate_recog_handle.release()
carplate_align_handle.release()
carplate_det_handle.release()
```

2．利用多线程方式实现实时车牌识别

通过多线程方式使图像采集和算法识别同时运行，从而实现视频流的车牌识别，并且可以避免一些因运行时间太久而导致的视频卡顿。

（1）引入相关的库

```
import time  # 时间库
import cv2          # 引入OpenCV图像处理库
from lib.ft2 import ft  # 中文描绘库
import threading  # 这是Python的标准库，线程库
import ipywidgets as widgets  # Jupyter画图库
from IPython.display import display  # Jupyter显示库
from rockx import RockX  # 引入算法库
```

（2）定义摄像头采集线程

```
class CameraThread(threading.Thread):
    def __init__(self, camera_id, camera_width, camera_height):
        threading.Thread.__init__(self)
        self.working = True
        self.cap = cv2.VideoCapture(camera_id) # 打开摄像头
        # 设置摄像头分辨率宽度
        self.cap.set(cv2.CAP_PROP_FRAME_WIDTH, camera_width)
        # 设置摄像头分辨率高度
        self.cap.set(cv2.CAP_PROP_FRAME_HEIGHT, camera_height)
    def run(self):
        global camera_img
        camera_img = None
        while self.working:
            ret, image = self.cap.read() # 获取新的一帧图片
            if ret:
                camera_img = image
    def stop(self):
        self.working = False
        self.cap.release()
```

（3）定义算法识别线程

```
class PlateDetectThread(threading.Thread):
    def __init__(self):
        threading.Thread.__init__(self)
        self.working = True
        self.running = False
        # 实例化车牌相关算法
        self.carplate_det_handle = RockX(RockX.ROCKX_MODULE_CARPLATE_DETECTION)
        self.carplate_align_handle = RockX(RockX.ROCKX_MODULE_CARPLATE_ALIGN)
        self.carplate_recog_handle = RockX(RockX.ROCKX_MODULE_CARPLATE_RECOG)
        self.imgbox = widgets.Image() # 定义一个图像盒子，用于装载图像数据
        display(self.imgbox) # 将盒子显示出来
    def run(self):
        self.running = True
        # 显示图像，把摄像头线程采集到的数据、全局变量camera_img，转换后装在盒子里
        # 全局变量是不断更新的
        while self.working:
            try:
                if camera_img is not None:
                    limg = camera_img  # 获取全局变量图像值
                    in_img_h, in_img_w, bytesPerComponent = limg.shape
```

```
                    ret, results = self.carplate_det_handle.rockx_carplate_detect(limg, in_img_w, in_img_h,
RockX.ROCKX_PIXEL_FORMAT_BGR888)
                    for result in results:
                        ret, align_result = self.carplate_align_handle.rockx_carplate_align(limg, in_img_w,
in_img_h, RockX.ROCKX_PIXEL_FORMAT_BGR888, result.box)
                        if align_result is not None:
                            ret, recog_result = self.carplate_recog_handle.rockx_carplate_recognize(align_
result. aligned_image)
                            if recog_result is not None:
                                plate_number = recog_result
                                cv2.rectangle(limg, (result.box.left, result.box.top), (result.box.right, result.
box.bottom), (0, 255, 0), 2)
                                if (result.box.top - 50) > 0:
                                    limg = ft.draw_text(limg, (result.box.left, result.box.top - 50), '{}'.
format(plate_number), 34, (0, 0, 255))
                                else:
                                    limg = ft.draw_text(limg, (result.box.left, result.box.bottom), '{}'.
format(plate_number), 34, (0, 0, 255))
                    self.imgbox.value = cv2.imencode('.jpg', limg)[1].tobytes() # 把图像值转成byte类型的值
            except Exception as e:
                pass
        self.running = False
    def stop(self):
        self.working = False
        while self.running:
            pass
        self.carplate_recog_handle.release()
        self.carplate_align_handle.release()
        self.carplate_det_handle.release()
```

（4）启动线程

实例化两个线程，并启动这两个线程，实现完整的车牌识别功能。运行时加载模型比较久，需要等待几秒。

```
camera_th = CameraThread(0, 640, 480)
plate_detect_th = PlateDetectThread()
camera_th.start()
plate_detect_th.start()
```

（5）停止线程

为了避免占用资源，需要停止摄像头采集线程和算法识别线程，或者重启内核。

```
plate_detect_th.stop()
camera_th.stop()
```

任务小结

本任务首先介绍了车牌识别的相关知识，包括车牌识别系统简介、车牌识别系统工作原理、车牌识别技术难点、车牌识别应用场景等。之后通过任务实施，带领读者完成了调用车牌识别算法接口、利用多线程方式实现实时车牌识别等操作。

通过本任务的学习，读者对车牌识别技术的基本知识有了更深入的了解，在实践中逐渐熟悉车牌识别的基础操作方法。本任务相关的知识技能的思维导图如图2-13所示。

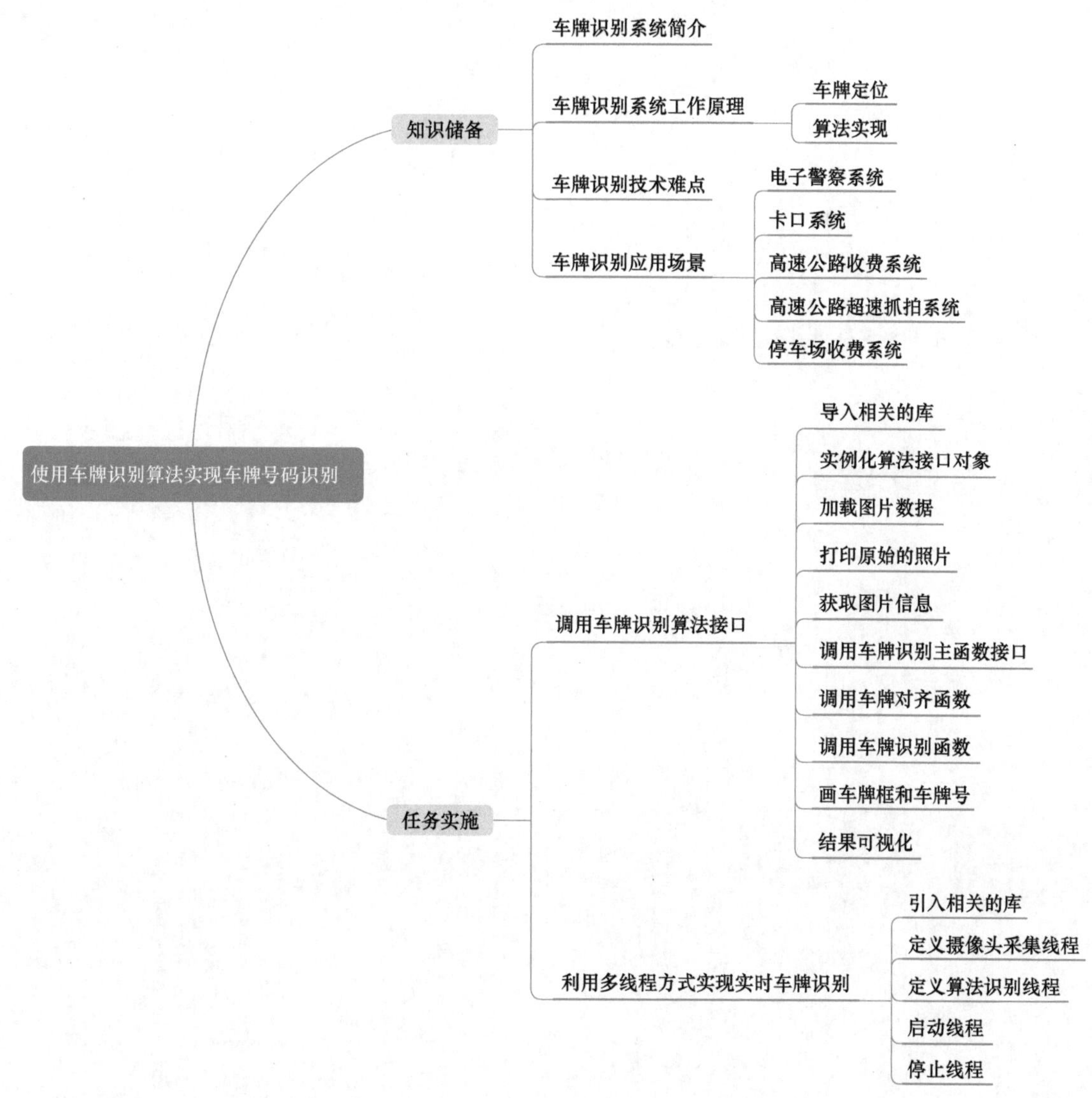

图2-13　思维导图

项目3

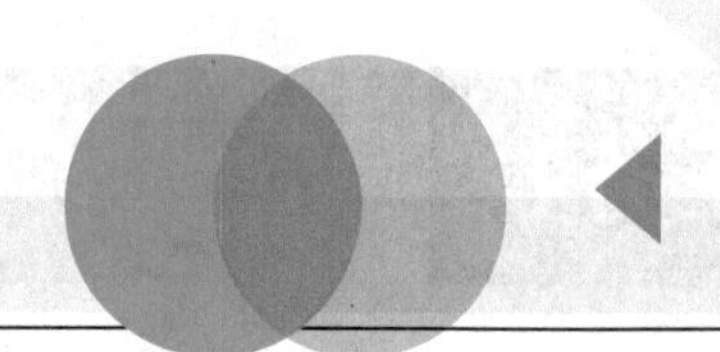

利用串口实现边缘硬件控制

项目导入

随着计算机网络化和微机分级分布式应用系统的发展，通信的功能越来越重要。通信是指计算机与外界的信息传输，既包括计算机与计算机之间的传输，也包括计算机与诸如终端、打印机和磁盘等外部设备之间的传输。在通信领域有两种数据通信方式：并行通信和串行通信。

随着社会的发展，大量的设备和系统采用串行通信方式进行信息交换。现有的国际标准只对串行通信的物理层进行了定义。设备供应商可以按照需求定义不同的数据链路层标准，采用不同的数据帧格式、封装方式和传输控制字符。

串行通信是指使用一条数据线，将数据一位一位地依次传输，每一位数据占据一个固定的时间长度。只需要少数几条数据线就可以在系统间交换信息，特别是计算机与计算机、计算机与外设之间的远距离通信常常用到串行通信。串行通信具有传输线少、传播速度快、信号完整性、成本低的特点，因此串行通信接口（简称串口）是计算机系统当中的常用接口。常用的串口通信设备如图3-1所示。

图3-1　常见的串口通信设备

任务1 风扇与气氛灯控制

知识目标

- 了解串口相关的基础知识。
- 掌握RS-485串口控制风扇、氛围灯的方法。

能力目标

- 了解串口相关的基础知识。
- 掌握RS-485串口控制风扇、氛围灯的方法。

素质目标

- 具有规范意识。
- 具有环保意识和安全意识。

任务分析

任务描述：

本任务将实现通过调用serial模块打开风扇并控制风速，以及打开氛围灯。

任务要求：

- 使用Serial方法实例化串口对象。
- 使用flushInput/flushOutput方法清除串口输入/输出缓存。
- 使用fromhex方法将命令转换为HEX格式。
- 使用write方法写入命令。
- 使用read方法读取串口返回结果。
- 能够通过串口控制风扇和氛围灯。

任务计划

根据所学相关知识，制订本任务的实施计划，见表3-1。

表3-1　任务计划表

项目名称	利用串口实现边缘硬件控制
任务名称	风扇与气氛灯控制
计划方式	自主设计
计划要求	请按照计划分步骤完整描述出如何完成本任务
序　号	任务计划步骤
1	
2	
3	
4	
5	
6	
7	
8	

知识储备

1. 串口简介

（1）串行接口的定义

串行接口（Serial Interface）简称串口，也称串行通信接口（通常指COM接口），是采用串行通信方式的扩展接口。串行通信中数据一位一位地顺序传送。其特点是通信线路简单，只要一对传输线就可以实现双向通信（可以直接利用电话线作为传输线），从而大大降低了成本，特别适用于远距离通信，但传送速度较慢。串行通信的距离可以从几米到几千米。根据信息的传送方向，串行通信可以进一步分为单工、半双工和全双工三种。

（2）串口的接口划分标准

同步串行接口（Synchronous Serial Interface，SSI）是一种常用的工业通信接口。

通用异步接收/发送器（Universal Asynchronous Receiver/Transmitter，UART）是一个并行输入成为串行输出的芯片，通常集成在主板上。UART包含TTL（晶体管-晶体管逻辑）电平的串口和RS-232电平的串口。TTL电平是3.3V的；而RS-232是负逻辑电平，它定义+5V至+12V为低电平，而-12V至-5V为高电平。MDS2710、MDS SD4、EL805等是RS-232接口的，EL806有TTL接口。

串行接口按电气标准及协议来分，包括RS-232-C、RS-422、RS-485等。RS-232-C、RS-422与RS-485标准只对接口的电气特性做出规定，不涉及接插件、电缆或协议。

2. 串口通信协议

（1）串口通信协议简介

串口是显控设备与信号处理板之间通信的主要接口，也是显控设备与其他设备、设备与设备之间的协议数据帧通信传输的重要接口。串口通信中串口按位（bit）发送和接收字节。尽管比特字节（byte）的串行通信慢，但是串口可以在使用一根线发送数据的同时用另一根线接收数据。串口通信协议是指规定了数据包的内容——包含了起始位、主体数据、校验位及停止位，只有双方约定一致的数据包格式才能正常收发数据的有关规范。可以说，串口通信协议是基于串口，使得通信双方能够相互沟通信息的一种约定，其定义了双方遵循的协议数据帧格式和传输方式。在串口通信中，常用的协议包括RS-232、RS-422和RS-485。

串口在嵌入式系统当中是一类重要的数据通信接口，其本质功能是作为CPU和串行设备间的编码转换器。当数据从CPU经过串口发送出去时，字节数据转换为串行的位。在接收数据时，串行的位被转换为字节数据。应用程序要使用串口通信，就必须在使用之前向操作系统提出资源申请要求（打开串口），通信完成后必须释放资源（关闭串口）。典型地，串口用于ASCII码字符的传输。通信使用3根线完成：地线、发送数据线、接收数据线。串口通信最重要的参数是波特率、数据位、停止位和奇偶校验。对于通信的两个端口，这些参数必须匹配。波特率是一个衡量通信速度的参数，它表示每秒钟传送的bit的个数。数据位是衡量通信中实际数据位的参数，当计算机发送一个信息包时，标准的值是5、7和8位，如何设置取决于具体需求。停止位用于表示单个包的最后一位，典型的值为1、1.5和2，停止位不仅表示传输的结束，还提供计算机校正时钟同步的机会。奇偶校验是串口通信中一种简单的检错方式，有四种检错方式——偶、奇、高和低，也可以没有校验位。

1）波特率。串口异步通信中由于没有时钟信号，所以通信双方需要约定好波特率，即每个码元的长度，以便对信号进行解码。常见的波特率有4800、9600、115200等。

2）起始位、停止位。数据包从起始位开始，到停止位结束。起始信号用逻辑0的数据位表示，停止信号由0.5、1、1.5或2个逻辑1的数据位表示，只要双方约定一致即可。

3）有效数据。起始位之后便是传输的主体数据内容了，也称为有效数据，其长度一般被约定为5～8位长。

4）数据校验。由于通信过程易受到外部干扰而使传输数据出现偏差，所以在有效数据之后加上校验位解决此问题。校验方法有奇校验（odd）、偶校验（even）、0校验（space）、1校验（mark）及无校验（noparity）。奇校验要求有效数据和校验位中“1”的个数为奇数，比如一个8位长的有效数据为01101001，此时共有4个“1”，为了达到奇校验效果，校验位为“1”，最后传输的是8位有效数据加1位校验位，共9位。偶校验刚好相反，要求有效数据和校验位中“1”的个数为偶数，则此时为了达到偶校验效果，校验位为“0”。0校验是指无论有效数据中有什么数据内容，校验位总是“0”。1校验的校验位总是“1”。

（2）常用协议

1）RS-232。RS-232（ANSI/EIA-232标准）是IBM-PC及其兼容机上的串行连接标准。RS-232可以用于许多用途，比如连接鼠标、打印机或者调制解调器（modem），同时也可以连接工业仪器仪表。它还可以用于驱动和连线的改进，实际应用中RS-232的传输长度或者速度常常超过标准的值。RS-232只限于PC串口和设备间点对点的通信。RS-232串口通信最远距离是15.24m（50ft）。

2）RS-422。RS-422（EIA RS-422-AStandard）是Apple的Macintosh计算机的串口连接标准。RS-422使用差分信号，RS-232则使用非平衡参考地的信号。差分传输使用两根线发送和接收信号，对比RS-232，它有更好的抗噪性和有更远的传输距离。

3）RS-485。RS-485（EIA-485标准）是RS-422的改进，因为它增加了设备的个数，从10个增加到32个，同时定义了在最大设备个数情况下的电气特性，以保证足够的信号电压。RS-485适用于在远距离、高噪声环境下进行数据通信。RS-485也支持多点连接，可以连接多个设备，因此适用于工业自动化、控制系统、监控系统等场合。RS-485的电气特性包括差分信号、平衡传输、双向通信、多点连接等。差分信号指的是使用两条相反极性的信号线来传输数据，这样可以有效抵消环境中的电磁干扰；平衡传输指的是每条信号线上都有一个相同的对地引用电压，这样可以保证信号线之间的电势差不会过大；双向通信指的是可以同时进行收发数据；多点连接指的是可以连接多个设备。RS-485是RS-422的超集，因此所有的RS-422设备可以被RS-485控制。RS-485可以用超过1219.2m（4000ft）的线进行串行通信。

（3）串口通信时序

如图3-2所示，串口通信时序由起始位、数据位、校验位、停止位组成。

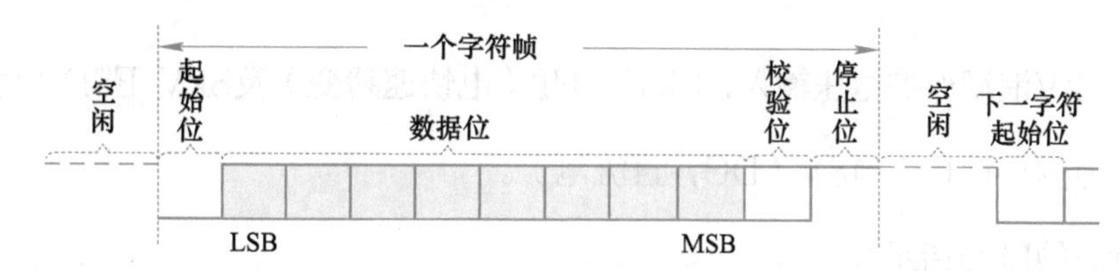

图3-2　串口通信时序

1）起始位：占用1位，低电平有效。

2）数据位：可以是5～8位，最常用是8位。

3）校验位：校验位可以选择奇校验、偶校验或无校验，每种校验方式都占用1位。

4）偶校验：校验原则是数据位和校验位中1的个数为偶数。

5）奇校验：校验原则是数据位和校验位中1的个数为奇数。

6）无校验：时序图中没有校验位。

7）停止位：占用1位、1.5位、2位，高电平有效。

（4）串口通信速率

常用的串口通信速率包括2400bit/s、4800bit/s、9600bit/s、19200bit/s、38400bit/s、115200bit/s。

现在最常用的是115200bit/s的速率，不快不慢正合适。当然有些应用场合数据量较大，使用低波特率数据传输占用时间太长，应该适当提高波特率。例如某公司有一款产品，设置波特率接近1Mbit/s，单片机使用这么高的速率必须开启硬件流控，甚至停止位也要大于1位。

（5）串口数据传输

最基本的串口传输只需要两根信号线，即TXD和RXD，通信双方交叉相接，TXD发送数据，RXD接收数据。

传输数据时双方必须保证通信波特率、数据位、检验位和停止位一致，才能正确通信。这种串口传输方式有一定的不可靠性，可能会导致数据丢失。例如，MCU1（微控制单元1）向MCU2（微控制单元2）发送数据，此时MCU2正在忙于其他任务，无暇顾及串口接收，MCU1发送的数据把MCU2的FIFO填满后，剩下的字节会被MCU2直接抛弃。

串口数据传输如图3-3所示。

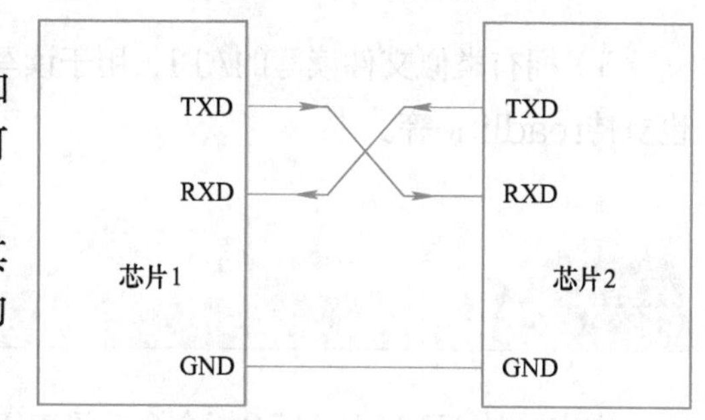

图3-3　串口数据传输

3. ADAM-4150数字量I/O模块

图3-4 ADAM-4150

ADAM-4150（见图3-4）是通用传感器到计算机的便携式接口模块，专为恶劣环境下的可靠操作而设计。该系列产品具有内置的微处理器、坚固的工业级ABS塑料外壳，可以独立提供智能信号调理、模拟量I/O、数字量I/O和LED数据显示。此外，地址模式采用了人性化设计，可以方便地读取模块地址。

ADAM-4150具有如下特性：

1）7通道输入及8通道输出。

2）宽温运行。

3）高抗噪性：1kV浪涌保护电压输入，3kV EFT（电快速瞬变）及8kV ESD（静电释放）。

4）宽电源输入范围：+10～+48V（DC，直流电）。

5）易于监测状态的LED指示灯。

6）数字滤波器功能。

7）DI（数字输入）通道，可以用1kHz计数器。

8）过流/短路保护。

9）DO（数字输出）通道支持脉冲输出功能。

4. pyserial模块

进行风扇与气氛灯控制实验前，需要导入必要的模块，其中最关键的模块为pyserial。pyserial模块封装了Python对串口的访问，为多平台的使用提供了统一的接口。它提供了在Windows、OSX、Linux和BSD（可能是任何POSIX兼容系统）和IronPython上运行的Python的后端。名为“串行”的模块会自动选择适当的后端。

扫一扫，了解一下串口和并口的区别以及十六进制数值的相关知识。

pyserial模块具有如下特性：

1）为所支持的多平台提供统一的接口。

2）能够访问串口设置。

3）支持不同的字节大小、停止位、校验位和流控设置。

4）可以忽略接收超时。

5）拥有类似文件读写的API，用于读写指令，例如read和write，也支持readline等。

本实验的ADAM-4150指令汇总见表3-2。

表3-2　ADAM-4150指令汇总

功能	地址	功能码	起始寄存器地址（高）	起始寄存器地址（低）	寄存器长度（高）	寄存器长度（低）	CRC16（高）	CRC16（低）
风扇上电	01	05	00	15	FF	00	9D	FE
风扇断电	01	05	00	15	00	00	DC	0E
风扇高电平	01	05	00	16	FF	00	6D	FE
风扇低电平	01	05	00	16	00	00	2C	0E

1. 导入依赖包

```
# pyserial模块包名为serial
import serial
import time
```

2. 打开风扇串口

函数说明

serial.Serial(name, baudrate, timeout, bytesize, writeTimeout, port)。

name：设备串口。

baudrate：串口通信的波特率。波特率表示每秒钟传输的码元符号的个数，它是对符号传输速度的一种度量，1波特率即每秒钟传输1个符号。常用的是9600bit/s，常见的还有1200bit/s、2400bit/s、4800bit/s、19200bit/s和38400bit/s等。波特率越大，传输速度越快，但稳定的传输距离越短，抗干扰能力越差。

timeout：通信的读超时时间。读超时时间需要根据数据的长度来设置。若数据太长，读超时时间设置得太短，则数据没被读取完，导致读取的数据是不全的。

bytesize：字节大小。

writeTimeout：写超时时间。

port：读或者写端口。

动手练习

在<1>处，请用serial.Serial()设置设备名字为serial_port，波特率为9600，读超时时间设置为0.2。

填写完成后执行代码，查看串口是否开启，若输出结果为True，则说明填写正确。

```
serial_port = '/dev/ttyS0' # 将串口位置赋给serial_port
ser = <1>
ser.isOpen()
```

函数说明

ser.flushInput()、ser.flushOutput()：丢弃输入和输出缓存中的所有数据。串口第一次使用或者串口长时间没用，再次使用时，读写串口之前，都需要清空缓冲。

```
#通过ser.flushInput()、ser.flushOutput()可以丢弃缓存中的数据
ser.flushInput()
ser.flushOutput()
```

3. 给风扇上电

知识补充

Adam-4150数字模块使用RS-485接口，采用的通信协议是Modbus。Modbus协议传输数据使用的是HEX形式的字符。

本实验给风扇上电的指令所对应的16进制为01 05 00 15 FF 00 9D FE。

```
command = '01 05 00 15 FF 00 9D FE'
```

函数说明

bytes.fromhex(str)：将HEX字符串转换为bytes类型。

str为字符串。

使用fromhex()函数对command进行转换，将command转换成HEX形式，再转换成bytes类型。

动手练习

在<1>处，请用bytes.fromhex()对command进行转换。

填写完成后执行以下代码，若输出结果为b'\x01\x05\x00\x15\xff\x00\x9d\xfe'，则说明填写正确。

```
cmd = <1>
print(cmd)
```

函数说明

ser.write(data)：通过串口输出给定的字节串。

data为bytes数据类型。

ser.read(size=1)：从串行端口读取大小字节。

size为读取的字节数。

动手练习

在<1>处，请用ser.write()对ADAM-4150数字模块发送cmd指令。

在<2>处，请用ser.read()获取ADAM-4150返回当前风扇状态的数据，有效位数为8位，保存到data中。

填写完成后执行代码，若输出结果为b'\x01\x05\x00\x15\xff\x00\x9d\xfe'，则说明填写正确。

```
<1>
data = <2>
print(data)
```

4. 打开风扇

知识补充

根据风扇的规格和时序，打开风扇需要输入风扇的高低电平指令的脉冲信号，并且高低电平指令输入时间间隔0.3s。

风扇的高电平指令为01 05 00 16 FF 00 6D FE。

风扇的低电平指令为01 05 00 16 00 00 2C 0E。

重复运行可调整风扇档位以控制风扇转速。

动手练习

在<1>处，请用ser.flushInput()和ser.flushOutput()丢弃缓存中的所有数据。

在<2>处，请用01 05 00 16 FF 00 6D FE指令设置风扇的高电平。

在<3>处，设置高低电平指令输入时间间隔0.3s。

在<4>处，请用01 05 00 16 00 00 2C 0E指令设置风扇的低电平。

填写完成后执行代码，若能正常打开风扇，则说明填写正确。

```
# 风扇高电平指令输入
<1>
command = <2>
cmd = bytes.fromhex(command)
ser.write(cmd)
data = ser.read(8)
<3>
# 风扇低电平指令输入
ser.flushInput()
ser.flushOutput()
command = <4>
cmd = bytes.fromhex(command)
ser.write(cmd)
data = ser.read(8)
```

5. 开启氛围灯

知识补充

根据风扇的规格和时序，氛围灯开启需要输入风扇的高低电平指令的脉冲信号，并且高低电平指令输入时间间隔0.5s。

```
# 风扇高电平指令输入
ser.flushInput()
ser.flushOutput()
command = '01 05 00 16 FF 00 6D FE'
cmd = bytes.fromhex(command)
```

```
    ser.write(cmd)
    data = ser.read(8)
    time.sleep(0.5)
    # 风扇低电平指令输入
    ser.flushInput()
    ser.flushOutput()
    command = '01 05 00 16 00 00 2C 0E'
    cmd = bytes.fromhex(command)
    ser.write(cmd)
    data = ser.read(8)
```

6. 给风扇断电

知识补充

风扇断电指令为：01 05 00 15 00 00 DC 0E。

动手练习

在<1>处，仿照上述“氛围灯开启”的步骤完成练习，请用01 05 00 15 00 00 DC 0E指令设置风扇断电。

填写完成后执行代码，若能正常关闭风扇，则说明填写正确。

```
# 风扇断电
<1>
```

7. 关闭串口

serial接口下的close()方法用于关闭串口，对象ser可通过调用close()方法来关闭串口。

```
# 关闭串口
ser.close()
```

动手练习

理解风扇功能类，实现风扇启停、档速调整和氛围灯开关功能。按照以下要求完成实验：

运行以下代码，导入库，定义风扇类。

定义串口，将/dev/ttyS0赋给serial_port。参数serial_port传入风扇功能类QuerySerial进行实例化，实例化对象为open。

使用对象open，调用类中函数fan_power_on()来给风扇上电。

在一个代码框中执行如下命令：调用open_fan()启动风扇，此时档位为一；设置睡眠时间为2s，将档位设置为二，并开启氛围灯；设置睡眠时间为3s，并将档位设置为三；最后设置睡眠时间为2s并将风扇断电，调用close_serial()关闭串口。

填写完成后执行代码，若能正常关闭风扇，则说明填写正确。

```
import time
import serial
class QuerySerial(object):
    def __init__(self, port):
        self.port = port
        self.ser = serial.Serial(self.port, 9600, timeout=0.2)
    def fan_power_on(self):
        command = '01 05 00 15 FF 00 9D FE'
        self.exec_cmd(command)
    def fan_power_off(self):
        command = '01 05 00 15 00 00 DC 0E'
        self.exec_cmd(command)
    def fan_high_level(self):
        command = '01 05 00 16 FF 00 6D FE'
        self.exec_cmd(command)
    def fan_low_level(self):
        command = '01 05 00 16 00 00 2C 0E'
        self.exec_cmd(command)
    def open_fan(self):
        self.fan_high_level()
        time.sleep(0.3)
        self.fan_low_level()
    def open_ambiance_lamp(self):
        self.fan_high_level()
        time.sleep(0.5)
        self.fan_low_level()
    def close_serial(self):
        self.ser.close()
```

动手练习

在<1>处，定义串口，将/dev/ttyS0赋给serial_port。

在<2>处，参数serial_port传入风扇功能类QuerySerial进行实例化，实例化对象为open。

在<3>处，使用对象open，调用类中函数fan_power_on()来给风扇上电。

在<4>处，调用open_fan()启动风扇，此时档位为一。

在<5>处，设置睡眠时间为2s再将档位设置为二。

在<6>处，开启氛围灯。

在<7>处，设置睡眠时间为3s并将档位设置为三。

在<8>处，最后设置睡眠时间为2s并将风扇断电，调用close_serial()关闭串口。

若补全全部代码后能够成功自动切换风扇档位，则表示实验完成。

```
# 补全代码
<1>
<2>
```

```
<3>
# 启动风扇，此时档位为一
<4>
# 睡眠时间为2s，设置档位为二
<5>
# 开启氛围灯
<6>
# 睡眠时间为3s，设置档位为三
<7>
# 睡眠时间为2s，风扇断电并关闭串口
<8>
```

任务小结

本任务首先介绍了串口和串口通信协议的相关知识，包括串口的定义、串口的接口划分标准、串口通信协议的简介、串口通信的常用协议、串口通信的时序、串口通信的速率、最基本的串口数据传输等，也介绍了ADAM-4150数字量I/O模块和pyserial库的相关知识。之后通过任务实施，带领读者完成了导入依赖包、打开风扇串口、给风扇上电、打开风扇、开启氛围灯、风扇断电、关闭串口等操作。

通过本任务的学习，读者对串口和串口通信协议的基本知识有了更深入的了解，在实践中逐渐熟悉使用串口控制风扇和气氛灯的基础操作方法。本任务相关的知识技能的思维导图如图3-5所示。

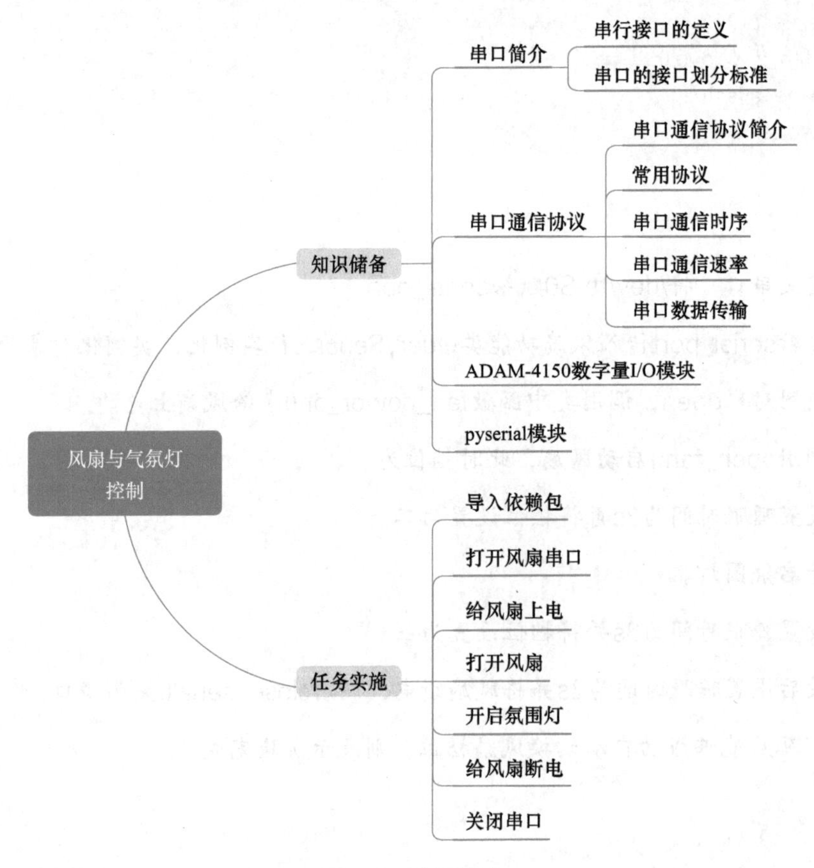

图3-5 思维导图

任务2 数字量信号采集

知识目标

- 了解人体红外传感器及其工作原理。
- 了解人体红外传感器的分类与应用场景。
- 理解数字量与模拟量。

能力目标

- 巩固使用serial模块完成串口数据发送和读取操作。
- 掌握使用串口读取人体红外传感器返回值的方法。

素质目标

- 具有开拓精神。
- 具有创新意识和创业能力。

任务分析

任务描述：

本任务将通过调用serial模块控制人体红外传感器来检测是否有人。

任务要求：

- 使用hex方法将HEX对象转为16进制数据。
- 使用int方法将16进制数据转为10进制数据。
- 使用if方法判断字符串数据是否为指定字符串。
- 使用串口控制人体红外传感器。

任务计划

根据所学相关知识，制订本任务的实施计划，见表3-3。

表3-3　任务计划表

项目名称	利用串口实现边缘硬件控制
任务名称	数字量信号采集
计划方式	自主设计
计划要求	请按照计划分步骤完整描述出如何完成本任务
序　号	任务计划步骤
1	
2	
3	
4	
5	
6	
7	
8	

知识储备

1. 人体红外传感器

（1）人体红外传感器简介

人体红外传感器（见图3-6）又称热释电传感器，用于生活中防盗报警、来客告知等，其原理是将释放的电荷经放大器转为电压输出。

压电陶瓷类电介质在电极化后能保持极化状态，称为自发极化。自发极化随温度升高而减小，在居里点温度降为零。因此当这类材料受到红外辐射而温度升高时，表面电荷将减少，相当于释放了一部分电荷，故称为热释电。将释放的电荷经过放大器可转换为电压输出。这就是热释电传感器的工作原理。

图3-6　人体红外传感器

当辐射继续作用于热释电元件，使其表面电荷达到平衡时，便不再释放电荷。因此，热释电传感器不能探测恒定的红外辐射。

（2）人体红外传感器工作原理

人体红外传感器的核心元件是热释电传感器。热释电传感器受红外线照射后，会产生热释电，经过放大器放大后，就可以输出电压变化。红外热释电传感器工作原理如图3-7所示。

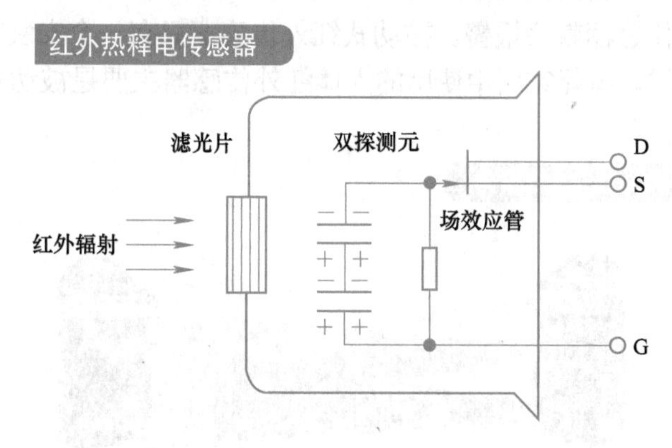

图3-7　红外热释电传感器工作原理

热释电传感器不能探测恒定的红外辐射，因此人体红外传感器在热释电传感器上增加了一个菲涅尔透镜，如图3-8所示。菲涅尔透镜除了能起到凸透镜的作用外，还能通过折射作用在感应区（防区）中形成明区和暗区（见图3-9），当入侵者穿过明区、暗区时，热释电传感器就可以检测到入侵。

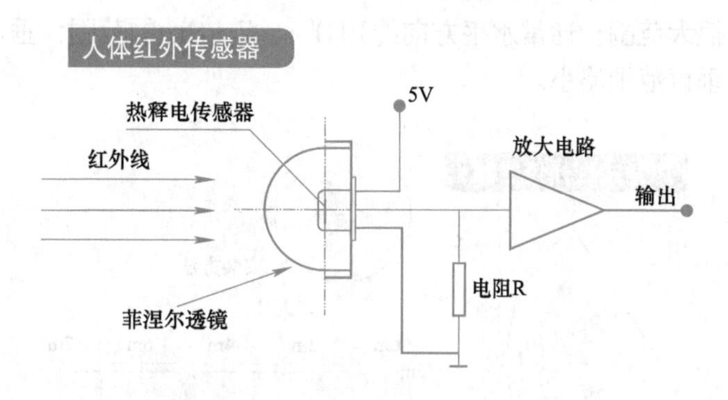

图3-8　人体红外传感器工作原理

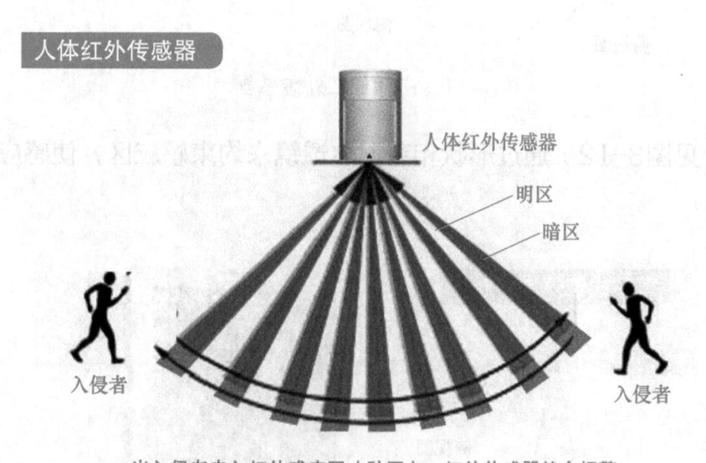

图3-9　人体红外传感器的工作应用

（3）人体红外传感器分类

1）人体红外传感器按红外线接收方式，可以分为主动式和被动式。主动式红外传感器（见图3-10）

包括一个安装有红外线发光二极管的投光器发射红外线，和一个安装有热释电传感器的受光器。当投光器发出的红外线被遮断，红外传感器就会报警。被动式红外传感器只有一个安装有热释电传感器的探头，只是被动地接收入侵者的红外线。智能家居中使用的人体红外传感器主要是被动式红外线传感器。

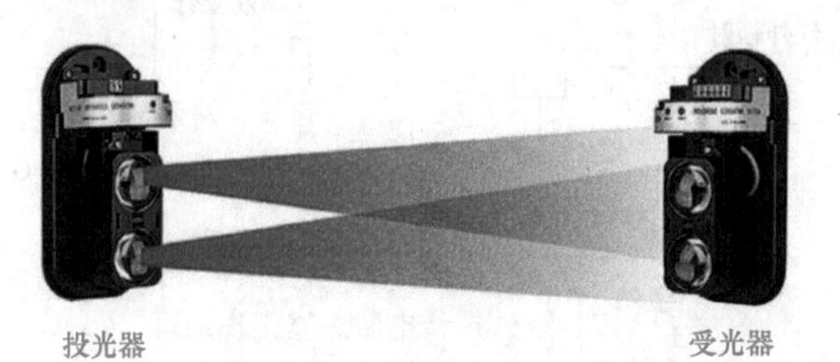

图3-10　主动式红外传感器

2）根据感应区（防区）的范围，可以分为广角式和幕帘式。广角式红外传感器（见图3-11）能够探测水平和垂直两个方向的很大范围：通常水平方向约110°、7~8m的范围；垂直方向也有这样的范围，部分型号因形状的原因，垂直范围略小。

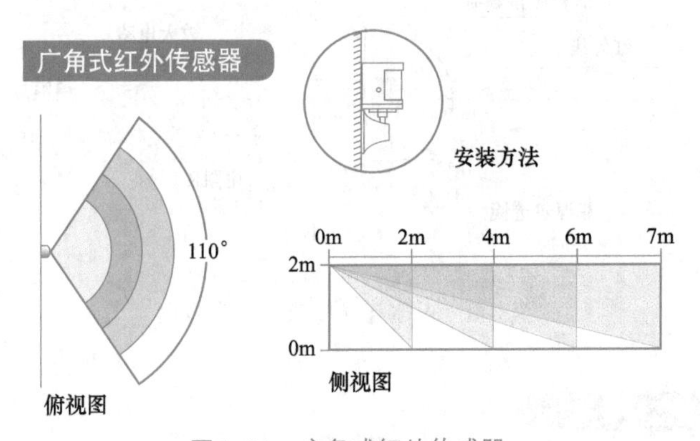

图3-11　广角式红外传感器

幕帘式红外传感器（见图3-12）通过形状和菲涅尔透镜来约束感应区，使感应区约束成一个很薄的扇形，通常用于门窗防护。

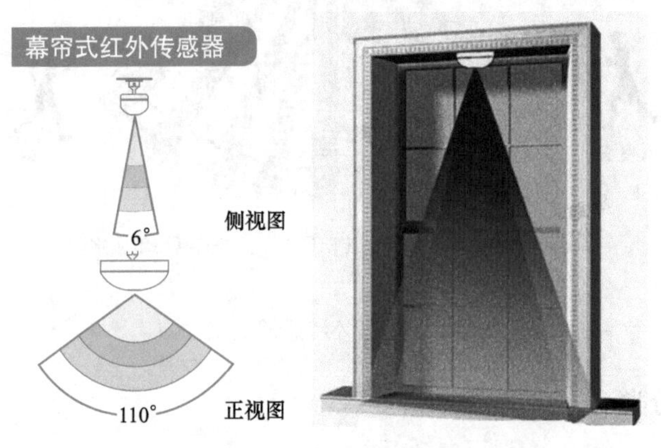

图3-12　幕帘式红外传感器

（4）人体红外传感器应用场景

人体红外传感器采用温度补偿技术，能精准判断人体散发的红外光线是否处于移动状态，来感知感应区内人体的存在，并实时传输室内状态信息，从而触发联动控制的智能设备，使人们生活得更加便捷、舒心！它能感应人体活动，联动场景，安装简单、即贴即用，适合多种家居环境。

1）人体感应，智控生活。搭配智能设备联动使用，能智能探测人体或宠物移动。例如安装在卫生间、走廊或者储物间，检测到有人时打开灯，人走后延迟关灯。人不用摸黑找开关，还可避免手里拿着东西找开关的尴尬，也不用担心忘记关灯的情况。把它放在床底，设置联动台灯、走廊和卫生间的灯，当人夜晚下床的那瞬间，这些灯就会自动亮起，人就可以在深夜中轻松“穿梭”。

2）安全守护，及时警戒。将人体红外传感器安装在室内各个区域，当有人经过时通过手机或语音管家发出提醒。当人离家后，传感器一旦被触发，就立即向手机推送消息，让家中发生的一切尽在人的掌握中，从而起到一定的安防作用。安装在一些特定区域，比如没有封闭的阳台，当孩子去阳台时立刻通过语音管家或手机发出提醒，避免一些危险情况的发生。

3）远程监测，场景联动。人体红外传感器搭配其他智能设备，通过APP进行产品连接设置，实现智能场景联动和信息记录。

2. 数字量与模拟量

（1）数字量

在时间上和数量上都是离散的物理量称为数字量。把表示数字量的信号叫作数字信号。把工作在数字信号下的电子电路叫作数字电路。数字量由多个开关量组成，如3个开关量可以组成表示8个状态的数字量。

例如：用电子电路记录从自动生产线上送出的零件数目时，每送出一个零件便给电子电路一个信号，使之记为1，而平时没有零件送出时加给电子电路的信号是0。可见，零件数目这个信号无论在时间上还是数量上都是不连续的，因此是一个数字信号。最小的数量单位就是1个。

（2）模拟量

在时间上和数量上都是连续的物理量称为模拟量。把表示模拟量的信号叫作模拟信号。把工作在模拟信号下的电子电路叫作模拟电路。模拟量是连续的量，数字量是不连续的量。

例如：热电偶在工作时输出的电压信号就属于模拟信号，因为在任何情况下被测温度都不可能发生突跳，所以测得的电压信号无论在时间上还是在数量上都是连续的，而且这个电压信号在连续变化过程中的任何一个取值都有具体的物理意义，即表示一个相应的温度。

（3）转换原理

数字量：由0和1组成的信号类型，通常是经过编码的有规律的信号。数字量被量化后即模拟量。

模拟量：连续的电压、电流等信号量。模拟信号是幅度随时间连续变化的信号，其经过抽样和量化后就是数字量。

数模转换器是将数字信号转换为模拟信号的系统，一般用低通滤波即可实现。数字信号先进行解码，即把数字码转换成与之对应的电平，形成阶梯状信号，然后进行低通滤波。根据信号与系统的理论，数字阶梯状信号可以看作理想冲激采样信号和矩形脉冲信号的卷积，那么由卷积定理，数字信号的频谱就是冲激采样信号的频谱与矩形脉冲频谱（即Sa函数）的乘积。这样，用Sa函数的倒数作为频谱特性补偿，由数字信号便可恢复为采样信号。由采样定理，采样信号的频谱经理想低通滤波便得到原来模拟信号的频谱。一般实现时，不是直接依据这些原理，因为尖锐的采样信号很难获得，所以这两次滤波（Sa函数和理想低通）可以合并（级联），并且由于各系统的滤波特性是物理不可实现的，因此在真实的系统中只能近似完成。

模数转换器是将模拟信号转换成数字信号的系统，是一个包括滤波、采样保持和编码等过程的系统。

抗混叠滤波（Anti-aliasing Filter）：模拟信号在进入模数转换器之前会首先经过带限滤波器，用于去除高频成分，防止混叠现象的发生。

采样保持电路（Sample and Hold Circuit）：采样保持电路负责对经过滤波后的信号采样，并在采样期间保持信号不变，以便后续的数字化处理。

量化和编码（Quantization and Coding）：经过采样保持后的信号被送入模数转换器的量化器，将连续的模拟信号转换为一系列离散的数字量化级别，然后通过编码器将这些数字量化级别映射到相应的数字编码，通常是二进制码。

输出：最终，模数转换器会输出一个数字信号，代表了原始模拟信号在特定时间点上的离散近似值。

（4）数字量与模拟量的区别

1）性质不同。

模拟量：在时间上或数量上都是连续的物理量。

数字量：在时间上和数量上都是离散的物理量。

2）值不同。

模拟量：模拟量的值是连续变化的量，不会出现跳跃。

数字量：只有0和1两种值，要么从0变到1，要么从1变到0。

3）电子电路不同。

模拟量：把工作在模拟信号下的电子电路叫作模拟电路。

数字量：把工作在数字信号下的电子电路叫作数字电路。

1. 导入必要的包和模块

```
import time
import serial
```

2. 打开人体红外传感器

命令说明

print(ser.isOpen())：查看串口是否开启。

print(ser.name)：利用串口对象打印串口名称。

print(ser.baudrate)：利用串口对象打印串口波特率。

print(ser.timeout)：利用串口对象打印读超时设置。

动手练习

在<1>处，请用print()打印串口isOpen、name、baudrate和timeout信息。

在<2>处，请用ser.close()关闭串口。

填写完成后执行代码，若输出结果如下，则说明填写正确。

```
True
/dev/ttyS0
9600
0.5
```

```
ser=serial.Serial('/dev/ttyS0',baudrate=9600,timeout=0.5)
<1>
<2>
```

3. 获得4150数字模块DI的值

在RS-485模块的通信中，传感器获得的值是通过RS-485模块的DI（Driver Input）口输入的。获取DI值等价于读取传感器的数值。

```
ser=serial.Serial('/dev/ttyS0', baudrate=9600, timeout=0.2)
ser.flushInput()
ser.flushOutput()
```

本实验获取人体红外传感器DI值指令所对应的16进制数据为01 01 00 00 00 07 7D C8。

```
# 将"获取DI值"的指令赋给command
command='01 01 00 00 00 07 7D C8'
```

若要获得传感器DI值，就要将command转换成HEX类型，再转换成bytes类型。使用fromhex()函数，对command进行转换。

```
cmd = bytes.fromhex(command)
print(cmd)
```

通过ser. write()函数向4150发送指令。通过ser. read()函数获取4150返回的数值并保存到data中。在本实验中，返回的数值中有效位数为6位。

```
ser.write(cmd)
data = ser.read(6)
print(data)
```

串口设备的返回值也是bytes形式的。为了便于人们读懂，需要对其进行转换。使用hex()函数，对data进行转换。通过转换，得到的data就是人体红外传感器返回的4150数字模块DI值。

动手练习

在<1>处，请用data.hex()将bytes类型转换成HEX类型。

填写完成后执行代码，若输出结果为“result: 010101019048”，则说明填写正确。

```
data = str(<1>)
print('result: ' + data)
```

返回值以010101开头，表示所包含的信息就是传感器是否检测到人的信息。因此，对data字符串进行筛选，选出所需要的信息。人体红外的标志物有效信息体现在data [6:8]。

动手练习

在<1>处，设置判断条件，data[0:6]为010101时则进入判断语句。

在<2>处，通过int将字符串'0x' + data[6:8]以16进制解析为整数。

填写完成后执行代码，若输出结果如下：

body_data_status: 1

或输出结果如下，则说明填写正确。

body_data_status: 0

```
if <1>: #筛选出有效信息，并打印出来
    status_var = <2>  # 将data转换成10进制数值
    print('body_data_status: ' + str(status_var))
```

人体红外传感器的返回值为0或1。0代表检测到人体，1代表没有检测到人体。由于传感器自身具有大约15s的输出延迟，所以代码返回值的变动需要一定时间。

4. 关闭串口

为了防止串口被一直占用，在使用结束后需要关闭串口。使用ser. close () 关闭串口。

```
ser.close()
```

5. 完整示例

（1）封装bodySensor ()

动手练习

按照以下要求补全代码，将以上步骤进行封装，得到bodySensor()。

在<1>处，使用bytes.fromhex()函数完成command的格式转换，并赋值给cmd。

在<2>处，使用ser.write()函数完成指令的写入。

在<3>处，使用ser.read()指令完成返回值的保存。

在<4>处，使用data.hex()函数将data从bytes类型转换成HEX类型。

在<5>处，使用if判断语句判断返回的值是否包含有效信息。

在<6>处，对信息进行截取，保留有效信息data[6:8]，并进行整数转化。

运行后续代码，若传感器前有人，返回值为0，则表示实验完成。

```
import time
import serial
class bodySensor(object):
    # 获取相应传感器的值
    def __init__(self, port):
        self.port = port
```

```
        self.ser = serial.Serial(self.port, baudrate=9600, timeout=0.2)
        self.ser.flushInput()
    def get_body_di_data(self, command='01 01 00 00 00 07 7D C8'): #定义获取DI值函数
        try:
            cmd = <1> #将command转换成bytes类型
            <2> #写入cmd指令
            data = <3> #将返回值保存到data中
            data = <4> #将data从bytes类型转换成HEX
            print('result: ' + data)
            if <5>: #筛选出有效信息
                status_var = <6>
                print('body_data_status: ' + str(status_var))
                return status_var
            else:
                return None
        except Exception as e: #异常处理
            print('body_data error: ' + str(e))
            return None
    def close_serial(self):
        # 关闭串口
        try:
            self.ser.close()
        except Exception as e:
            print(e))
```

（2）打开人体红外传感器

通过初始化bodySensor()类，给open_bs对象赋值，并初始化port参数。

```
serial_port = '/dev/ttyS0' # 设定端口
# 实例化创建的QuerySerial类，初始化port参数
open_bs = bodySensor(serial_port)
# 实例化get_body_di_data方法来检测人体
open_bs.get_body_di_data()
```

可以用手遮住或使传感器前方空旷，再次运行以上代码，传感器返回值将发生变化。

（3）关闭人体红外传感器

通过初始化bodySensor()类，给close_bs对象赋值，并初始化port参数。通过close_serial()方法来关闭。

```
close_bs = bodySensor(serial_port)
close_bs.close_serial()
```

本任务首先介绍了人体红外传感器的相关知识，包括人体红外传感器简介、人体红外传感器工作原

理、人体红外传感器分类、人体红外传感器应用场景等，还介绍了数字量与模拟量的相关知识。之后通过任务实施，带领读者完成了导入必要的包和模块、打开人体红外传感器、获取4150数字模块DI的值、关闭串口等操作。

通过本任务的学习，读者可以对串口有更深入的了解，在实践中逐渐熟悉使用串口实现数字量I/O信号采集的基础操作方法。本任务相关的知识技能的思维导图如图3-13所示。

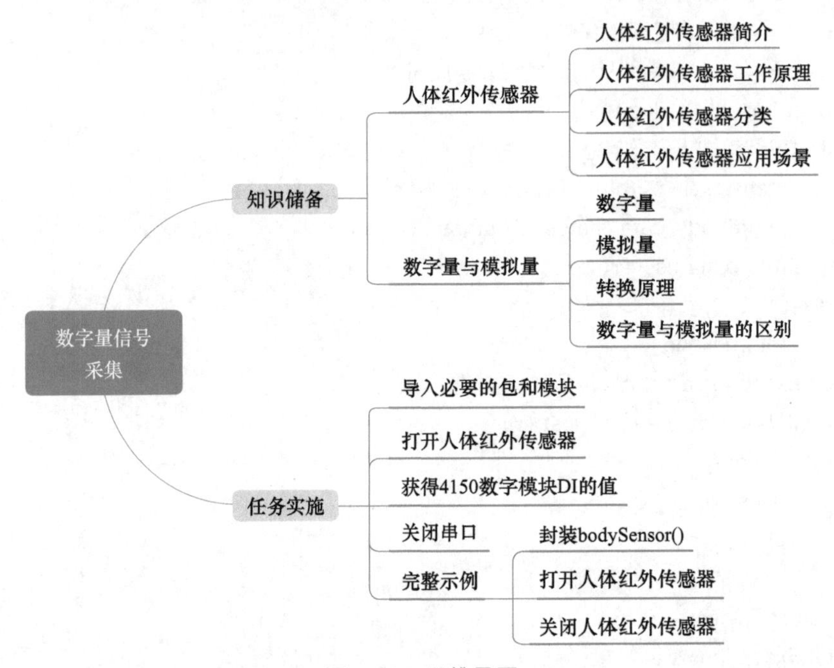

图3-13 思维导图

任务3 模拟量信号采集

知识目标

- 了解光照度传感器及其工作原理。
- 了解光照度传感器在智能家居中的应用。
- 认识Modbus通信协议。

能力目标

- 巩固使用serial模块完成串口数据发送和读取操作。
- 掌握使用串口读取光照度传感器返回值的方法。

素质目标

- 具备技术知识更新的初步能力。
- 具备适应不同岗位需求的一般能力。

任务分析

任务描述：

本任务将通过调用serial模块控制光照度传感器采集光照度并打印。

任务要求：

- 能使用hex方法将HEX对象数据转为16进制数据。
- 能使用int方法将16进制数据转为10进制数据。
- 能使用if方法判断字符串数据是否为指定字符串。
- 能使用串口控制光照度传感器采集光照度。

任务计划

根据所学相关知识，制订本任务的实施计划，见表3-4。

表3-4　任务计划表

项目名称	利用串口实现边缘硬件控制
任务名称	模拟量信号采集
计划方式	自主设计
计划要求	请按照计划分步骤完整描述出如何完成本任务
序　号	任务计划步骤
1	
2	
3	
4	
5	
6	
7	
8	

知识储备

1. 光照度传感器

（1）光照度传感器简介

光照度传感器是将光照度大小转换成电信号的一种传感器，输出数值计量单位为lx。光照度传感器在农业领域应用广泛：光是光合作用不可缺少的条件，在一定的条件下，当光照度增强后，光合作用的强度也会增强，但当光照度超过限度后，植物叶面的气孔会关闭，光合作用的强度就会降低。因此，使用光照度传感器控制光照度也就成为影响作物产量的重要因素。

（2）光照度传感器工作原理

光照度传感器的工作原理是基于光敏元件对光信号的敏感性。当光照射到光敏元件表面时，光子的能量会激发光敏元件内部的电荷载流子，从而改变其电阻值或产生电流。光照度传感器会根据这种电阻值或电流的变化来判断环境中的光照度，并输出相应的电信号。

（3）光照度传感器在智能家居中的应用

1）用于检测室外天黑、天亮。通过放在阳台等位置检测室外的天黑，可实现如下智能场景：

① 天黑自动开关房间灯的系列智能场景，如光照度低于某个数值时自动开启天黑有人进门自动开灯场景。或光照度高于某个数值时自动关闭天黑有人进门自动开灯场景。

② 夜间且客厅进入影院模式则自动关客厅窗帘。

③ 夜间且进入睡眠模式则自动关卧室窗帘。

④ 室外天亮且进入早上起床模式则自动播报天气。

⑤ 大白天的时段室外光照度很低，说明要下大暴雨，手机短信提醒或智能语音播报提醒注意关窗、收衣物。

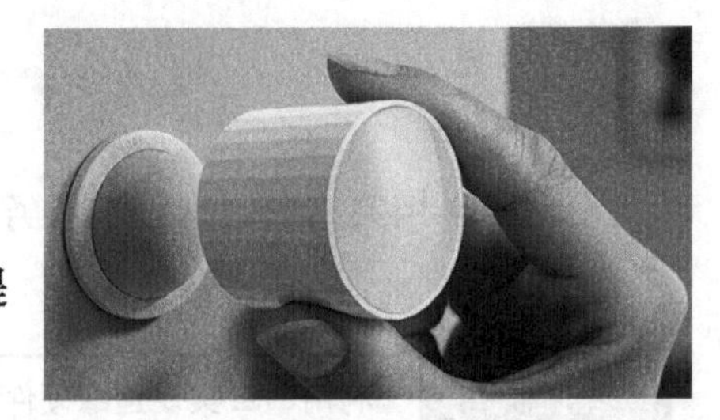

图3-14　智能光照传感器

智能光照传感器如图3-14所示。

2）用来检测柜门是否关闭。用来检测柜门是否关紧一般采用门窗传感器，但是门窗传感器黏上去之后就不方便再拆下来。如果采用光照度传感器，则无须固定安装，多了一重灵活性。

2. Modbus通信协议

（1）Modbus通信协议简介

Modbus是一种串行通信协议，是Modicon公司（现在的施耐德电气，Schneider Electric）于1979年为使用PLC（可编程逻辑控制器）通信而发表的。Modbus已经成为工业领域通信协议的业界标准，并且现在是工业电子设备之间常用的连接方式。

（2）Modbus通信协议特点

1）Modbus为一种通信协议，目前已经成为工业上的通信标准。

2）应用于多工业设备，包括PLC、DCS（集散式控制系统）、变频器、智能仪表等。

3）Modbus支持多种电气接口，如RS-232、RS-485等，还可以在各种介质上传送，如双绞线、光纤、无线。

4）Modbus通信协议完全免费；帧格式简单、紧凑。

（3）RS-485与Modbus通信协议

工业生产中不同设备通过RS-485串联起来，组成物物相联的网络，再依靠Modbus通信协议接入网络，各设备之间互联互通，实现系统的集中监控、分散控制的功能，推动了工业自动化的发展。

RS-485其实是一个物理接口，相当于硬件。Modbus则是一种国际标准的通信协议，用于在不同的设备之间交换数据，它就好比人类的语言，相当于软件。

两台设备通过Modbus通信协议进行数据传输，最开始使用RS-232C作为硬件接口，但是在工业生产中，各设备之间往往分布距离远且方位各异，而RS-485用于多点互联时非常方便，可以省掉许多信号线，所以逐渐成为工业领域中常用的接口标准。

1）RS-485的特点。采用差分信号正逻辑，逻辑“1”以两线间的电压差为+（2～6）V表示。逻辑“0”以两线间的电压差为-（2～6）V表示。接口信号电平降低，不易损坏接口电路的芯片，与TTL（晶体管-晶体管逻辑）电平兼容，可方便地与TTL电路连接。

RS-485通信速度快，数据最高传输速率为10Mbit/s，并且RS-485接口是采用平衡驱动器和差分接收器的组合，抗共模干扰能力增强。

RS-485的传输速率与传输距离成反比，传输速率越低，传输距离越长。RS-485总线一般最大支持32个节点，如果使用特制的485芯片，可以支持128个或者256个节点，进行组网通信。

2）Modbus通信协议的特点。RS-485作为硬件层协议，只定义了“0”和“1”的逻辑，而没有解释其含义，这就需要用到软件层协议了。Modbus就是用来解释这些“0”和“1”代码的含义的，只有按照Modbus通信协议的规定去发送代码，不同的设备之间才能进行明确的交流。

Modbus通信协议是应用于电子控制器上的一种通用语言，通过它，控制器与控制器之间、控制器与设备之间可以通信。它已经成为一种通用的工业标准，通过它，不同厂商生产的控制设备也可以组成工业网络，进行集中监控。

此协议定义了一个控制器能认识并使用的信息结构，描述了一个控制器如何请求访问其他设备，以及如何回应来自其他设备的请求、如何侦测错误并记录。

任务实施

1. 导入依赖包

```
import time
import serial
```

2. 打开光照度传感器

```
# 初始化时自动开启串口
ser = serial.Serial("/dev/ttyS0",baudrate=9600,timeout=0.5)
print(ser.isOpen())
ser.flushInput()
```

3. 获取光照度传感器返回值

本实验获取光照值指令所对应的16进制为0C 03 00 00 00 02 C5 16。

```
# 将获取光照值的指令赋给command
command = '0C 03 00 00 00 02 C5 16'
# 使用fromhex()函数，对command进行转换，将command转换成HEX类型，再转换成bytes类型
cmd = bytes.fromhex(command)
print(cmd)
```

通过ser. write()函数向4150发送指令。

通过ser.read()函数获取4150返回的数值并保存到data中。在本实验中，返回的数值中有效位数为9位。

data是bytes类型的。

```
ser.write(cmd)
data = ser.read(9)
print(data)
```

使用hex()函数，对data进行转换。通过转换，得到的data就是HEX类型的光照度。

```
data = str(data.hex())
print('result: ' + data)
```

4. 获取光照度有效值

以0C开头的返回值表示所包含的信息就是传感器有效信息。分割有效信息，获取光照度有效值，将其转换成10进制数据，即光照度的值。因此对data字符串进行筛选，选出所需要的信息。光照度有效信息为data[6:14]。

动手练习

在<1>处，设置判断条件，data[0:2]为0c则进入判断语句。

在<2>处，通过int将字符串'0x' + data[6:14]以16进制解析为整数。

填写完成后执行代码，若输出结果类似为“beam_var: 462”，则说明填写正确。

```
if <1>:
    beam_var = <2>
    print('beam_var: ' + str(beam_var))
```

5. 关闭串口

```
ser.close()
```

6. 动手实验

在理解检测光照度功能类的基础上，实现风扇启停，调整档速，实现氛围灯开关功能。运行以下代码，导入库，定义查询光照度类，并根据要求完成实验。

```
import time
import serial

class QuerySerial(object):
    # 获取相应传感器的值
    def __init__(self, port):
        # 初始化
        self.port = port
        self.ser = serial.Serial(self.port,baudrate=9600,timeout=0.5)
    def get_beam_data(self, command='0C 03 00 00 00 02 C5 16'):
        # 查询光照度
        try:
            cmd = bytes.fromhex(command)
```

```
            self.ser.flushInput()
            self.ser.write(cmd)
            data = self.ser.read(9)
            # print('beam_data: ' + str(data.hex()))
            data = str(data.hex())
            if data[0:2] == '0c':
                beam_var = int('0x' + data[6:14], 16)
                print('beam_var: ' + str(beam_var))
                return beam_var
            else:
                return None
        except Exception as e:
            print('beam_data error: ' + str(e))
            return None
    def close_serial(self):
        # 关闭串口
        try:
            self.ser.close()
        except Exception as e:
            print(e)
```

动手练习

在<1>处，定义串口，将/dev/ttyS0赋给serial_port。

在<2>处，参数serial_port传入查询光照度功能类QuerySerial并进行实例化，实例化对象为open。

在<3>处，使用对象open，调用类中函数get_beam_data()来进行光照度查询。

在<4>处，设置睡眠时间为3s。

在<5>处，遮挡光照度传感器，再查询当前光照度。

在<6>处，最后调用close_serial()关闭串口。

能够成功在无遮挡的情况下查询当前光照度，有较大的数值返回；能够在有遮挡的情况下查询当前光照度，有较小的数值返回。若实现这两种情况，则表示实验完成。

```
# 补全代码
# 将串口位置赋给serial_port
<1>
#实例化
<2>
# 查询光照度
<3>
# 睡眠3s
<4>
# 查询光照度
<5>
# 关闭串口
<6>
```

任务小结

本任务首先介绍了光照度传感器的相关知识，包括光照度传感器简介、光照度传感器工作原理、光照度传感器在智能家居中的应用等，也介绍了Modbus通信协议、数字量与模拟量。之后通过任务实施，带领读者完成了导入依赖包、打开光照度传感器、获取光照度传感器返回值、获取光照度有效值、关闭串口等操作。

通过本任务的学习，读者可以对光照度传感器的基本知识有更深入的了解，在实践中逐渐熟悉使用串口实现模拟量信号采集的基础操作方法。本任务相关的知识技能的思维导图如图3-15所示。

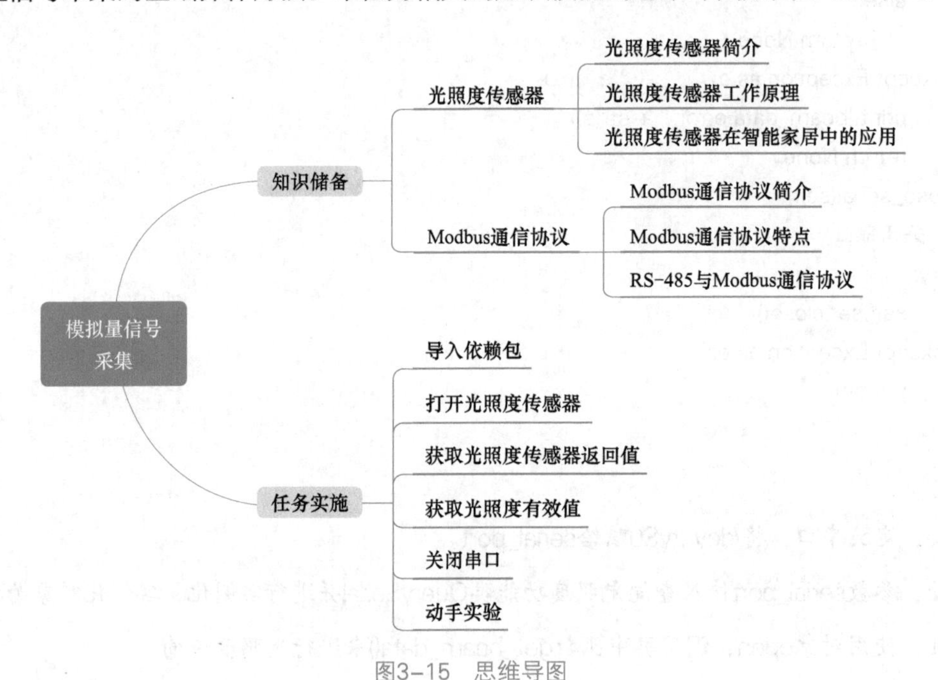

图3-15　思维导图

项目4

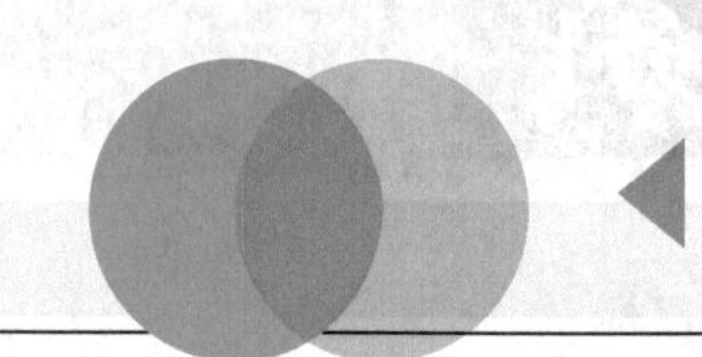

使用人脸检测算法的家用设备控制

项目导入

人们对“美好生活的需要”不断提升，消费结构不断升级，家居产业数字化、智能化快速发展，如今已经进入智慧大家居时代。我国智慧家居产业走在世界前列，发展态势迅猛，市场发展前景广阔，有较强的可持续性。从发展趋势来看，智慧家居将是引领消费结构升级的重要产业领域。2020—2023年，5G+AIoT（“人工智能物联网”）将全面赋能并革新智慧家居产品和产业形态，2023年全行业迎来全面爆发期。到2025年，智慧家居市场规模将突破8000亿元，发展韧性、潜力和成长空间巨大。

2021年4月，住房城乡建设部等16部委联合发布《关于加快发展数字家庭　提高居住品质的指导意见》，就加快发展数字家庭、提高居住品质、改善人居环境提出若干意见。作为数字家庭系统重要组成部分的智慧家居产品及服务得到明确的政策支持和发展部署。2021年9月，工信部等8部门联合印发《物联网新型基础设施建设三年行动计划（2021—2023年）》，提出在智慧城市、数字乡村、智慧家居等重点领域，加快部署感知终端、网络和平台，形成一批基于自主创新技术产品、具有大规模推广价值的行业解决方案，有力支撑新型基础设施建设。

智慧家居示例如图4-1所示。

图4-1　智慧家居示例

任务1 人脸检测灯光控制

知识目标

- 了解智慧家居及其分类。
- 认识三色灯报警器的作用。

能力目标

- 能使用人脸检测算法识别人脸数量。
- 能使用串口采集光照度数据。
- 能使用串口根据人脸识别结果和光照度数据控制黄灯。

素质目标

- 具有独立学习能力。
- 具有良好的组织分配、协调能力。

任务分析

任务描述：

本任务将通过调用OpenCV模块、人脸检测算法库、serial模块，判断采集的图像是否有人以及光照度是否达到阈值，以打开/关闭黄灯。

任务要求：

- 利用OpenCV采集图片。
- 利用人脸识别算法，进行人脸检测。
- 利用串口模块获取光照设备的数据。
- 在有人的情况下，根据光照度，打开黄灯。

任务计划

根据所学相关知识，制订本任务的实施计划，见表4-1。

表4-1 任务计划表

项目名称	使用人脸检测算法的家用设备控制
任务名称	人脸检测灯光控制
计划方式	自主设计
计划要求	请用5个计划步骤，完整描述出如何完成本任务

（续）

序　号	任务计划步骤
1	
2	
3	
4	
5	

知识储备

1. 智慧家居

智慧家居（Smart Home，Home Automation）是以住宅为平台，利用综合布线技术、网络通信技术、安全防范技术、自动控制技术、音视频技术将家居生活有关的设施集成，构建高效的住宅设施与家庭日程事务的管理系统，提升家居安全性、便利性、舒适性、艺术性，并实现环保节能的居住环境。利用布线、网络等相关技术将与家居生活有关的各种家居用品作为子系统连接在一起。例如智能灯光、电动窗帘、智能扫地机、智能门锁、智能门铃、智能摄像头、新风系统、背景音乐系统、智能控制板、智能马桶等。智慧家居的各种开关如图4-2所示。

图4-2　智慧家居的各种开关

智慧主要体现在可以通过声音控制、远程控制、自动化来完成任务，通过APP可远程查看智能设备的状态，或自动推送预警提醒，比如家中灯长时间未关闭、门锁或摄像头捕捉到异常。

智慧家居可以给人们带来更舒适、更安全的生活环境，业主可以根据家庭情况，选择自己认为实用的智慧家居设备。

大部分智慧家居设备只需通过无线网进行连接（WiFi），无须在装修时就配置好。如门锁、扫地机器人、智能开关、智能音箱等，都是可以通过WiFi连接的。

2. 三色灯报警器

三色灯报警器如图4-3所示，望文生义，起到警示提示作用，一般用于维护路途安全，有效减少交通事故的产生，同时也能避免潜在的安全隐患。报警器一般用于警车、工程车辆、消防车、救护车、预防性办理车辆、路途维护车辆、拖拉机、应急A/S车辆等。

一般来说，三色灯报警器可根据车辆的类型和使用提供各种长度的产品，具有灯罩结构的组合，必要时能够将灯罩的一侧与复合色彩组合。此外，三色灯报警器还能够分为灯泡开关灯、LED闪光灯、氙管频闪灯，氙管频闪灯是LED闪光灯形式的灯泡开关灯升级版，寿命更长，更节能，热量更低。

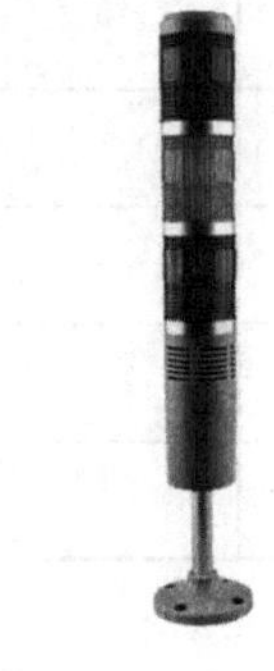

图4-3　三色灯报警器

（1）三色灯报警器在生活中的应用

例如，对于施工单位来说，在路途施工时应多开三色灯报警器，尤其在夜间路途状况不清楚时，容易发生一些事故，不熟悉的人被绊倒或者交通拥挤。

路途上的车辆也是如此。在长时间行进过程中，常常会出现一些问题。为了确保安全，驾驶人需要在附近设置LED闪光灯，提示车辆放慢速度、安全驾驶。

当然，喜欢骑自行车旅行的朋友，如果想在路上停下来，这时在一个角落泊车是一件十分有风险的事情，很容易造成交通事故，所以这种比较便利的三色灯报警器起着关键作用，不仅可以实现路旁警示的效果，还可以在必要时用作锁。

（2）三色灯报警器在工业中的应用

三色灯报警器在工业中应用得非常广泛，常见的三色灯设备有自动化流水线、自动化设备、安检设备、LED灯封装设备、报警系统、SMT（表面安装技术）设备、数控机床、CNC（计算机数控）、精雕机、数控铣床、数控设备灯。

任务实施

1. 利用OpenCV采集图片

动手练习

在<1>处仿照分辨率宽度的设置方式设置采集图片的分辨率高度为480。

```
import cv2
cv2.namedWindow('image',flags=cv2.WINDOW_NORMAL | cv2.WINDOW_KEEPRATIO | cv2.WINDOW_GUI_EXPANDED)
cv2.resizeWindow('image', 1920, 1080)
cap = cv2.VideoCapture(0)#实例化摄像头对象并赋给变量cap
cap.set(cv2.CAP_PROP_FRAME_WIDTH, 640)#采集图片的分辨率宽度为640
<1>
ret, image = cap.read()#读取一帧图片，并将返回结果赋给ret和image
print(ret)
```

```
cv2.imshow('image', image)#将采集的图片显示出来
cv2.waitKey(5000)
cap.release()#释放摄像头，以免摄像头占用
cv2.destroyAllWindows()#关闭所有窗口
```

填写完成后运行，若输出True则说明填写正确。

2. 设置人脸识别算法接口

接口说明

from lib.faceDetect import NLFaceDetect：导入人脸识别算法接口类。

nlFaceDetect = NLFaceDetect(libNamePath)：实例化人脸检测算法接口对象。若执行没有报错，则表示实例化成功。

nlFaceDetect.NL_FD_ComInit(configPath)：加载模型和配置，并初始化。若执行没有报错，则表示加载成功。

nlFaceDetect.NL_FD_InitVarIn(image)：加载采集的图片数据。若返回0，则表示加载成功。

nlFaceDetect.NL_FD_Process_C()：调用人脸检测主函数处理图像，返回人脸个数，并输出人脸框的位置信息。从输出结构体可以获取相关信息。

nlFaceDetect.NL_FD_Exit()：释放模型内存。

动手练习

在<1>处将库文件路径/usr/local/lib/libNL_faceEnc.so 赋给变量face_libNamePath。

在<2>处用nlFaceDetect.NL_FD_InitVarIn() 加载采集的图片。

在<3>处用nlFaceDetect.NL_FD_Process_C() 检测人脸数量。

```
from lib.faceDetect import NLFaceDetect
<1>#指定库文件路径
nlFaceDetect = NLFaceDetect(face_libNamePath)#实例化人脸检测算法接口对象
modelPath = b"/usr/local/lib/rk3399_AI_model"    # 指定模型以及配置文件路径
nlFaceDetect.NL_FD_ComInit(modelPath)#加载人脸检测模型和配置，并进行初始化
ret = <2>#加载采集的图片数据，返回0表示加载成功
face_num = <3> # 调用人脸检测主函数处理图像，返回人脸个数
print('人脸个数：', face_num)
nlFaceDetect.NL_FD_Exit()#释放模型和内存
```

填写完成后运行，输出人脸个数说明填写正确。

3. 导入pyserial串口模块并实例化串口对象

导入串口模块，在python中pyserial模块即serial，import serial就能导入。

```
import time
import serial
```

实例化一个串口对象。

函数说明

serial.Serial(name,baudrate,timeout,bytesize,writeTimeout,port)中：

name为设备串口。

baudrate为串口波特率。

timeout为读超时时长。

bytesize为字节大小。

writeTimeout为写超时时长。

port为读或者写端口。

print(ser.isOpen())：查看串口是否开启。

动手练习

在<1>处用serial.Serial()实例化一个串口对象并赋给变量ser，串口在板上的端口号为/dev/ttyS0，波特率为9600，读超时时长设置为0.5。

```
<1>#实例化串口对象
print(ser.isOpen())#查看串口是否开启，若返回True则表示开启
```

填写完成后运行，若输出True则说明填写正确。

动手练习

在<1>处用ser.read()获取串口设备返回的9位数值。

```
ser.flushInput()#清空串口输入缓存
ser.flushOutput()#清空串口输出缓存
command='0C 03 00 00 00 02 C5 16'
cmd = bytes.fromhex(command)
print(cmd)
ser.write(cmd)#向传感器串口写入获取光照度命令
data=<1>#获取串口设备返回的9位数值
print(data)
```

填写完成后运行，若输出类似"b'\x0c\x03\x04\x00\x00\x02\xa8&-'"的结果则说明填写正确。

串口设备的返回值也是HEX形式的，为了方便人们阅读，需要转换成16进制的。使用hex()函数，对data进行转换。经过转换，得到的data就是光照度的16进制值。

```
data = str(data.hex())#HEX形式转16进制并转为字符串
print(data)
```

获取光照度有效值。通过查询产品说明手册可知，返回值中以0c开头的部分所包含的信息就是传感器的有效信息。在有效信息内，根据产品说明手册，分割有效信息，获取光照度有效值，将其转换成10进制，即得到光照度的值。因此对data字符串进行筛选，选出有效信息。Python中截取字符串前n个字符的写法是s[:n]，s为字符串。

4. 获取光照度数值

函数说明

ser.flushInput()：清空输入缓存。读写串口之前都需要清空缓存，以免其他缓存数据干扰。

ser.flushOutput()：清空输出缓存。读写串口之前都需要清空缓存，以免其他缓存数据干扰。

"获取光照度传感器"的指令为"0C 03 00 00 00 02 C5 16"，将其赋给command变量。

RS-485采用的通信协议是Modbus。Modbus通信协议传输数据使用的是HEX形式的字符串。若要获得传感器光照度，就要将command转换成HEX形式，也就是将16进制转换成HEX形式字符串。使用fromhex()函数，对command进行转换。

ser.write(cmd)：向串口设备写入命令。

ser.read(2)：获取串口设备返回的2位数值。

动手练习

在<1>处判断data的前2位字符是否"0c"。

```
if <1>:
    beam_var = int('0x' + data[6:14], 16)
    print('光照度：',beam_var)
```

填写完成后运行，若输出光照度数值则说明填写正确。

5. 控制灯光

三色灯的控制和光照度传感器的控制是一样的，都采用RS-485串口控制，只是三色灯经过了继电器和4150数据模块DO口。

开发板通过串口控制数字量模块的DO口，来控制继电器的开关，进而控制灯光（这里的返回值基本可以忽略）。主要涉及以下内容：

1）ser. flushInput()清空缓存：读写串口之前，都需要清空缓存，以免其他缓存数据干扰。

2）将"控制黄灯"的指令赋给command：command = '01 05 00 11 FF 00 DC 3F' 开启黄灯；command = '01 05 00 11 00 00 9D CF' 关闭黄灯。

动手练习

在<1>处参考开启灯的5行代码，补充5行关闭灯的代码。

```
# 开启黄灯
ser.flushInput()#清空串口输入缓存
ser.flushOutput()#清空串口输出缓存
command = '01 05 00 11 FF 00 DC 3F' #开启黄灯指令
cmd = bytes.fromhex(command)
ser.write(cmd)#向串口写入命令
# 关闭黄灯
<1>
```

填写完成后运行，若灯关闭则说明填写成功。

重启内核，避免线程阻塞影响后面操作。

6. 实验实施

1）采集人脸图片。用摄像头对着自己，采集一张人脸图片。

在<1>处用cap.read()采集图片，并将返回的状态赋给变量ret1，采集的图片赋给变量image1。

在<2>处传入采集的图片变量image1，显示采集的图片。

```
import cv2
import serial
# 采集新图片
cv2.namedWindow('image', cv2.WND_PROP_FULLSCREEN)#全屏化开发板窗口
cv2.resizeWindow('image', 1920, 1080)
cap = cv2.VideoCapture(0)#实例化摄像头
cap.set(cv2.CAP_PROP_FRAME_WIDTH, 640)#设置采集图片的分辨率宽度为640
cap.set(cv2.CAP_PROP_FRAME_HEIGHT, 480)#设置采集图片的分辨率高度为480
<1># 采集一帧图片，并将返回的状态赋给变量ret1，图片数据赋给变量image1
print(ret1)
cv2.imshow('image', <2>)# 显示采集的图片
cv2.waitKey(5000)#等待5000ms
cap.release()#释放摄像头
cv2.destroyAllWindows()#关闭所有窗口
```

填写完成后运行，若输出True则说明填写正确。

2）检测人脸个数。调用人脸检测算法检测人脸个数。

在<1>处用NLFaceDetect()实例化人脸检测算法接口。

在<2>处用nlFaceDetect.NL_FD_ComInit()初始化模型。

在<3>处加载已采集的图片。

```
from lib.faceDetect import NLFaceDetect
# 调用算法进行识别
# 指定算法库路径、模型路径，实例化算法，初始化模型
face_libNamePath = '/usr/local/lib/libNL_faceEnc.so'#指定库文件路径
nlFaceDetect = <1>#导入库文件，实例化人脸检测算法接口
modelPath = b"/usr/local/lib/rk3399_AI_model" # 指定模型以及配置文件路径
<2> # 加载模型和配置，进行初始化
ret = nlFaceDetect.NL_FD_InitVarIn(<3>) # 加载已采集的图片
face_num = nlFaceDetect.NL_FD_Process_C() # 调用人脸检测主函数处理图像, 返回人脸个数
print('人脸个数：', face_num)
nlFaceDetect.NL_FD_Exit()
```

填写完成后运行，输出人脸个数说明填写正确。

3）控制开关黄灯。有人时：当光照度小于100，打开黄灯；当光照度大于150，关闭黄灯。无人时直接关闭黄灯。

在<1>处补充获取光照度指令"0C 03 00 00 00 02 C5 16"。

在<2>处用仿照开启灯的判断条件设置关闭黄灯的条件（光照度大于150）。

在<3>处仿照face_num >0的代码补充face_num==0的关闭黄灯代码。

```
if face_num > 0: # 如果有人
    print('有人')
```

```
    ser=serial.Serial("/dev/ttyS0",baudrate=9600,timeout=0.5)# 打开串口
    ser.flushInput()#清空串口输入缓存
    ser.flushOutput()#清空串口输出缓存
    command=<1>#获取光照度指令
    cmd = bytes.fromhex(command)
    ser.write(cmd)#将指令写入串口
    data = ser.read(9)#获取串口返回的9位数值
    data = str(data.hex())#将HEX形式转为16进制
    if data[0:2] == '0c':
        beam_var = int('0x' + data[6:14], 16)# 分割光照度的有效值，并转换成10进制
        print('光照度: ' + str(beam_var))
        if beam_var < 100: # 判断光照度小于100， 打开黄灯
            command = '01 05 00 11 FF 00 DC 3F'#将打开黄灯指令赋给变量command
            cmd = bytes.fromhex(command)
            ser.write(cmd)#将指令写入串口
            print('光照度小于100， 打开黄灯')
        elif <2>: # 判断光照度大于150，关闭黄灯
            command = '01 05 00 11 00 00 9D CF'#将关闭黄灯指令赋给变量command
            cmd = bytes.fromhex(command)
            ser.write(cmd)#将指令写入串口
            print('光照度大于150 关闭灯')
else:#无人关闭灯
    <3>
```

填写完成后运行，若能在各种条件下控制灯的开关则说明填写正确。

任务小结

本任务首先介绍了智慧家居的相关知识，接着介绍了三色灯报警器的相关知识。通过任务实施，带领读者完成了利用OpenCV采集图片、设置人脸识别算法接口、导入pyserial串口模块并实例化对象获取光照度数值、控制灯光等操作。

通过本任务的学习，读者对智慧家居的基本知识和概念有了更深入的了解，在实践中逐渐熟悉基于人脸检测的灯光控制实验的基础操作方法。本任务相关的知识技能的思维导图如图4-4所示。

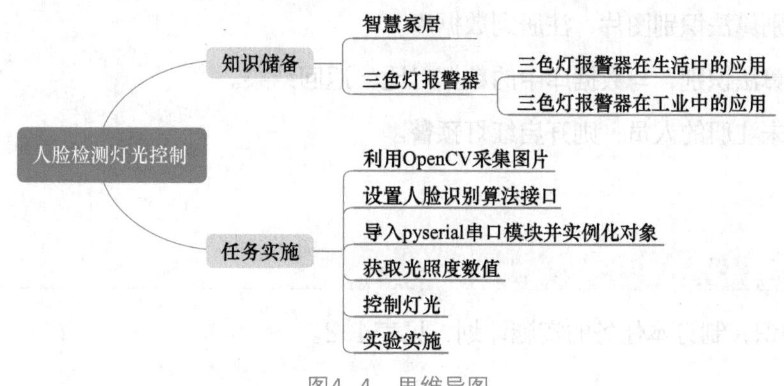

图4-4 思维导图

任务2 人脸检测安防监测

知识目标

- 了解智能安防及其应用场景。
- 认识数据库。
- 认识MySQL与SQLite数据库。

能力目标

- 能使用人脸检测算法识别人脸数量。
- 能使用NL_EA_Process_C_2方法检测人脸对齐个数。
- 能使用NL_ER_Process_C方法提取人脸信息数据。
- 能使用sqlite3模块连接数据库，并进行表创建、插入数据、查询数据操作。
- 能使用NL_EC_Process_C方法计算人脸相似度。
- 能使用串口根据人脸对比结果控制红灯。

素质目标

- 具有较强的分析决策能力。
- 具有较强的创新意识能力。

任务分析

任务描述：

本任务将通过调用OpenCV模块、人脸检测算法库、sqlite3模块、serial模块对采集的图像进行人脸检测。如果不是注册过的人员，则打开红灯。

任务要求：

- 调用人脸识别算法识别图片，注册到数据库。
- 拍照后调用算法识别，与数据库中的数据对比，返回结果。
- 如果识别到未注册的人员，则开启红灯预警。

任务计划

根据所学相关知识，制订本任务的实施计划，见表4-2。

表4-2 任务计划表

项目名称	使用人脸检测算法的家用设备控制
任务名称	人脸检测安防监测
计划方式	自主设计
计划要求	请按照计划分步骤完整描述出如何完成本任务
序　号	任务计划步骤
1	
2	
3	
4	
5	

知识储备

1. 智能安防

（1）什么是智能安防

智能安防是服务信息化、图像传输和存储相关技术。智能安防技术随着科学技术的发展与进步已迈入了一个全新的领域，智能安防技术与计算机技术息息相关。智能安防技术对社会安定具有重要影响。

智能安防与传统安防相比优势就在于智能化。传统的安防主要是依附于人力去做的，不严谨、漏洞多，在日常生活中面临诸多困难，而且其图像技术、监控技术、警报技术也非常差，起到的作用也非常小。智能安防的图像处理技术、监控技术、警报技术都非常智能，一旦安防设备出现异常，就会迅速报警，工作人员可以及时针对警报事件采取措施，降低损失。

（2）智能安防应用场景

智能安防在应用上已取得非常乐观的成就，而且智能安防已实现系统化。智能安防系统主要包括警报和监控两个方面，不同的领域有不同的安防系统。

物联网技术的普及应用，使得城市的安防从简单的安全防护系统向城市综合化体系演变，城市的安防项目涵盖众多领域，如街道社区、楼宇建筑、道路监控、移动物体监控等。特别是重要场所，如机场、码头、水电气厂、桥梁大坝、河道、地铁等场所引入物联网技术后，可以通过无线移动、跟踪定位等手段建立全方位立体防护。城市安防是兼顾了整体城市管理系统、环保监测系统、交通管理系统、应急指挥系统等的综合化体系。车联网的兴起，使得在公共交通管理、车辆事故处理、车辆偷盗防范上实现了更加快捷、准确的跟踪定位处理，还可以随时随地通过车辆获取更加精准的灾难事故信息、道路流量信息、车辆位置信息、公共设施安全信息、气象信息等。此外，门禁警报系统、烟感探测消防系统、视频监控系统、防爆安全检测系统等，可以更好地保障社会秩序和公共安全。家居安防系统如图4-5所示。

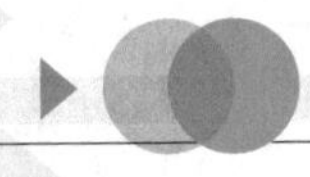

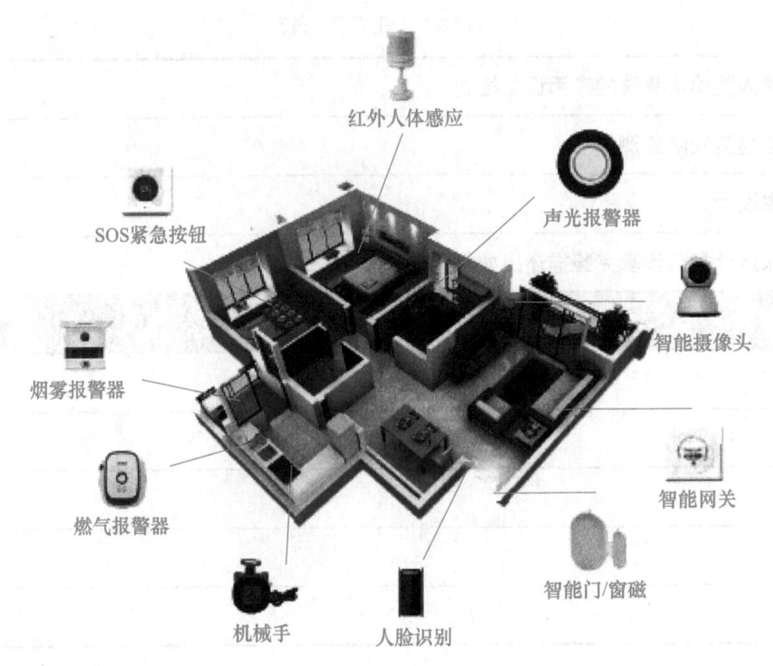

图4-5 家居安防系统

智能安防系统可以实现智能分析和判断，及时发出警报，通知工作人员及时处理监控事件，降低损失。从常见的智能安防应用场景可以看出，智能安防对社会发展具有重要作用。

1）智能视频监控系统。智能视频监控系统（见图4-6）是采用图像处理、模式识别和计算机视觉技术，通过在监控系统中增加智能视频分析模块，借助计算机强大的数据处理能力过滤掉视频画面中无用的和干扰的信息，自动识别不同物体，分析抽取视频源中关键有用信息，快速准确地定位事故现场，判断监控画面中的异常情况，并以最快和最佳的方式发出警报或触发其他动作，从而有效进行事前预警、事中处理、事后及时取证的全自动、全天候、实时监控的智能系统。

图4-6 智能视频监控系统

智能视频监控系统可以应用于道路、楼宇等场所。在道路上应用得最为突出：它可以监控到道路上车辆的所有动作，一旦发生交通事故就可以具体判断出交通责任，及时处理，保障交通运输正常运行；它可以对违反交通规则的车辆进行详细的记录，包括违规的驾驶人的图像也都非常清晰，把责任具体追究到个人；它可以把行人在街道上所发生的事情具体记录下来，为警务人员处理事件提供了很大的便利，将那些“碰瓷”事件、盗窃事件扼杀在摇篮里，维护社会秩序。

2）智能报警系统。智能报警系统是由各种传感器、功能键、探测器及执行器共同构成的安防体系。

报警功能包括防火、防盗、煤气泄漏报警及紧急求助等。智能报警系统采用先进智能型控制网络技术，由微机管理控制，实现对匪情、盗窃、火灾、煤气泄漏、紧急求助等意外事故的自动报警。

其中门禁警报子系统为家庭个人财产和人身安全负责。用户通过手机终端可以掌握家里的一切，一旦门禁出现异常，手机和门禁立即发出警报，用户可以及时采取有效措施进行处理，把个人财产损失降到最低。

3）嫌疑犯跟踪。在公安行业，智能安防主要用于筛选和跟踪嫌疑犯人的线索。现在，在公共区域摄像头随处可见，众多摄像头汇集起来的数据也是不可估量的，人工智能可以从中快速选出犯罪嫌疑人的信息并且快速传到前端。人工要好几天才能处理完的数据，智能机器只需要几分钟就可以处理完，为公安部门抓捕嫌疑人节省了宝贵的时间。

4）安保机器人。工厂占地面积广、人口众多，如果单纯靠人力来管理工厂事务是很难的，就算安装了监控，因为工厂环境很复杂，所以一定会有监控死角，而这些监控死角往往是最容易发生事故隐患的。安保机器人可以在工厂园区进行巡视，自动抓取、分析并存储信息。它还可以对收集到的信息进行预判，一旦遇到紧急情况就可以开启自动预警。

安保机器人巡视公园如图4-7所示。

图4-7　安保机器人巡视公园

人工智能在安防上起到了积极推进的作用。在安防领域，随着智慧城市的发展，监控点逐步增加，数据大量生产、采集，庞大的信息量已经无法通过人工检索完成，因此人工智能越来越多地融入安防系统，代替人工进行信息筛选，节省了大量人力、物力、时间的成本。

2. 数据库

（1）什么是数据库

数据库（Database，DB）可以理解为“按照数据结构来组织、存储和管理数据的仓库”，是一个长期存储在计算机内的、有组织的、可共享的、统一管理的大量数据的集合。

数据库的存储空间很大，可以存放百万条、千万条、上亿条数据。但是数据库并不是随意地存放数据的，而是按一定规则存放数据的，否则查询效率会很低。当今世界是一个充满了数据的互联网世界，甚至可以说这个互联网世界就是数据世界。数据的来源有很多，比如出行记录、消费记录、浏览的网页、发送的消息等。除了文本类型的数据外，图像、音乐、声音都是数据。

数据库是按照数据结构来组织、存储和管理数据的计算机软件系统。数据库的概念实际包括两层意思：

1）数据库是一个实体，它是能够合理保管数据的“仓库”，用户在该“仓库”中存放要管理的事务数据，“数据”和“库”两个概念结合成为数据库。

2）数据库是数据管理的新方法和技术，它能更合适地组织数据、更方便地维护数据、更严密地控制数据和更有效地利用数据。

数据库作为重要的基础软件，是确保计算机系统稳定运行的基石。

（2）MySQL

数据库管理系统（DataBase Management System，DBMS）是一种操纵和管理数据库的大型软件。

MySQL是一种开放源代码的关系数据库管理系统，开发者为瑞典MySQL AB公司，MySQL AB公司在2008年1月16号被Sun公司收购，而在2009年，SUN又被Oracle收购。目前MySQL被广泛地应用在互联网的中小型网站中。由于其体积小、速度快、总体拥有成本低，尤其是开放源代码这一特点，许多中小型网站为了降低网站总体拥有成本而选择了MySQL作为网站数据库。

关系数据库的表采用二维表格来存储数据，是一种按行与列排列的具有相关信息的逻辑组，它类似于Excel工作表。一个数据库可以包含任意多个数据表。表中的一行即一条记录。数据表中的每一列称为一个字段，表是由其包含的各种字段定义的，每个字段描述了它所含有的数据的意义，数据表的设计实际上就是对字段的设计。创建数据表时，为每个字段分配一个数据类型，定义其数据长度和其他属性。行和列的交叉位置表示某个属性值，如“数据库原理”就是课程名称的属性值。

关系数据库示例如图4-8所示。

表 -- 类

字段、属性　列

学号	姓名	年龄	性别	专业
161228001	张三	20	男	JavaEE
161228002	李四	19	女	H5
161228003	王五	21	男	Android
161228004	赵六	20	女	大数据
161228005	钱七	23	男	Python

行、记录　对象、实体　属性值

图4-8　关系数据库示例

一个数据库通常包含一个或多个数据库表。每个表有一个名字标识（例如"Websites"），表包含带有数据的记录（行）。

在MySQL的RUNOOB数据库中创建的Websites表，用于存储网站记录。可以通过图4-9所示的命令查看Websites表的数据。

1）use RUNOOB：选择数据库。

2）set names utf8：设置使用的字符集。

3）SELECT * FROM Websites：读取数据表的信息。

Websites表包含5条记录（每一条对应一个网站信息）和5个列（id、name、url、alexa和country）。

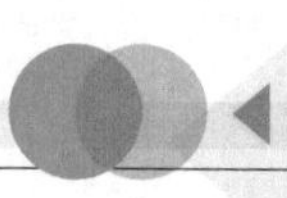

```
mysql> use RUNOOB;
Database changed

mysql> set names utf8;
Query OK, 0 rows affected (0.00 sec)

mysql> SELECT * FROM Websites;
+----+--------------+---------------------------+-------+---------+
| id | name         | url                       | alexa | country |
+----+--------------+---------------------------+-------+---------+
| 1  | Google       | https://www.google.cm/    | 1     | USA     |
| 2  | 淘宝          | https://www.taobao.com/   | 13    | CN      |
| 3  | 菜鸟教程      | http://www.runoob.com/    | 4689  | CN      |
| 4  | 微博          | http://weibo.com/         | 20    | CN      |
| 5  | Facebook     | https://www.facebook.com/ | 3     | USA     |
+----+--------------+---------------------------+-------+---------+
5 rows in set (0.01 sec)
```

图4-9　查看Websites表的数据

（3）SQLite

SQLite是一个进程内的库，实现了自给自足的、无服务器的、零配置的、事务性的SQL数据库引擎。它是一个零配置的数据库，这意味着与其他数据库不一样，用户不需要在系统中配置。

与其他数据库一样，SQLite引擎也不是一个独立的进程，可以按应用程序需求进行静态或动态连接。SQLite直接访问其存储文件。

1）局限性。在SQLite中，SQL92不支持的特性见表4-3。

表4-3　SQL92不支持的特性

特　性	描　述
RIGHT OUTER JOIN	只实现了LEFT OUTER JOIN
FULL OUTER JOIN	只实现了LEFT OUTER JOIN
ALTER TABLE	支持RENAME TABLE和ALTER TABLE的ADD COLUMN variants命令，不支持DROP COLUMN、ALTER COLUMN、ADD CONSTRAINT
触发器支持	支持FOR EACH ROW触发器，但不支持FOR EACH STATEMENT触发器
VIEWs	在SQLite中，视图是只读的。用户不可以在视图上执行DELETE、INSERT或UPDATE语句
GRANT和REVOKE	可以应用的唯一的访问权限是底层操作系统的正常文件访问权限

2）SQLite命令。与关系数据库进行交互的标准SQLite命令类似于SQL。命令包括CREATE、SELECT、INSERT、UPDATE、DELETE和DROP。这些命令基于操作性质可分为以下几种：DDL、DML和DQL。

① DDL（数据定义语言）。DDL的命令和描述见表4-4。

表4-4　DDL

命　令	描　述
CREATE	创建一个新的表、一个表的视图，或者数据库中的其他对象
ALTER	修改数据库中某个已有的数据库对象，比如一个表
DROP	删除整个表，或者表的视图，或者数据库中的其他对象

② DML（数据操纵语言）。DML的命令和描述见表4-5。

表4-5　DML

命　令	描　述
INSERT	创建一条记录
UPDATE	修改记录
DELETE	删除记录

③ DQL（数据查询语言）。DQL的命令和描述见表4-6。

表4-6　DQL

命　令	描　述
SELECT	从一个或多个表中检索某些记录

3）优势。

① 不需要一个单独的服务器进程或操作系统（无服务器的）。

② SQLite不需要配置，这意味着不需要安装或管理。

③ 一个完整的SQLite数据库存储在一个单一的跨平台的磁盘文件。

④ SQLite是非常小的，是轻量级的，完全配置时小于400KB，省略可选功能配置时小于250KB。

⑤ SQLite是自给自足的，这意味着不需要任何外部的依赖。

⑥ SQLite事务是完全兼容ACID（原子性、一致性、隔离性、持久性）的，允许从多个进程或线程安全访问。

⑦ SQLite支持SQL92（SQL2）标准的大多数查询语言的功能。

⑧ SQLite是使用ANSI-C编写的，并提供了简单和易于使用的API。

⑨ SQLite可在UNIX（Linux，Mac OS-X，Android，iOS）和Windows（Win32，WinCE，WinRT）中运行。

任务实施

1. 利用OpenCV采集图片

函数说明

OpenCV采集图片的相关函数的详细内容包括：

cap=cv2.VideoCapture(0)：实例化摄像头对象，并赋给变量cap。

cap.set(cv2.CAP_PROP_FRAME_WIDTH, 1920)：设置采集图片的分辨率宽度为1920。

cap.set(cv2.CAP_PROP_FRAME_HEIGHT, 1080)：设置采集图片的分辨率高度为1080。

ret, img = cap.read()：读取一帧图片，返回状态值和图片内容。

cv2.imshow('image', img)：将上一步读取的图片显示出来。

cv2.waitKey(100)：等待100ms。

cap.release()：释放摄像头，以免摄像头被占用。

cv2.destroyAllWindows()：关闭所有窗口。

```
import cv2
cv2.namedWindow('image',flags=cv2.WINDOW_NORMAL | cv2.WINDOW_KEEPRATIO | cv2.WINDOW_GUI_EXPANDED)
cv2.resizeWindow('image', 1920, 1080)
cap = cv2.VideoCapture(0)
cap.set(cv2.CAP_PROP_FRAME_WIDTH, 640)
cap.set(cv2.CAP_PROP_FRAME_HEIGHT, 480)
ret, image = cap.read()
print(ret)
cv2.imshow('image', image)
cv2.waitKey(5000)
cap.release()
cv2.destroyAllWindows()
```

2. 调用人脸识别算法提取特征并写入数据库

函数说明

将获取到的特征值，转化为python可读的数据数组类型。相关函数的详细内容包括：

from lib.faceDetect import NLFaceDetect：导入人脸识别算法接口类。

nlFaceDetect = NLFaceDetect(libNamePath)：实例化算法接口对象，若执行没有报错，则表示实例化成功。

nlFaceDetect.NL_FD_ComInit(configPath)：加载模型和配置，并初始化，若执行没有报错，则表示加载成功。

nlFaceDetect.NL_FD_InitVarIn(image)：加载采集的图片数据，若返回0则表示加载成功。

nlFaceDetect.NL_FD_Process_C()：调用人脸检测主函数处理图像，返回人脸个数。

nlFaceDetect.NL_FD_Exit()：释放模型和内存。

face_area = (outObject.x2 − outObject.x1) * (outObject.y2 − outObject.y1)：计算每个人脸框的大小，目的是在注册时只取站在最前面的人脸。

face_area_max = max(face_areas)：取最大的人脸框。

max_index = face_areas.index(face_area_max)：取最大人脸框的下标，也就是第几个人脸。

face_info = nlFaceDetect.djEDVarOut.faceInfos[max_index]：获取最大人脸框的人脸信息，作为单个人脸对齐的输入值。

nlFaceDetect.NL_EA_Process_C_2(face_info)：针对人脸检测的结果信息，进行人脸对齐处理。

faceNum, faceInfos = nlFaceDetect.NL_ER_Process_C()：获取人脸特征，人脸特征是长度为512的数组。

说明：

1）人脸对齐：人脸对齐任务即根据输入的人脸图像，自动定位出面部关键特征点，如左眼、右眼、鼻子、左嘴角和右嘴角等。

2）人脸特征提取：人脸特征提取即获取人脸关键点的特征值，人脸特征是长度为512的数组。

动手练习

在<1>处用列表对象自带的append()输入变量face_area，将计算的人脸面积添加到face_areas列表里。

在<2>处用max()输入变量face_areas，获取最大人脸面积。

```
from lib.faceDetect import NLFaceDetect
face_libNamePath = '/usr/local/lib/libNL_faceEnc.so'  # 指定库文件路径
nlFaceDetect = NLFaceDetect(face_libNamePath)#实例化人脸检测算法接口对象
modelPath = b"/usr/local/lib/rk3399_AI_model" #指定模型以及配置文件路径
nlFaceDetect.NL_FD_ComInit(modelPath)#加载人脸检测模型和配置初始化
ret = nlFaceDetect.NL_FD_InitVarIn(image)#加载采集的图片数据，返回0表示加载成功
face_num = nlFaceDetect.NL_FD_Process_C()  # 调用人脸检测主函数处理图像，返回值为检测到的人脸个数
print('人脸个数：', face_num)
if face_num > 0:
    face_areas = [] #人脸面积存储列表
    for i in range(nlFaceDetect.djEDVarOut.num):#循环计算每个人脸面积
        outObject = nlFaceDetect.djEDVarOut.faceInfos[i].bbox# 导出人脸位置框对角坐标
        face_area = (outObject.x2 - outObject.x1) * (outObject.y2 - outObject.y1)#计算人脸面积
        <1>#将计算的人脸面积添加到列表里

    if face_areas:# 获取最大人脸框的人员特征数据并进行注册
        face_area_max =<2>#获取最大人脸面积
        max_index = face_areas.index(face_area_max)#获取最大人脸面积对应的列表索引
        face_info = nlFaceDetect.djEDVarOut.faceInfos[max_index]#获取最大人脸的信息数据
        status = nlFaceDetect.NL_EA_Process_C_2(face_info) # 检测人脸对齐个数，并生成人脸数据，写入内存
        print('人脸对齐个数：',status)
        if status > 0:#如果人脸有对齐则提取人脸特征
```

```
            faceNum, faceInfos = nlFaceDetect.NL_ER_Process_C()
            #人脸识别提取特征模块，返回人脸个数和人脸所有信息数据
             if faceInfos != 0:
                  fts = faceInfos.features[0]#提取人脸特征
                  fts_list = [ft for ft in fts] # 将人脸特征数据存储在列表中
      print('提取人脸特征数据成功！ ')
   nlFaceDetect.NL_FD_Exit()
```

填写完成后运行，若输出“提取人脸特征数据成功！”则说明填写正确。

函数说明

conn = sqlite3.connect("face.db")：创建或连接一个数据库。

cursor = conn.cursor()：创建一个游标。

create_user_table：创建用户表的命令，这里字段采用id、用户名、创建时间和特征。

insert_user_table：插入用户表的命令，给每个字段插入相对应的数据。

cursor.execute(create_tb_cmd)：执行命令。

conn.commit()：提交执行结果。

```
import sqlite3  # 引入sqlite3数据库
import time
def register_user(user_name, feature):
    conn = sqlite3.connect("face.db")# 连接数据库
    cursor = conn.cursor()# 创建一个游标 cursor
    create_user_table = 'CREATE TABLE user(id INTEGER PRIMARY KEY, user_name TEXT, ctime TEXT, features TEXT)'
    user_create_time =time.strftime("%Y-%m-%d %H:%M:%S", time.localtime())#数据创建时间
    insert_user_table = 'INSERT INTO user (user_name, ctime, features) VALUES ("{}","{}","{}")'.format(user_name,
user_create_time, feature)
    try:#数据表不存在
         cursor.execute(create_user_table)#执行创建数据表SQL语句
         cursor.execute(insert_user_table)#执行插入数据SQL语句
    except Exception as e:#数据表已存在
         cursor.execute(insert_user_table)#执行插入数据SQL语句
    conn.commit()# 提交执行结果
    cursor.close()# 关闭游标
    conn.close()# 关闭对数据库的连接
```

3. 读取函数

read_cmd = "SELECT * FROM user ORDER BY id DESC;" 是读取所有用户信息的命令，按id值倒序排列，也就是最新插入的在最前面。

```
def read_user():
    read_cmd = "SELECT * FROM user ORDER BY id DESC;"#查询数据SQL语句
    res_list = []#存储查询结果列表
```

```
try:
    conn = sqlite3.connect("face.db")#连接数据库
    cursor = conn.cursor()# 创建一个游标 cursor
    res = cursor.execute(read_cmd)#执行查询数据SQL语句
    for r in res:
        res_list.append(r)#将查询结果存入列表
    conn.commit()# 提交执行结果
    cursor.close()# 关闭游标
    conn.close()# 关闭对数据库的连接
except Exception as e:
    print('sql error: ' + str(e))
return res_list
```

4. 注册用户

判断是否有人脸数据特征，将获取到的特征注册到数据库中，并使用读取函数验证是否已写入。

动手练习

在<1>处用print()打印res的第一条人脸注册数据。

```
if fts_list:
    register_user('张三', fts_list)#注册人脸信息
    res = read_user()#读取所有人脸注册数据
    <1>#打印第一条人脸注册数据
```

填写完成后运行，若输出第一条人脸注册数据则说明填写正确。

5. 人脸识别对比

调用算法，识别一张新的图片，然后和数据库的数据相比对。

用OpenCV先采集一张新的图片。

```
import cv2
cv2.namedWindow('image',flags=cv2.WINDOW_NORMAL | cv2.WINDOW_KEEPRATIO | cv2.WINDOW_GUI_EXPANDED)
cv2.resizeWindow('image', 1920, 1080)
cap = cv2.VideoCapture(0)
cap.set(cv2.CAP_PROP_FRAME_WIDTH, 640)
cap.set(cv2.CAP_PROP_FRAME_HEIGHT, 480)
ret, image = cap.read()
print(ret)
cv2.imshow('image', image)
cv2.waitKey(5000)
cap.release()
cv2.destroyAllWindows()
```

调用人脸算法做识别比对。“from ctypes import *”引入ctypes相关模块，ctypes模块是Python内建的用于调用动态链接库函数的功能模块，可以用于Python与其他语言的混合编程。由于编写动态链接库，最常见的方式是使用C/C++，故ctypes最常用于Python与C/C++混合编程。简而言之，Python可以通过ctypes模块对接C/C++编写的动态链接库。

动手练习

在<1>处将user索引为3的数据赋给变量sql_user_feature。

在<2>处判断face_simily是否大于等于0.7。

```
from ctypes import *
from lib.faceDetect import NLFaceDetect, NLDJ_ER_VarOut

face_libNamePath = '/usr/local/lib/libNL_faceEnc.so' # 指定库文件路径
nlFaceDetect = NLFaceDetect(face_libNamePath)#实例化人脸检测算法接口对象
modelPath = b"/usr/local/lib/rk3399_AI_model" #指定模型以及配置文件路径
nlFaceDetect.NL_FD_ComInit(modelPath) #加载人脸检测模型和配置，进行初始化
ret = nlFaceDetect.NL_FD_InitVarIn(image)#加载采集的图片数据，返回0表示加载成功
face_num = nlFaceDetect.NL_FD_Process_C() # 调用人脸检测主函数处理图像，返回值为检测到的人脸个数
print('人脸个数：', face_num)

feature_p = c_float * 512 # C语言，人脸512特征数组
status = nlFaceDetect.NL_EA_Process_C() # 检测人脸对齐个数，并生成人脸数据，写入内存
print('人脸对齐状态：',status)
result_state = False # 匹配结果初始化为False
if status > 0:
    faceNum, faceInfos = nlFaceDetect.NL_ER_Process_C()
    # 人脸识别提取特征模块，返回人脸个数和人脸信息数据

    if faceInfos != 0:
        ft = faceInfos.features[0] # 实时人脸特征数据
        sql_data = read_user() # 读取数据库所有人脸信息
        if sql_data:
            for user in sql_data:
                sql_user_feature=user[3]# 获取人脸特征数据
                sql_user_feature = list(eval(sql_user_feature)) # 将数据库读出的字符串转化成数组
                feature_ins = feature_p() # 实例化数组
                for i in range(len(sql_user_feature)):
                    feature_ins[i] = sql_user_feature[i] # 将每个特征值写入C数组
                face_simily = nlFaceDetect.NL_EC_Process_C(ft, feature_ins) # 比较两个特征，返回相似度
                if face_simily>=0.7: # 设置一个相似度的阈值，可以自己定义
                    print('人脸相似度: ' + str(face_simily))
                    result_state = True # 匹配结果成功
                    break
                face_simily = nlFaceDetect.NL_EC_Process_C(ft, feature_ins) # 比较两个特征，返回相似度
                if face_simily>=0.7: # 设置一个相似度的阈值，可以自己定义
                    print('人脸相似度: ' + str(face_simily))
                    result_state = True # 匹配结果成功
                    break
nlFaceDetect.NL_FD_Exit()#释放模型和内存

if result_state:
    print('本人')
else:
    print('陌生人')
```

填写完成后运行，若输出本人或陌生人则说明填写正确。

6. 安防报警

pyserial串口模块：串口通信是指外设和计算机之间，通过数据信号线、地线、控制线等，按位传输数据的一种通信方式。这种通信方式使用的数据线少，在远距离通信中可以节约通信成本，但其传输速度比并行传输低。串口在计算机上非常通用。

pyserial模块特性：

① 在支持的平台上有统一的接口。

② 能够访问串口设置。

③ 支持不同的字节大小、停止位、校验位和流控设置。

④ 可以忽略接收超时。

⑤ 拥有类似文件读写的API，用于读写指令，例如read和write，也支持readline等。

1）导入串口模块，在Python中pyserial模块即serial。

```
import time
import serial
```

2）实例化一个串口对象。

```
ser=serial.Serial("/dev/ttyS0",baudrate=9600,timeout=0.5)
print(ser.isOpen())
```

3）控制灯光。RS-485采用的通信协议是Modbus，而Modbus通信协议传输数据使用的是HEX形式的字符。若要获得传感器DI值，就要将command转换成HEX形式的，也就是将16进制转换成字符串。使用fromhex()函数，对command进行转换。相关函数和命令包括：

① ser.flushInput()和ser.flushOutput()：清空缓存，读写串口之前都需要清空缓存，以免其他缓存数据干扰。

② 将“控制门锁”的指令赋给command：command = '01 05 00 13 FF 00 7D FF'打开门锁；command = '01 05 00 13 00 00 3C 0F'关闭门锁。

③ self.ser.write()：完成对串口设备的写入命令。

④ self.ser.read()：将串口设备返回的数值保存到data中。在本实验中，返回的数值的有效位数为9位。串口设备的返回值也是HEX形式的。为了方便人们读懂，需要进行转换。将字符串转换成16进制。

4）打开红灯。

```
ser.flushInput()#清除串口写入缓存
ser.flushOutput()#清除串口输出缓存
command='01 05 00 10 FF 00 8D FF'#打开红灯命令
cmd = bytes.fromhex(command)
ser.write(cmd)#对串口写入指令
print(cmd)
```

5）关闭红灯。

```
ser.flushInput()#清除串口写入缓存
ser.flushOutput()#清除串口输出缓存
command='01 05 00 10 00 00 CC 0F'#关闭红灯命令
cmd = bytes.fromhex(command)
ser.write(cmd)#对串口写入指令
print(cmd)
```

6）实现灯光预警。

利用上面的result_state参数来判断人脸匹配是否成功。当人脸匹配错误时，则指定红灯闪烁两次，延时1s。

动手练习

在<1>处判断result_state是否False。

```
import time
if <1>:  # 如果人脸验证失败
    i = 0
    while i < 2:
    #打开红灯
        ser.flushInput()#清除串口写入缓存
        ser.flushOutput()#清除串口输出缓存
        command='01 05 00 10 FF 00 8D FF' # 打开红灯指令
        cmd = bytes.fromhex(command)
        ser.write(cmd)#对串口写入指令
        time.sleep(1)#休眠1s防止代码运行过快导致开关灯的操作跟不上
    #关闭红灯
        ser.flushInput()#清除串口写入缓存
        ser.flushOutput()#清除串口输出缓存
        command='01 05 00 10 00 00 CC 0F' # 打开红灯指令
        cmd = bytes.fromhex(command)
        ser.write(cmd)#对串口写入指令
        time.sleep(1)#休眠1s防止代码运行过快导致开关灯的操作跟不上
        i += 1
```

填写完成后运行，若红灯开和关各两次则说明填写正确。

重启内核避免线程阻塞，影响后面操作。

7. 实验实施

采集一张没有注册过的人脸。

在<1>处仿照分辨率高度的设置方式设置分辨率宽度为640。
在<2>处补充释放摄像头线程代码。

```
import cv2
import serial
```

```
cv2.namedWindow('image',flags=cv2.WINDOW_NORMAL | cv2.WINDOW_KEEPRATIO | cv2.WINDOW_GUI_
EXPANDED)
cv2.resizeWindow('image', 1920, 1080)
cap = cv2.VideoCapture(0)#实例化摄像头
<1>#设置采集图片的分辨率宽度为640
cap.set(cv2.CAP_PROP_FRAME_HEIGHT, 480)#设置采集图片的分辨率高度为480
ret, image = cap.read() # 采集一帧图片，并将返回的状态赋给变量ret，图片数据赋给变量image
cv2.imshow('image', image)# 显示采集的图片
cv2.waitKey(5000)#等待500ms
<2>#释放摄像头
cv2.destroyAllWindows()#关闭所有窗口
print(ret)
```

填写完成后运行，若输出True则说明填写正确。

利用前面注册的数据，调用人脸识别算法，实现人脸识别比对。

在<1>处用read_user()读取数据库所有人脸注册数据并赋给变量sql_data。

在<2>处用len()获取sql_user_feature列表长度。

```
from ctypes import *
from lib.faceDetect import NLFaceDetect, NLDJ_ER_VarOut
import sqlite3
def read_user():
    read_cmd = "SELECT * FROM user ORDER BY id DESC;"#查询数据SQL语句
    res_list = []#存储查询结果列表
    try:
        conn = sqlite3.connect("face.db")#连接数据库
        cursor = conn.cursor()# 创建一个游标 cursor
        res = cursor.execute(read_cmd)#提交查询数据SQL语句
        for r in res:
            res_list.append(r)#将查询结果存入列表
        conn.commit()# 执行提交的操作
        cursor.close()# 关闭游标
        conn.close()# 关闭对数据库的连接
    except Exception as e:
        print('sql error: ' + str(e))
    return res_list

face_libNamePath = '/usr/local/lib/libNL_faceEnc.so' # 指定库文件路径
nlFaceDetect = NLFaceDetect(face_libNamePath)#实例化人脸检测算法接口对象
modelPath = b"/usr/local/lib/rk3399_AI_model" # 指定模型以及配置文件路径
nlFaceDetect.NL_FD_ComInit(modelPath) # 加载人脸检测模型和配置，进行初始化
ret = nlFaceDetect.NL_FD_InitVarIn(image)#加载采集的图片数据，返回0表示加载成功
face_num = nlFaceDetect.NL_FD_Process_C() # 调用人脸检测主函数处理图像，返回值为检测到的人脸个数
print('人脸个数：', face_num)
feature_p = c_float * 512 # C语言，人脸512特征数组
result_state=False#匹配状态初始化为False
status = nlFaceDetect.NL_EA_Process_C() #检测人脸对齐个数，并生成人脸数据，写入内存
if status > 0:
    faceNum, faceInfos = nlFaceDetect.NL_ER_Process_C()
    # 人脸识别提取特征模块，返回人脸个数和人脸信息数据
    if faceInfos != 0:
```

```
        ft = faceInfos.features[0] # 实时人脸特征数据
        <1> # 读取数据库所有人脸信息
        if sql_data:
            for user in sql_data:
                sql_user_feature = user[3]  # 数据库每个人的人脸信息的特征
                sql_user_feature = list(eval(sql_user_feature)) # 将数据库读出的字符串转化成数组
                feature_ins = feature_p()  # 实例化数组
                for i in range(<2>):
                    feature_ins[i] = sql_user_feature[i]  # 将每个特征值写入数组
                face_simily = nlFaceDetect.NL_EC_Process_C(ft, feature_ins)  # 比较两个特征，返回相似度
                if face_simily >= 0.70:  # 设置一个相似度的阈值，可以自己定义
                    print('人脸相似度: ' + str(face_simily))
                    result_state=True#匹配成功，结果状态为True
                    break
print('result_state：',result_state)
nlFaceDetect.NL_FD_Exit()
填写完成后运行，若输出result_state的值则说明填写正确。
```

根据检测结果result_state，判断是否陌生人。如果是陌生人，红灯闪烁两次预警。

```
在<1>处设置i的判断阈值，实现两次循环。
在<2>处仿照打开红灯的6行代码补充关闭红灯的6行代码。
在<3>处补充i自身加1代码。
import time
import serial

ser=serial.Serial("/dev/ttyS0",baudrate=9600,timeout=0.5)#实例化串口对象
if not result_state:  # 如果人脸验证失败
    i = 0
    while i < <1>:
    #打开红灯
        ser.flushInput()#清除串口写入缓存
        ser.flushOutput()#清除串口输出缓存
        command='01 05 00 10 FF 00 8D FF' # 打开红灯
        cmd = bytes.fromhex(command)
        ser.write(cmd)#指令写入串口
        time.sleep(1)#休眠1s防止代码运行过快导致开关灯的操作跟不上
    #关闭红灯
        <2>
        <3>
ser.close()
填写完成后运行，若红灯开和关各两次则说明填写正确。
```

任务小结

本任务首先介绍了智能安防的相关知识，包括什么是智能安防和智能安防的应用场景，接下来介绍了

什么是数据库、MySQL和SQLite数据库。之后通过任务实施，带领读者完成了利用OpenCV采集图片、调用人脸识别算法提取特征并写入数据库、读取函数、注册用户、人脸识别对比、安防报警等操作。

通过本任务的学习，读者对智能安防有了更深入的了解，在实践中逐渐熟悉基于人脸检测的安防检测实验的基础操作方法。本任务相关的知识技能的思维导图如图4-10所示。

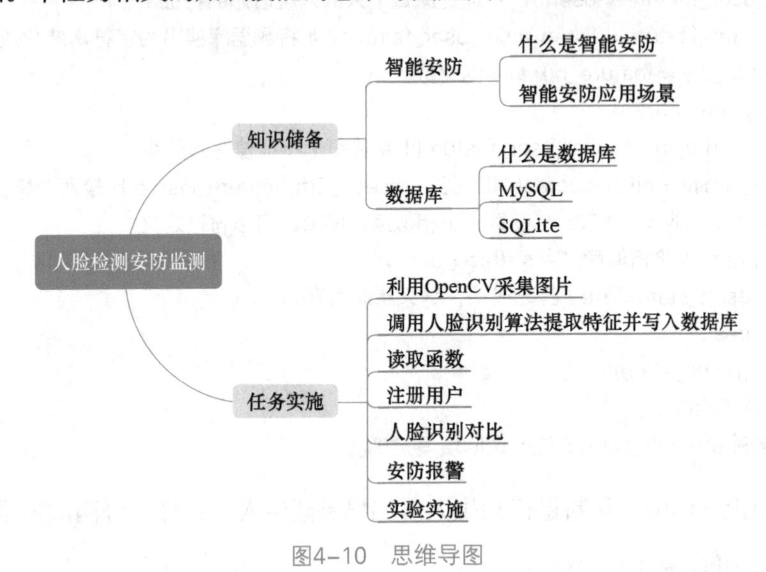

图4-10 思维导图

任务3 人脸检测门禁控制

知识目标

- 了解电子门锁和智能门锁。
- 认识sqlite3模块。

能力目标

- 能使用人脸检测算法识别人脸数量。
- 能使用NL_EA_Process_C_2方法检测人脸对齐个数。
- 能使用NL_ER_Process_C方法提取人脸信息数据。
- 能使用sqlite3模块连接数据库，进行表创建、插入数据、查询数据操作。
- 能使用NL_EC_Process_C方法计算人脸相似度。
- 能使用串口根据人脸对比结果控制电子锁。

素质目标

- 具有自主学习和终身学习的意识。
- 具有不断学习和适应发展的能力。

任务分析

任务描述：

本任务将通过调用OpenCV模块、人脸检测算法库、sqlite3模块、serial模块对采集的图像进行人脸检测，如果是注册过的人员，则打开电子锁。

任务要求：

- 调用人脸识别算法识别图片，注册到数据库。
- 拍照后调用算法识别，与数据库中的数据对比并返回结果。
- 如果识别成功，则通过串口模块开启门锁。

任务计划

根据所学相关知识，制订本任务的实施计划，见表4-7。

表4-7 任务计划表

项目名称	使用人脸检测算法的家用设备控制
任务名称	人脸检测门禁控制
计划方式	自主设计
计划要求	请按照计划分步骤完整描述出如何完成本任务
序　号	任务计划步骤
1	
2	
3	
4	
5	

知识储备

1. 智能门锁

（1）智能门锁简介

智能门锁是指区别于传统机械锁，在其基础上改进的，在用户安全性、识别、管理性方面更加智能化、简便化的锁具。智能门锁是门禁系统中锁门的执行部件。

智能门锁区别于传统机械锁，是具有安全性、便利性、技术先进的复合型锁具，使用非机械钥匙作为用户识别ID的成熟技术，如指纹锁、虹膜识别门禁（生物识别类，安全性高，不存在丢失损坏的情况，但不方便配置、成本高）、TM卡（接触类，安全性很高，不锈钢材质，配置和携带均极为方便，价格较低）。智能门锁示例如图4-11所示。

图4-11　智能门锁示例

智能门锁在以下场所应用得较多：银行、政府部门（注重安全性）、酒店、学校宿舍、居民区和宾馆（注重方便管理）。

（2）智能门锁特点

1）安全性。安装智能锁后，应当不影响防盗门的功用。锁具不存在明显的安全隐患。

2）稳定性。稳定性是智能锁最重要的指标。消费者在选购时最好选择主营生产智能锁的厂家。这类企业一般拥有较好的生产经验。研发经验是最好的稳定性因素。

3）通用性。智能门锁应当适用于国内大部分防盗门（符合最新版防盗门相关国家标准），改装量少。好的智能锁安装时间应不超过30min，否则用户难以自己完成安装与维护。通用性设计得好，也可有效降低经销商库存。

4）智能性。进行增加和删除等操作，应当非常简单，用户不用记忆过多的口令与代码。高性能智能锁还配有视频显示系统，用户操作比较方便。

2. Python sqlite3模块API

Python sqlite3模块API和描述见表4-8，它们可以满足用户在Python程序中使用SQLite数据库的需求。

表4-8　Python sqlite3模块API和描述

序　号	API和描述
1	sqlite3.connect(database [,timeout ,other optional arguments]) 该API打开一个到SQLite数据库database的连接。用户可以使用“:memory:”在RAM中打开一个到database的数据库连接，而不是在磁盘上打开。如果数据库成功打开，则返回一个连接对象 当一个数据库被多个连接访问，且其中一个修改了数据库，此时SQLite数据库被锁定，直到事务提交。timeout参数表示连接等待锁定的持续时间，直到发生异常断开连接。timeout参数默认是5.0（5s） 如果给定的数据库名称不存在，则该调用将创建一个数据库。如果用户不想在当前目录中创建数据库，则可以指定带有路径的文件名，就能在任意地方创建数据库了
2	connection.cursor([cursorClass]) 该例程创建一个cursor，该cursor将在Python数据库编程中用到。该方法接受一个单一的可选参数cursorClass。如果提供了该参数，则它必须是一个扩展自sqlite3.Cursor的自定义的cursor类
3	cursor.execute(sql [, optional parameters]) 该例程执行一个SQL语句。该SQL语句可以被参数化（即使用占位符代替SQL文本）。sqlite3模块支持两种类型的占位符：问号和命名占位符（命名样式） 例如：cursor.execute("INSERT INTO people VALUES (?, ?)", (who, age))

（续）

序　号	API和描述
4	connection.execute(sql [, optional parameters]) 该例程是上面执行的由cursor对象提供的方法的快捷方式，它通过调用cursor方法创建了一个中间的cursor对象，然后通过给定的参数调用cursor的execute方法
5	cursor.executemany(sql, seq_of_parameters) 该例程对seq_of_parameters中的所有参数或映射执行一个SQL命令
6	connection.executemany(sql[, parameters]) 该例程是一个由调用cursor方法创建的中间的cursor对象的快捷方式，然后通过给定的参数调用cursor的executemany方法
7	cursor.executescript(sql_script) 该例程一旦接收到脚本，会执行多个SQL语句。它首先执行COMMIT语句，然后执行作为参数传入的SQL脚本。所有的SQL语句应该用分号分隔
8	connection.executescript(sql_script) 该例程是一个由调用cursor方法创建的中间的cursor对象的快捷方式，然后通过给定的参数调用cursor的executescript方法
9	connection.total_changes() 该例程返回自数据库连接打开以来被修改、插入或删除的数据库总行数
10	connection.commit() 该方法提交当前的事务。如果用户未调用该方法，那么自他上一次调用commit()以来所做的任何动作对其他数据库连接来说都是不可见的
11	connection.rollback() 该方法回滚自上一次调用commit()以来对数据库所做的更改
12	connection.close() 该方法关闭数据库连接。请注意，它不会自动调用commit()。如果用户之前未调用commit()方法，就直接关闭数据库连接，用户所做的所有更改将全部丢失
13	cursor.fetchone() 该方法获取查询结果集中的下一行，返回一个单一的序列，当没有更多可用的数据时，则返回None
14	cursor.fetchmany([size=cursor.arraysize]) 该方法获取查询结果集中的下一行组，返回一个列表。当没有更多的可用的行时，则返回一个空的列表。该方法尝试获取由size参数指定的尽可能多的行
15	cursor.fetchall() 该例程获取查询结果集中所有（剩余）的行，返回一个列表。当没有可用的行时，则返回一个空的列表

1. 利用OpenCV采集图片

```
import cv2
cv2.namedWindow('image',flags=cv2.WINDOW_NORMAL | cv2.WINDOW_KEEPRATIO | cv2.WINDOW_GUI_
EXPANDED)
```

```
cv2.resizeWindow('image', 1920, 1080)
cap = cv2.VideoCapture(0)
cap.set(cv2.CAP_PROP_FRAME_WIDTH, 640)
cap.set(cv2.CAP_PROP_FRAME_HEIGHT, 480)
ret, image = cap.read()
print(ret)
cv2.imshow('image', image)
cv2.waitKey(5000)
cap.release()
cv2.destroyAllWindows()
```

动手练习

在<1>处仿照公式左边补充面积计算公式。

在<2>处补充代码，实现遍历人脸特征数据fts。

```
from lib.faceDetect import NLFaceDetect
face_libNamePath = '/usr/local/lib/libNL_faceEnc.so' # 指定库文件路径
nlFaceDetect = NLFaceDetect(face_libNamePath) #实例化人脸检测算法接口对象
modelPath = b"/usr/local/lib/rk3399_AI_model" # 指定模型以及配置文件路径
nlFaceDetect.NL_FD_ComInit(modelPath) # 加载人脸检测模型和配置，进行初始化
ret = nlFaceDetect.NL_FD_InitVarIn(image) # 加载采集的图片数据，返回0表示加载成功
face_num = nlFaceDetect.NL_FD_Process_C() # 调用人脸检测主函数处理图像，返回值为检测到的人脸个数
print('人脸个数：', face_num)
if face_num > 0:
    face_areas = [] #人脸面积存储列表
    for i in range(nlFaceDetect.djEDVarOut.num):#循环计算每张人脸面积
        outObject = nlFaceDetect.djEDVarOut.faceInfos[i].bbox# 导出人脸位置框对角坐标
        face_area = (outObject.x2 - outObject.x1) * (<1>)#计算人脸面积
        face_areas.append(face_area)#将计算的人脸面积添加到列表里
    if face_areas:# 获取最大人脸框的人员特征数据并注册
        face_area_max =max(face_areas)#获取最大人脸面积
        max_index = face_areas.index(face_area_max)#获取最大人脸面积对应的列表索引
        face_info = nlFaceDetect.djEDVarOut.faceInfos[max_index]#获取最大人脸的信息数据
        status = nlFaceDetect.NL_EA_Process_C_2(face_info) # 检测人脸对齐个数，并生成人脸数据，写入内存
        print('人脸对齐个数：',status)
        if status > 0:#如果人脸有对齐则提取人脸特征
            faceNum, faceInfos = nlFaceDetect.NL_ER_Process_C()
            #人脸识别提取特征模块，返回人脸个数和人脸所有信息数据
            if faceInfos != 0:
                fts = faceInfos.features[0]#提取人脸特征
                fts_list = [<2>] # 将人脸特征数据存储在列表中
    print('提取人脸特征数据成功！')
nlFaceDetect.NL_FD_Exit()
```

填写完成后运行，若输出“提取人脸特征数据成功！”则说明填写正确。

2. 调用人脸识别算法提取特征并写入数据库

动手练习

在<1>处参考数据表不存在的情况，补充执行插入数据的SQL代码。

```
import sqlite3  # 引入sqlite3数据库
import time
def register_user(user_name, feature):
    conn = sqlite3.connect("face.db")# 连接数据库
    cursor = conn.cursor()# 创建一个游标 cursor
    create_user_table = 'CREATE TABLE user(id INTEGER PRIMARY KEY,  user_name TEXT, ctime TEXT, features TEXT)'
    user_create_time = time.strftime("%Y-%m-%d %H:%M:%S", time.localtime())#数据创建时间
    insert_user_table = 'INSERT INTO user (user_name, ctime, features) VALUES ("{}","{}","{}")'.format(user_name, user_
create_time, feature)
    try:#数据表不存在
        cursor.execute(create_user_table)#执行创建数据表SQL语句
        conn.commit()
        cursor.execute(insert_user_table)#执行插入数据SQL语句
    except Exception as e:#数据表已存在
        <1>#执行插入数据SQL语句
    conn.commit()# 提交执行的操作
    cursor.close()# 关闭游标
    conn.close()# 关闭对数据库的连接
```

3. 读取函数

read_cmd = "SELECT * FROM user ORDER BY id DESC;" 读取所有用户信息，按id值的倒序排列，也就是最新插入的在最前面。

```
def read_user():
    read_cmd = "SELECT * FROM user ORDER BY id DESC;"#查询数据SQL语句
    res_list = []#存储查询结果列表
    try:
        conn = sqlite3.connect("face.db")#连接数据库
        cursor = conn.cursor()# 创建一个游标 cursor
        res = cursor.execute(read_cmd)#执行查询数据SQL语句
        for r in res:
            res_list.append(r)#将查询结果存入列表
        conn.commit()# 提交执行结果
        cursor.close()# 关闭游标
        conn.close()# 关闭对数据库的连接
    except Exception as e:
        print('sql error: ' + str(e))
    return res_list
```

4. 注册用户

判断是否有人脸数据特征，将获取到的特征注册到数据库中并使用读取函数，验证是否已写入。

动手练习

在<1>处用register_user()以“张三”和人脸特征数据fts_list进行人脸注册。

```
if fts_list:#如果存在人脸特征数据
    <1>#注册人脸信息
    res = read_user()#读取所有人脸注册数据
    print(res[0])#打印第一条人脸注册数据
```

填写完成后运行，若输出第一条人脸注册数据则说明填写正确。

5. 人脸识别对比

调用算法，识别一张新的图片，然后和数据库中的数据比对。首先，用OpenCV采集一张新的图片。

```
import cv2
cv2.namedWindow('image',flags=cv2.WINDOW_NORMAL | cv2.WINDOW_KEEPRATIO | cv2.WINDOW_GUI_EXPANDED)
cv2.resizeWindow('image', 1920, 1080)
cap = cv2.VideoCapture(0)
cap.set(cv2.CAP_PROP_FRAME_WIDTH, 640)
cap.set(cv2.CAP_PROP_FRAME_HEIGHT, 480)
ret, image = cap.read()
print(ret)
cv2.imshow('image', image)
cv2.waitKey(5000)
cap.release()
cv2.destroyAllWindows()
```

然后，调用人脸算法做识别比对。

“from ctypes import *”可以引入ctypes相关模块，ctypes模块是Python内建的用于调用动态链接库函数的功能模块，可以用于Python与其他语言的混合编程。由于编写动态链接库最常见的方式是使用C/C++，故ctypes最常用于Python与C/C++混合编程。简而言之，Python可以通过ctypes模块对接C/C++编写的动态链接库。

“feature_p = c_float * 512”可以初始化一个与C语言相对应的人脸512特征数组。

```
from ctypes import *
from lib.faceDetect import NLFaceDetect, NLDJ_ER_VarOut
face_libNamePath = '/usr/local/lib/libNL_faceEnc.so' # 指定库文件路径
nlFaceDetect = NLFaceDetect(face_libNamePath) # 实例化人脸检测算法接口对象
modelPath = b"/usr/local/lib/rk3399_AI_model" # 指定模型以及配置文件路径
nlFaceDetect.NL_FD_ComInit(modelPath) # 加载人脸检测模型和配置，进行初始化
ret = nlFaceDetect.NL_FD_InitVarIn(image) # 加载采集的图片数据，返回0表示加载成功
face_num = nlFaceDetect.NL_FD_Process_C() # 调用人脸检测主函数处理图像，返回值为检测到的人脸个数
print('人脸个数：', face_num)
feature_p = c_float * 512 # C语言，人脸512特征数组
status = nlFaceDetect.NL_EA_Process_C() # 检测人脸对齐个数，并生成人脸数据，写入内存
print('人脸对齐个数：',status)
result_state = False # 匹配结果初始化为False
if status > 0:
```

```
    faceNum, faceInfos = nlFaceDetect.NL_ER_Process_C() # 人脸识别提取特征模块，返回人脸个数和人脸信息数据
    if faceInfos != 0:
        ft = faceInfos.features[0] # 实时人脸特征数据
        sql_data = read_user() # 读取数据库所有人脸信息
        if sql_data:
            for user in sql_data:
                sql_user_feature=user[3]# 获取人脸特征数据
                sql_user_feature = list(eval(sql_user_feature)) # 将数据库读出的字符串转化成数组
                feature_ins = feature_p() # 实例化数组
                for i in range(len(sql_user_feature)):
                    feature_ins[i] = sql_user_feature[i] # 将每个特征值写入C数组
                face_simily = nlFaceDetect.NL_EC_Process_C(ft, feature_ins) # 比较两个特征，返回相似度
                if face_simily>=0.7: # 设置一个相似度的阈值，可以自己定义
                    print('人脸相似度: ' + str(face_simily))
                    result_state = True # 匹配结果成功
                    break
nlFaceDetect.NL_FD_Exit()#释放模型和内存
if result_state:
    print('本人')
else:
    print('陌生人')
```

6. 门锁控制

在Python中pyserial模块即serial，“import serial”就能导入该模块。

```
import time
import serial
```

实例化一个串口对象。

```
ser=serial.Serial("/dev/ttyS0",baudrate=9600,timeout=0.5)
print(ser.isOpen())
```

门锁的控制采用RS-485串口控制，门锁会经过继电器和4150数据模块DO口。

开发板通过串口控制数字量模块的DO口，来控制继电器的开关，进而控制门锁。

利用上面的result_state参数来判断人脸匹配是否成功。当人脸匹配成功时，门锁打开，3s后关闭。

```
import time
if result_state:  # 如果人脸匹配成功
    ser.flushInput()#清除串口写入缓存
    ser.flushOutput()#清除串口输出缓存
    command='01 05 00 13 FF 00 7D FF' # 打开门锁指令
    cmd = bytes.fromhex(command)
    ser.write(cmd)#向串口写入指令
    time.sleep(2)#休眠2s防止代码运行过快，导致开关锁的操作跟不上
    ser.flushInput()#清除串口写入缓存
```

```
    ser.flushOutput()#清除串口输出缓存
    command='01 05 00 13 00 00 3C 0F'  # 关闭门锁指令
    cmd = bytes.fromhex(command)
    ser.write(cmd)#向串口写入指令
    print('开关门锁成功！')
```

重启内核，避免线程阻塞而影响后面操作。

7. 实验实施

采集人脸照片。采集一张注册过的人脸。

```
在<1>处实例化摄像头线程。
在<2>处关闭所有窗口。
import cv2
import serial
cv2.namedWindow('image',flags=cv2.WINDOW_NORMAL | cv2.WINDOW_KEEPRATIO | cv2.WINDOW_GUI_
EXPANDED)
cv2.resizeWindow('image', 1920, 1080)#全屏化开发板窗口
cap = <1>#实例化摄像头
cap.set(cv2.CAP_PROP_FRAME_WIDTH, 640)#设置采集图片的分辨率宽度为640
cap.set(cv2.CAP_PROP_FRAME_HEIGHT, 480)#设置采集图片的分辨率高度为480
ret, image = cap.read() # 采集一帧图片，并将返回的状态赋给变量ret，图片数据赋给变量image
print(ret)
cv2.imshow('image', image)# 显示采集的图片
cv2.waitKey(5000)#等待500ms
cap.release()#释放摄像头
<2>#关闭所有窗口
填写完成后运行，若输出True则说明填写正确。
```

利用前面注册的数据，调用人脸识别算法，实现人脸识别比对。

```
在<1>处检测人脸对齐个数。
在<2>处提取人脸特征数据。
from ctypes import *
from lib.faceDetect import NLFaceDetect, NLDJ_ER_VarOut
import sqlite3
def read_user():
    read_cmd = "SELECT * FROM user ORDER BY id DESC;"#查询数据SQL语句
    res_list = []#存储查询结果列表
    try:
        conn = sqlite3.connect("face.db")#连接数据库
        cursor = conn.cursor()# 创建一个游标 cursor
        res = cursor.execute(read_cmd)#提交查询数据SQL语句
        for r in res:
            res_list.append(r)#将查询结果存入列表
        conn.commit()# 执行提交的操作
        cursor.close()# 关闭游标
        conn.close()# 关闭对数据库的连接
    except Exception as e:
```

```
            print('sql error: ' + str(e))
        return res_list
face_libNamePath = '/usr/local/lib/libNL_faceEnc.so'  # 指定库文件路径
nlFaceDetect = NLFaceDetect(face_libNamePath)#实例化人脸检测算法接口对象
modelPath = b"/usr/local/lib/rk3399_AI_model"  # 指定模型以及配置文件路径
nlFaceDetect.NL_FD_ComInit(modelPath)  # 加载人脸检测模型和配置，进行初始化
ret = nlFaceDetect.NL_FD_InitVarIn(image)#加载采集的图片数据，返回0表示加载成功
face_num = nlFaceDetect.NL_FD_Process_C() # 调用人脸检测主函数处理图像，返回值为检测到的人脸个数
print('人脸个数：', face_num)
feature_p = c_float * 512 # C语言，人脸512特征数组
result_state=False#匹配状态初始化为False
status = <1> #检测人脸对齐个数，并生成人脸数据，写入内存
if status > 0:
    faceNum, faceInfos = <2>  # 人脸识别提取特征模块，返回人脸个数和人脸信息数据
    if faceInfos != 0:
        ft = faceInfos.features[0]  # 实时人脸特征数据
        sql_data=read_user() # 读取数据库所有人脸信息
        if sql_data:
            for user in sql_data:
                sql_user_feature = user[3]   # 数据库中每个人的人脸信息的特征
                sql_user_feature = list(eval(sql_user_feature)) # 将数据库读出的字符串转化成数组
                feature_ins = feature_p()  # 实例化数组
                for i in range(len(sql_user_feature)):
                    feature_ins[i] = sql_user_feature[i]  # 将每个特征值写入数组
                face_simily =nlFaceDetect.NL_EC_Process_C(ft, feature_ins)#比较两个特征，返回相似度
                if face_simily >= 0.70:  # 设置一个相似度的阈值，可以自己定义
                    print('人脸相似度：' + str(face_simily))
                    result_state=True#匹配成功，结果状态为True
                    break
print('result_state：',result_state)
nlFaceDetect.NL_FD_Exit()
```

填写完成后运行，若输出result_state的值则说明填写正确。

根据检测结果result_state，判断是否本人。如果是，则开关锁。

在<1>处用serial.Serial()实例化串口，其中参数为name='/dev/ttyS0',baudrate=9600,timeout=0.5。
在<2>处仿照清除串口写入缓存，清除串口输出缓存。
在<3>处补充关闭门锁指令。

```
import time
ser=<1>#实例化串口对象
if result_state:  # 如果人脸匹配成功
    ser.flushInput()#清除串口写入缓存
    ser.flushOutput()#清除串口输出缓存
    command='01 05 00 13 FF 00 7D FF'  # 打开门锁指令
    cmd = bytes.fromhex(command)
```

```
ser.write(cmd)#向串口写入指令
time.sleep(2)#休眠2s防止代码运行过快导致开关锁的操作跟不上
ser.flushInput()#清除串口写入缓存
<2>#清除串口输出缓存
command=<3> # 关闭门锁指令
cmd = bytes.fromhex(command)
ser.write(cmd)#对串口写入指令
print('开关门锁成功！')
```

填写完成后运行，锁能进行开和关说明填写正确。

任务小结

本任务首先介绍了智能门锁的相关知识，包括智能门锁的简介和特点，然后介绍了Python sqlite3模块API。之后通过任务实施，带领读者完成了利用OpenCV采集图片、调用人脸识别算法提取特征并写入数据库、读取函数、注册用户、人脸识别对比、门锁控制等操作。

通过本任务的学习，读者对智能门锁的基本知识和概念有了更深入的了解，在实践中逐渐熟悉基于人脸检测的门禁控制实验的基础操作方法。本任务相关的知识技能的思维导图如图4-12所示。

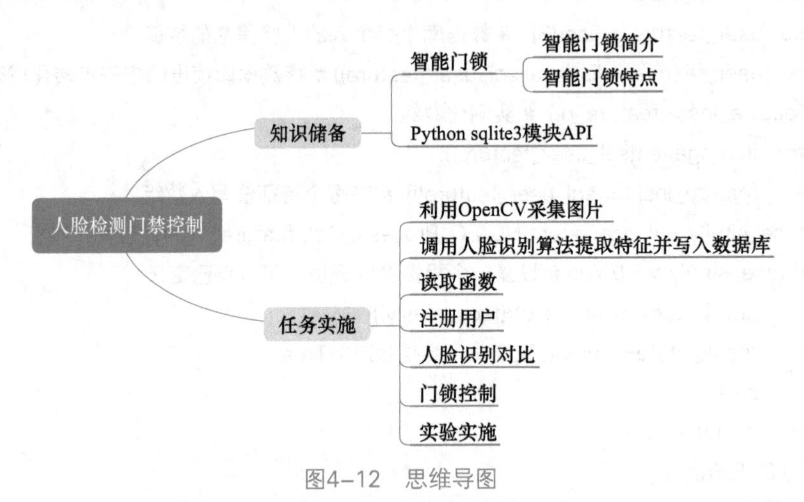

图4-12　思维导图

项目5

使用计算机视觉技术的稻麦成熟度监测系统

项目导入

农业既是人类所从事的最古老行业，也是人类文明的基础。工业革命之后，机械在农业领域的应用使得收获的粮食大大增多。但是较高的生产成本、农业生态环境遭到破坏、农作物病虫害等问题仍然是制约农业发展的瓶颈。要解决以上问题，可以采用人工智能技术。

人工智能作为当今科技的前沿技术已经深入各行各业之中，当下我们关注最多的还是人工智能为医疗、金融、工业带来怎样的变化，却忽视了人工智能在农业领域中的应用。事实上，从20世纪70年代开始，人工智能技术特别是专家系统技术就开始应用于现代农业领域。

联合国粮农组织（FAO）预测，到2050年，全球人口将超过90亿，尽管人口较目前只增长25%，但是由于人类生活水平的提高以及膳食结构的改善，对粮食的需求量将增长70%。随着人工智能技术的不断发展，其在农业领域的大规模应用将最终实现。相信在不久的将来，人工智能能够更好地为人类服务，改善人类的生活，带来巨大的经济效益。人工智能农业机器人如图5-1所示。在人工智能的引领下，农业将迈入智能化的崭新时代。

图5-1　人工智能农业机器人

任务1 稻麦成熟度监测系统模型训练

知识目标

- 了解智慧农业应用发展。
- 理解深度学习的定义。
- 了解深度学习的代表算法之一——卷积神经网络。
- 了解数据增强方法。

能力目标

- 能够完成图像数据集的预处理及数据增强。
- 能够根据需求完成模型的微调训练与搭建。
- 能够实现训练结果的可视化。

素质目标

- 具有认真严谨的工作态度，能及时完成任务。
- 具有综合运用各种工具满足任务需求的能力。

任务分析

任务描述：

本任务将利用新数据对基于预训练的稻麦监测模型进行微调训练，训练出新的监测模型用于本项目任务2的系统部署。

任务要求：

- 能使用Sequential模块定义序贯模型。
- 能使用add方法构建神经网络层。
- 能使用Adam优化算法函数创建优化器。
- 能使用compile方法配置训练方法。
- 能使用ModelCheckpoint模块设置函数保存方式。
- 能使用fit_generator方法训练模型。
- 能使用pyplot模块对训练结果进行可视化展示。

任务计划

根据所学相关知识，制订本任务的实施计划，见表5-1。

表5-1 任务计划表

项目名称	使用计算机视觉技术的稻麦成熟度监测系统
任务名称	稻麦成熟度监测系统模型训练
计划方式	自我设计
计划要求	请按照计划分步骤完整描述出如何完成本任务
序　　号	任务计划步骤
1	
2	
3	
4	
5	
6	
7	
8	

知识储备

1. 人工智能和智慧农业

智慧农业是指现代科学技术与农业种植相结合，从而实现无人化、自动化、智能化管理。智慧农业是人工智能、物联网技术在现代农业领域的应用，主要具有监测功能、实时图像与视频监控功能等，例如种子的纯度和安全性检测、人工智能机器人完成种植工作、农作物的生长状态和病虫害监测、智能灌溉等，如图5-2所示。

a）种子的纯度和安全性检测

b）人工智能机器人完成种植工作

c）农作物的生长状态和病虫害监测

d）智能灌溉

图5-2 智慧农业示例

2. 深度学习和卷积神经网络

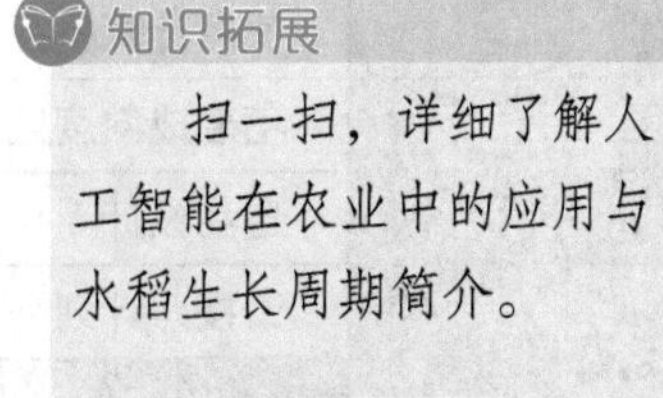

（1）深度学习

深度学习（Deep Learning, DL）是机器学习（Machine Learning, ML）领域中一个新的研究方向，在搜索、数据挖掘、机器学习、机器翻译、自然语言处理、多媒体学习、语音、推荐和个性化等技术，以及其他相关领域都取得了很多成果。深度学习的概念源于人工神经网络的研究，含多个隐含层的多层感知器就具有一种深度学习结构。

深度学习通过组合底层特征形成更加抽象的高层，表示属性类别或特征，以发现数据的分布式特征表示，如图5-3所示。

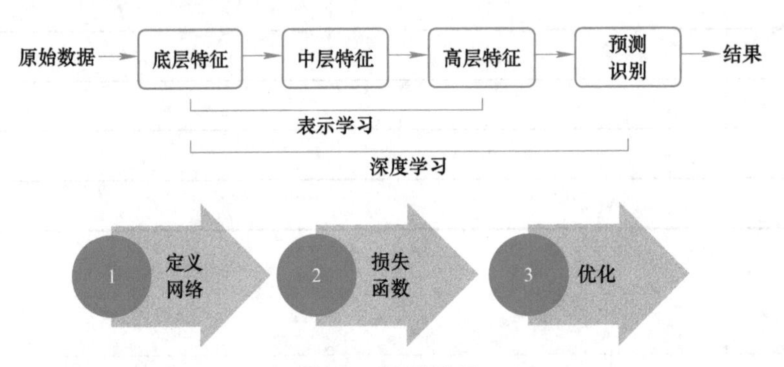

图5-3 深度学习

深度学习的训练过程：

1）自下而上的非监督学习。从底层开始，一层一层地往顶层训练。采用无标签数据分层训练各层参数，这一步可以看作一个无监督训练过程，这也是和传统神经网络区别最大的部分，可以看作特征学习过程。

2）自上而下的监督学习。通过带标签的数据去训练，误差自顶向下传输，对网络进行微调。基于第一步得到的各层参数，进一步优调整个多层模型的参数，这一步是一个有监督训练过程。

（2）卷积神经网络

1）卷积神经网络简介。卷积神经网络（Convolutional Neural Network，CNN）是一类包含卷积计算且具有深度结构的前馈神经网络（Feedforward Neural Network），是深度学习的代表算法之一，如图5-4所示。卷积神经网络具有表征学习（Representation Learning）能力，能够按其层次结构对输入信息进行平移不变分类（Shift-Invariant Classification），因此也被称为“平移不变人工神经网络”（Shift-Invariant Artificial Neural Network，SIANN）。

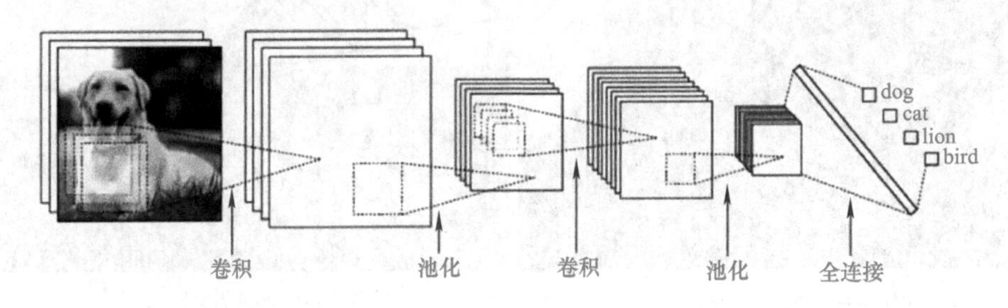

图5-4 卷积神经网络

对卷积神经网络的研究始于20世纪80年代，时间延迟网络和LeNet-5是最早出现的卷积神经网络。在21世纪后，随着深度学习理论的提出和数值计算设备的改进，卷积神经网络得到了快速发展，并被应用于计算机视觉、自然语言处理等领域。

卷积神经网络仿照生物的视知觉（Visual Perception）机制构建，可以进行监督学习和非监督学习，其隐含层内的卷积核参数共享和层间连接的稀疏性，使得其能够以较小的计算量对网格拓扑结构（Grid-Like Topology）特征，例如像素和音频进行学习，产生稳定的效果且对数据没有额外的特征工程（Feature Engineering）要求。

2）卷积神经网络结构。

① 输入层。卷积神经网络的输入层可以处理多维数据。常见的一维卷积神经网络的输入层接收一维或二维数组，其中一维数组通常为时间或频谱采样，二维数组可能包含多个通道。二维卷积神经网络的输入层接收二维或三维数组。三维卷积神经网络的输入层接收四维数组。由于卷积神经网络在计算机视觉领域应用较广，因此许多研究在介绍其结构时预先假设了三维输入数据，即平面上的二维像素点和RGB通道。

与其他神经网络算法类似，由于使用梯度下降算法进行学习，卷积神经网络的输入特征需要进行标准化处理。具体地，在将学习数据输入卷积神经网络前，需在通道或时间/频率维对输入数据进行归一化，若输入数据为像素，也可将原始像素值归一化至区间。输入特征的标准化有利于提升卷积神经网络的学习效率和表现。一维卷积示例如图5-5所示。二维卷积示例如图5-6所示。

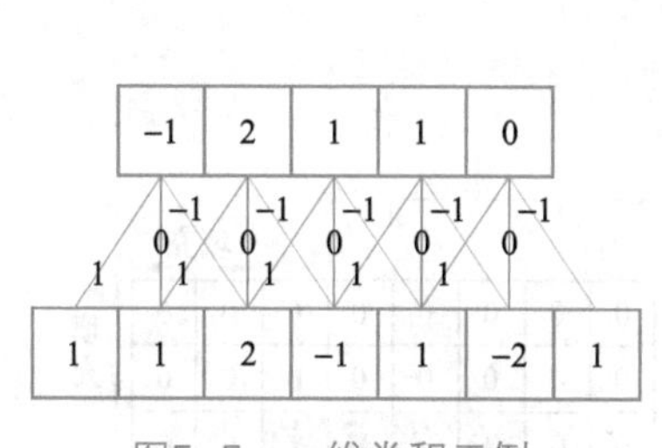

图5-5 一维卷积示例

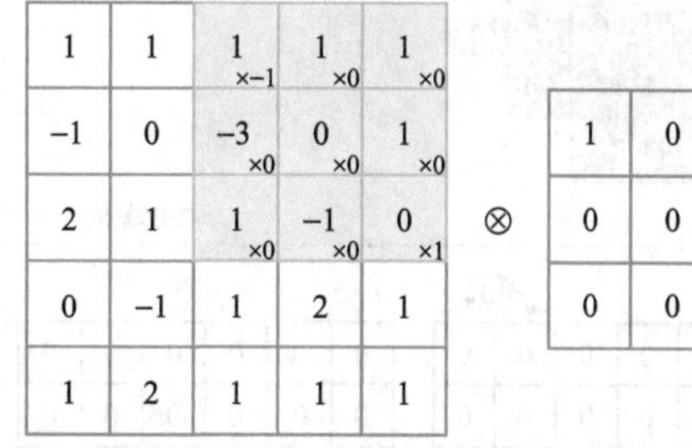

图5-6 二维卷积示例

② 隐含层。卷积神经网络的隐含层包含卷积层、池化层和全连接层。在一些更为现代的算法中可能有Inception模块、残差块（Residual Block）等。在常见结构中，卷积层和池化层为卷积神经网络特有。卷积层中的卷积核（Convolutional Kernel）包含权重系数，而池化层不包含权重系数，因此池化层可能不被认为是独立的层。以LeNet-5为例，在隐含层中顺序通常为：输入—卷积层—池化层—全连接层—输出。

卷积层（Convolutional Layer）：卷积层的功能是对输入数据进行特征提取，其内部包含多个卷积核，组成卷积核的每个元素都对应一个权重系数和一个偏差量（Bias Vector），类似于一个前馈神经网络的神经元（Neuron）。卷积层内每个神经元都与前一层中位置接近的区域的多个神经元相连，区域的大小取决于卷积核的大小，在文献中被称为“感受野”（Receptive Field），其含义可类比视觉皮层细胞的感受野。

由单位卷积核组成的卷积层也被称为网中网（Network-In-Network，NIN）或多层感知器卷积层（MultiLayer Perceptron Convolution Layer，MLPConv）。单位卷积核可以在保持特征图尺寸的同时减少图的通道数，从而降低卷积层的计算量。完全由单位卷积核构建的卷积神经网络是一个包含参数共享的多层感知器（MultiLayer Perceptron，MLP）。

在线性卷积的基础上，一些卷积神经网络使用了更为复杂的卷积，包括平铺卷积（Tiled Convolution）、反卷积（Deconvolution）和扩张卷积（Dilated Convolution）。平铺卷积的卷积核只扫过特征图的一部分，剩余部分由同层的其他卷积核处理，因此卷积层间的参数仅被部分共享，有利于神经网络捕捉输入图像的平移不变（Shift-Invariant）特征。反卷积或转置卷积（Transposed Convolution）将单个输入激励与多个输出激励相连接，对输入图像进行放大。由反卷积和向上池化层（Up-Pooling Layer）构成的卷积神经网络在图像语义分割（Semantic Segmentation）领域有应用，也被用于构建卷积自编码器（Convolutional AutoEncoder，CAE）。扩张卷积在线性卷积的基础上引入扩张率以提高卷积核的感受野，从而获得特征图的更多信息，在面向序列数据使用时有利于捕捉学习目标的长距离依赖（Long-Range Dependency）。使用扩张卷积的卷积神经网络主要被用于自然语言处理（Natrual Language Processing，NLP）领域，例如机器翻译、语音识别等。

卷积层参数包括卷积核大小、步长和填充，三者共同决定了卷积层输出特征图的尺寸，是卷积神经网络的超参数。其中卷积核大小可以指定为小于输入图像尺寸的任意值，卷积核越大，可提取的输入特征越复杂。卷积核中RGB图像按0填充，如图5-7所示。

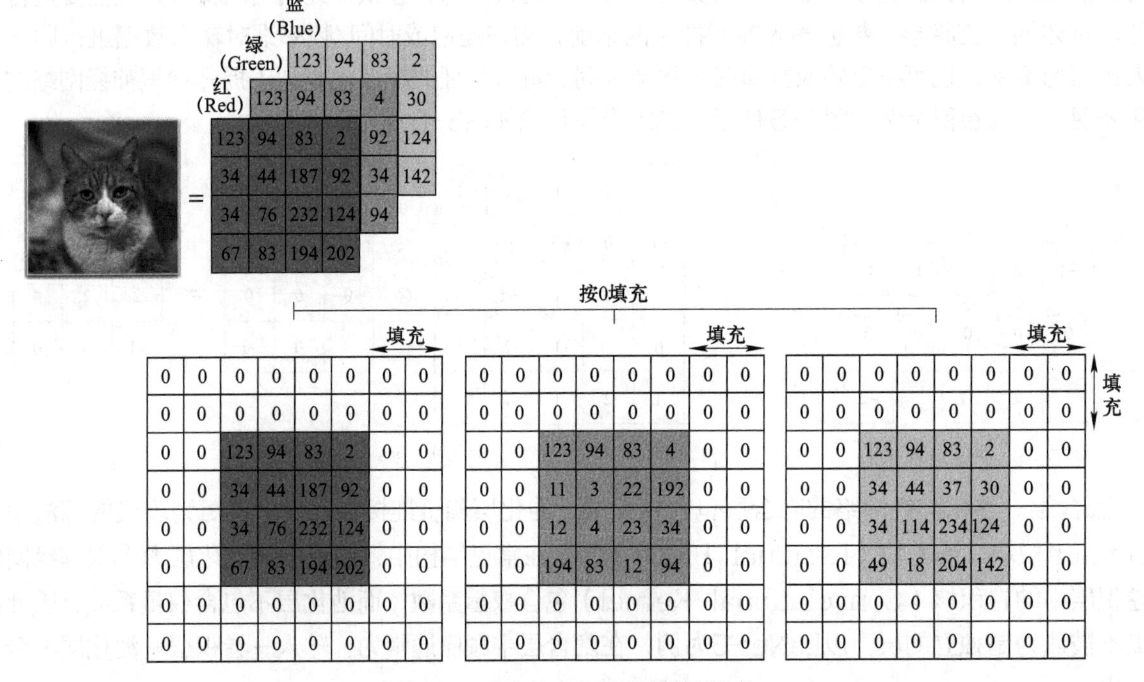

图5-7　卷积核中RGB图像按0填充

卷积步长定义了卷积核相邻两次扫过特征图时位置的距离。卷积步长为1时，卷积核会逐个扫过特征图的元素；步长为n时会在下一次扫描跳过n-1个像素。

由卷积核的交叉相关计算可知，随着卷积层的堆叠，特征图的尺寸会逐步减小，例如16×16的输入图像在经过单位步长、无填充的5×5的卷积核后，会输出12×12的特征图。为此，填充是在特征图通过卷积核之前人为增大其尺寸以抵消计算中尺寸收缩影响的方法。常见的填充方法为按0填充和重复边界值填充（Replication Padding）。依据层数和目的，填充可分为四类：

- 有效填充（Valid Padding）：完全不使用填充，卷积核只允许访问特征图中包含完整感受野的位置。输出的所有像素都是输入中相同数量像素的函数。使用有效填充的卷积被称为“窄卷积”（Narrow Convolution），窄卷积输出的特征图尺寸为(L-f)/s+1。其中，L为输入特征图的尺寸，f为卷积核的尺寸，s为步长。下面的L、f、s含义与此相同。

- 相同填充/半填充（Same Padding/Half Padding）：只进行足够的填充来保持输出和输入的特征图尺寸相同。相同填充下特征图的尺寸不会缩减但输入像素中靠近边界的部分相比于中间部分对特征图的影响更小，即存在边界像素的欠表达。使用相同填充的卷积被称为“等长卷积”（Equal-Width Convolution）。

- 全填充（Full Padding）：进行足够多的填充使得每个像素在每个方向上被访问的次数相同。步长为1时，全填充输出的特征图尺寸为$L+f-1$，大于输入值。使用全填充的卷积被称为“宽卷积”（Wide Convolution）。

- 任意填充（Arbitrary Padding）：介于有效填充和全填充之间，是人为设定的填充，较少使用。代入先前的例子，若16×16的输入图像在经过单位步长的5×5的卷积核之前先进行相同填充，则会在水平和垂直方向填充两层，即两侧各增加2个像素变为20×20大小的图像，通过卷积核后，输出的特征图尺寸为16×16，保持了原本的尺寸。

卷积层中包含激励函数（Activation Function）以协助表达复杂特征。激励函数的操作通常在卷积核之后，一些使用预激活（Preactivation）技术的算法将激励函数的操作置于卷积核之前。在一些早期的卷积神经网络研究，例如LeNet-5中，激励函数的操作在池化层之后。

池化层（Pooling Layer）：在卷积层进行特征提取后，输出的特征图会被传递至池化层进行特征选择和信息过滤。池化层包含预设定的池化函数，其功能是将特征图中单个点的结果替换为其相邻区域的特征图统计量。池化层选取池化区域与卷积核扫描特征图步骤相同，由池化程度、步长和填充控制。

全连接层（Fully-Connected Layer）：卷积神经网络中的全连接层等价于传统前馈神经网络中的隐含层。全连接层位于卷积神经网络隐含层的最后部分，并只向其他全连接层传递信号。特征图在全连接层中会失去空间拓扑结构，被展开为向量并通过激励函数。

按表征学习的观点，卷积神经网络中的卷积层和池化层能够对输入数据进行特征提取，全连接层的作用则是对提取的特征进行非线性组合以得到输出，即全连接层本身不被期望具有特征提取能力，而是试图利用现有的高阶特征完成学习目标。

在一些卷积神经网络中，全连接层的功能可由全局均值池化（Global Average Pooling）取代，全局均值池化会将特征图每个通道的所有值取平均，若有7×7×256的特征图，全局均值池化将返回一个256的向量，其中每个元素都是7×7，步长为7，无填充的均值池化。

③ 输出层。卷积神经网络中输出层的上游通常是全连接层，因此其结构和工作原理与传统前馈神经网络中的输出层相同。对于图像分类问题，输出层使用逻辑函数或归一化指数函数（Softmax Function）输出分类标签。在物体识别（Object Detection）问题中，输出层可设计为输出物体的中心坐标、大小和分类。在图像语义分割中，输出层直接输出每个像素的分类结果。

（3）损失函数

损失函数用来评价模型的预测值和真实值不一样的程度，给模型的优化指引方向。损失函数选择得越好，通常模型的性能越好。不同模型所用的损失函数一般也不一样。优化神经网络的基准，就是缩小损失函数的输出值。

1）MSE（均方误差）损失是机器学习、深度学习回归任务中最常用的一种损失函数，也称为L2 Loss。

2）MAE（平均绝对误差）是另一类常用的损失函数，也称为L1 Loss。

MSE比MAE能够更快收敛，MAE对异常点更加鲁棒。MSE与MAE的区别如图5-8所示。

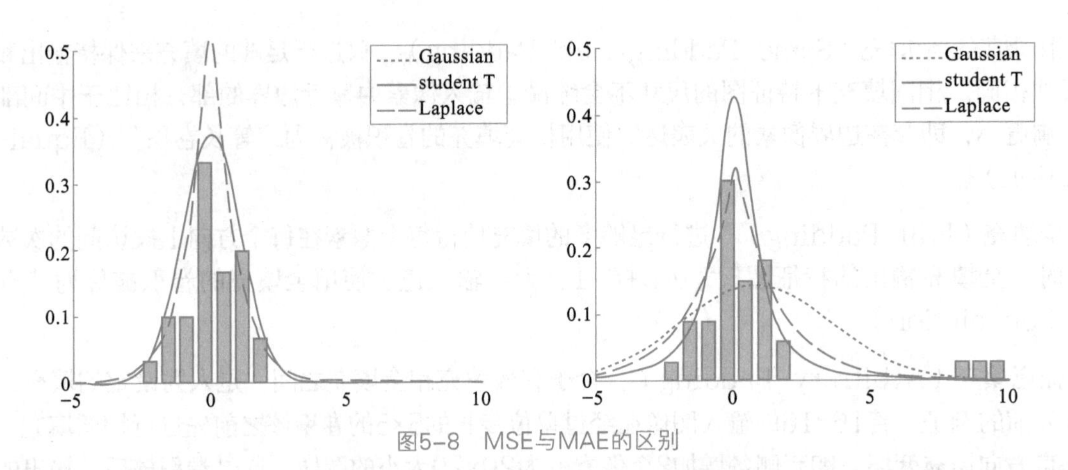

图5-8　MSE与MAE的区别

3）Softmax函数，又称归一化指数函数。概率有两个性质：预测的概率为非负数；各个预测结果概率之和等于1。Softmax就是将预测结果转换为相应概率的函数。Softmax第一步就是将模型的预测结果转化到指数函数上。为了确保各个预测结果的概率之和等于1，需要将转换后的结果进行归一化处理，如图5-9所示。

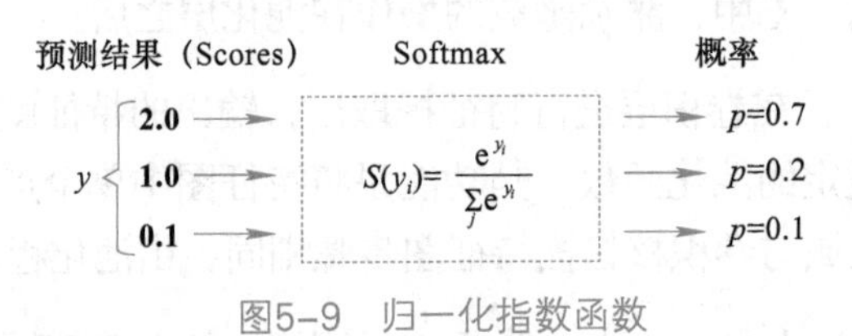

图5-9　归一化指数函数

4）交叉熵损失函数。交叉熵（Cross Entropy）损失函数，也称为对数损失或者logistic损失。交叉熵能够衡量同一个随机变量中的两个不同概率分布的差异程度，在机器学习中就表示为真实概率分布与预测概率分布之间的差异。交叉熵的值越小，模型预测效果就越好，如图5-10所示。

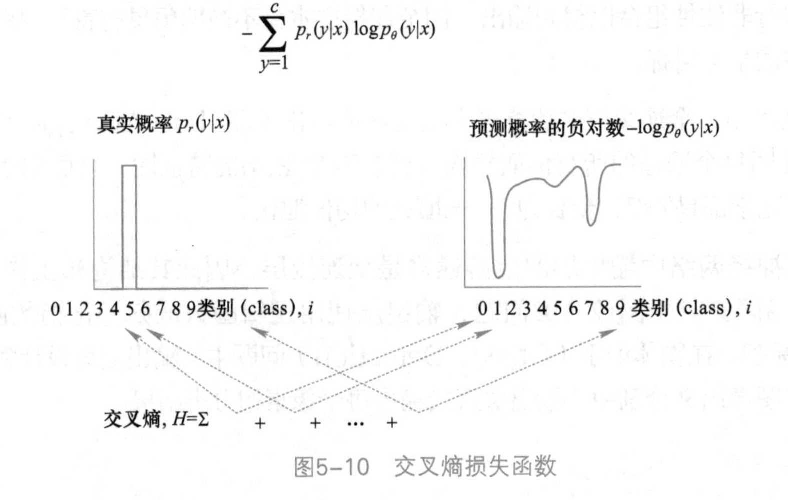

图5-10　交叉熵损失函数

（4）训练集和测试集

训练模型的目标是提高模型在真实数据中的预测准确率。通常把模型推理新数据过程中产生的误差叫作泛化误差，模型训练的目标是最小化泛化误差。

在训练开始之前，一般将数据集划分为训练集和测试集。顾名思义，训练集在模型训练阶段中使用；测试集模拟真实场景中的未知数据，用于评估模型的泛化能力。数据集划分过程中，需要注意以下几点：

1）请勿使用测试集来调整训练参数，这相当于将测试集当作训练集使用，无法评估模型的泛化能力。将测试集用于调整训练参数相当于学生在考试之前就拿到了考题，这会导致此次考试成绩高的学生未必是真正掌握更多知识的学生。

2）划分样本前需要随机化样本顺序，以保证训练集和测试集中不同类别的样本平衡。样本不平衡是指数据集中不同类别出现的频次相差大，样本不平衡将影响模型的训练效果及模型的推理能力。

（5）模型微调训练

1）微调的四个步骤：

① 在源数据集（如ImageNet数据集）上预训练一个神经网络模型，即源模型。

② 创建一个新的神经网络模型，即目标模型。它复制了源模型上除了输出层外的所有模型设计及其参数。可以假设这些模型参数包含了源数据集上学习到的知识，且这些知识同样适用于目标数据集。还可以假设源模型的输出层与源数据集的标签紧密相关，因此在目标模型中不予采用。

③ 为目标模型添加一个输出大小为目标数据集类别个数的输出层，并随机初始化该层的模型参数。

④ 在目标数据集上训练目标模型。从头训练输出层，而其余层的参数都是基于源模型的参数微调得到的。

微调训练如图5-11所示。

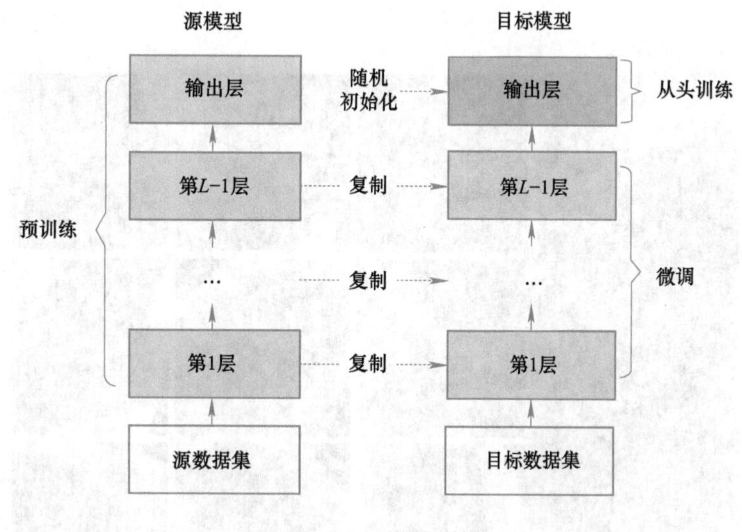

图5-11　微调训练

2）微调的训练过程：

① 是一个目标数据集上的正常训练任务。

② 使用了更强的正则化。

③ 更小的学习率。

④ 更少的迭代次数。

⑤ 源数据集远复杂于目标数据集，通常得到的微调效果更好。

3）常用的微调技术。

① 重用分类器权重（对最后的分类层进行的处理）：

● 源数据可能也有目标数据中的部分标号。

● 可以使用预训练好的模型分类器中对应标号所对应的向量作为初始值。

② 固定一些层：

● 神经网络通常学习有层次的特征表示（底层描述的特征更加通用，而高层的特征和数据集相关性更强）。

● 可以固定相对底部的层，不参与参数更新（应用了更强的正则化）。

3. 数据增强

数据增强也叫数据扩增，意思是在不实质性增加数据的情况下，让有限的数据产生等价于更多数据的价值。

数据增强示例如图5-12所示，第一列是原图，后面三列的图像是由原图经过随机裁剪、旋转等操作得出的。每张图对于网络来说都是不同的输入，加上原图就将数据扩充到原来的10倍。假如输入网络的图片的分辨率是256×256，若采用随机裁剪，剪成分辨率为224×224，那么一张图最多可以产生32×32张不同的图，数据量扩充将近1000倍。虽然许多图相似度太高，实际的效果并不等价，但仅仅是这样简单的一个操作，效果已经非凡了。如果再辅助其他数据增强方法，将获得更好的多样性，这就是数据增强的本质。

图5-12 数据增强示例

数据增强可以分为有监督的数据增强和无监督的数据增强。其中，有监督的数据增强又可以分为单样本数据增强和多样本数据增强，无监督的数据增强分为生成新的数据和学习增强策略两个方向。

有监督的数据增强，即采用预设的数据变换规则，在已有数据的基础上进行数据的扩增，包含单样本数据增强和多样本数据增强。单样本数据增强，即增强一个样本的时候，全部围绕该样本进行操作，包括几何变换类、颜色变换类等。

知识拓展

扫一扫，详细了解有监督数据增强中的几何变换类与颜色变换类。

任务实施

1. 了解稻麦成熟度监测系统

（1）稻麦检测案例说明

稻麦成熟度监测系统是人工智能应用于农业生产的一个典型案例，能够在较低成本、轻量化的系统下做到农田稻麦状态的精确识别与环境参数的采集和监测。

本实验以训练深度学习模型来对稻麦生长阶段进行识别为案例，通过环境配置、模型搭建、训练、测试到边缘端部署，深入介绍深度学习的应用开发全流程。

本实验的数据集由稻麦生长的三个不同阶段的图像组成，分别为稻麦的生长期、孕穗期和成熟期，分别对应标签seeding、green和golden。

（2）模型开发以及应用部署流程

深度学习从模型开发到应用部署的全流程，其中包括：

1）数据采集与数据处理：数据采集、开源数据集的使用、数据筛选与处理。

2）模型搭建：模型设计，使用TensorFlow框架构建神经网络模型。

3）模型训练：超参数调整，使用TensorFlow框架训练图像分类模型。

4）模型评估：模型训练结果数据可视化，模型泛化能力评估，以及模型优化策略制定。

5）边缘端应用设计与开发：UI设计与实施，模型推理与调用，应用功能的实现。

6）边缘端部署：环境调试，边缘端开发板的实战部署。

2. 搭建训练环境

pip是Python包管理工具，使用pip能够快速搭建所需要的实验环境。

安装TensorFlow模型训练框架。https://pypi.douban.com/simple是国内下载源，安装其他Python包也可以使用该下载源。

```
!pip install -r requirements.txt -i https://pypi.douban.com/simple
```

3. 准备模型训练

（1）导入依赖库

os包：对文件以及文件夹或者其他对象进行一系列操作。

tensorflow包：TensorFlow是一个基于数据流编程的符号数学系统，被广泛应用于各类机器学习算法的编程实现中，其前身是谷歌的神经网络算法库DistBelief。tensorflow是与其相关的包。

numpy包：Python语言的一个扩展程序库，支持大量维度数组与矩阵运算，此外也针对数组运算提供大量数学函数库。

keras包：Keras是一个用Python编写的高级神经网络API，它能够以TensorFlow、CNTK或者

Theano作为后端运行。keras是与其相关的包。

Sequential：序贯模型。序贯模型是函数式模型的简略版，为最简单的线性、从头到尾的结构顺序，不分叉，是多个网络层的线性堆叠。

Conv2D，MaxPool2D，Activation，Dropout，Flatten，Dense：①Conv2D是二维卷积层，可以提取局部特征。②MaxPool2D则属于池化层，可以加快计算速度和防止过拟合。③Activation是激活函数。激活函数的作用是增加非线性因素，解决线性模型表达能力不足的缺陷。④Dropout用于防止过拟合，提升模型泛化能力。⑤Flatten用来将输入"压平"，即把多维的输入一维化，常用在从卷积层到全连接层的过渡。⑥Dense（全连接）层可以看作一个特征空间的线性变换，输入是前一层的特征向量，输出是经过权重矩阵和激活函数处理的新的特征向量。Dense层的主要作用是对输入特征向量进行复杂的非线性变换，以提取更高级的特征表示，并且将这些特征之间的关联映射到输出空间上。因此，对于局部特征而言，Dense层有助于重新组装成更加完整的图像特征。

Adam：Adam优化算法是随机梯度下降算法的扩展式，近来广泛用于深度学习任务中，尤其是计算机视觉和自然语言处理等任务中。

ImageDataGenerator，img_to_array, load_img：ImageDataGenerator是图片生成器，负责生成一个批次又一个批次的图片，以生成器的形式供给模型训练。对每一个批次的训练图片，适时地进行数据增强处理。img_to_array将图片转化成数组。转换前元素类型是整型，转换后元素类型是浮点型（和Keras等机器学习框架相适应的图像类型）。load_img加载了一个图片文件，没有形成Numpy数组。

matplotlib. pyplot：Matplotlib是Python的一个绘图库，是Python中最常用的可视化工具之一，可以非常方便地创建2D图表和一些基本的3D图表。

sys：提供了一系列有关Python运行环境的变量和函数的模块。

```
import os
import tensorflow as tf
import numpy as np
from tensorflow import keras
from tensorflow.keras.models import Sequential
from tensorflow.keras.layers import Conv2D,MaxPool2D,Activation,Dropout,Flatten,Dense
from tensorflow.keras.optimizers import Adam
from tensorflow.keras.preprocessing.image import ImageDataGenerator,img_to_array,load_img
import matplotlib.pyplot as plt
import sys
# 查看当前使用的Python版本
print(sys.version)
# 查看当前使用的TensorFlow版本
print('Tensorflow Version:{}'.format(tf.__version__))
```

（2）模型搭建

1）Sequential()方法：可以自定义网络结构，通过add()添加自定义网络层。

2）Conv2D(filters, kernel_size, padding='valid', activation=None)：二维卷积层，提取

局部特征。其参数说明：

input_shape：当使用该层作为模型第一层时，需要提供input_shape参数。在Keras中，数据是以张量的形式表示的，张量的形状称为shape，表示从最外层向量逐步到达最底层向量的降维解包过程。例如：一个三阶的张量[[[1]，[2]，[3]]，[[4]，[5]，[6]]]的shape是(2, 3, 1)。

filters：整数，卷积输出滤波器的数量。

kernel_size：指定卷积窗口的高度和宽度。

padding：“valid”或“same”。卷积会导致输出图像越来越小，图像边界信息丢失，若想保持卷积后的图像大小不变，需要设置padding参数为same。

activation：激活函数如relu、sigmoid等。如果不特别指定，将不会使用任何的激活函数。

3）MaxPool2D(pool_size=(2，2)， strides=None)：可以加快计算速度和防止过拟合。其参数说明：

pool_size：指定池窗口的大小。

strides：指定池操作的步幅。

4）keras.layers.Permute(dims)：Keras中的一个层，用以更改张量的维度顺序。其参数dims是整数元组，表示要进行的维度置换模式。需要注意的是，这里的维度索引是从1开始计数的，不包含样本维度（即批处理维度）。例如dims=(2，1)，它的作用就是置换输入张量的第1个和第2个维度。假设输入张量的形状为（batch_size，dim1，dim2，dim3），那么经过Permute层后，输出张量的形状将变为（batch_size，dim2，dim1，dim3），即交换了原来的第1个维度（dim1）和第2个维度（dim2）。

5）keras.layers.Reshape(target_shape)：实现不同维度任意层之间的对接。其参数target_shape是目标shape，为整数元组，不包含样本数目的维度（批大小）。

6）Dense(units，activation)：全连接层。其参数说明：

units：该层的神经单元节点数。

activation：激活函数。

7）Dropout(keep_prob)：丢弃层。其参数说明：

keep_prob代表保留一个神经元为激活状态的概率。在测试的时候keep_prob=1.0，即不进行Dropout。

动手练习

仿照第二个卷积部分，按照要求搭建第三个部分的卷积模型。

在<1>处设置二维卷积层，卷积核个数为128，卷积核大小为3×3，padding设置为same，激活函数设置为relu。

填写完成后执行代码，若输出如下的模型结构，则说明填写正确。

```
dense_1 (Dense)              (None, 3)                 195
=================================================================
Total params: 6,709,795
Trainable params: 6,709,795
Non-trainable params: 0
_________________________________________________________________
```

```
#定义模型
model = Sequential ()
#224, 224, 224, 3

#第一个卷积部分
model.add(Conv2D(input_shape=(224,224,3),filters=32,kernel_size=3,padding='same',activation='relu'))
model.add(Conv2D(filters=32,kernel_size=3,padding='same',activation='relu'))
model.add(MaxPool2D(pool_size=2, strides=2))

#第二个卷积部分
model.add(Conv2D(filters=64,kernel_size=3,padding='same',activation='relu'))
model.add(Conv2D(filters=64,kernel_size=3,padding='same', activation='relu'))
model.add(MaxPool2D(pool_size=2, strides=2))

#第三个卷积部分
<1>
<2>
<3>
#特征提取
#分类部分
#model.add(Flatten())

#替换Flatten
a,b,c,d = model.output_shape
a = b*c*d
model.add(keras.layers.Permute([1, 2, 3])) # 表明 NHWC 数据布局
model.add(keras.layers.Reshape((a,)))

model.add(Dense(64,activation='relu'))
model.add(Dropout(0.5))
model.add(Dense(3,activation='softmax'))
```

（3）查看模型结构

使用model. summary () 可以快速打印模型结构。

```
model.summary()
```

（4）定义优化器

1）Adam(learning_rate)：优化算法。其参数learning_rate是学习率。将输出误差反向传播给网络参数，以此来拟合样本的输出。本质上是最优化的一个过程，逐步趋向于最优解。

2）model. compile(optimizer, loss, metrics)：用于在配置训练方法时，告知训练所用的优化器、损失函数和准确率评测标准。其参数说明：

optimizer：优化器。

loss：损失函数。多分类损失函数有二分类交叉熵损失函数binary_crossentropy、多类别交叉熵损失函数categorical_crossentropy

metrics：评价指标用于衡量模型在训练过程中的性能表现，提供了多种评价指标供选择。常见的准确率评价指标包括：准确率（accuracy）、二分类准确率（binary_accuracy）、分类准确率（categorical_accuracy）、稀疏分类准确率（sparse_categorical_accuracy）、多分类TopK准确率（top_k_categorical_accuracy）和稀疏多分类TopK准确率（parse_top_k_categorical_accuracy）。

动手练习

先在以下代码中填写缺失的参数，再运行代码。

1. 使用Adam优化算法函数创建adam对象实例，请填写函数内的关键参数。

设置学习率参数：在<1>处，建议将learning_rate设置为“1e-5”，即学习率为0.00001。由于本实验采用的是导入预训练模型，在预训练模型基础上对模型进行微调训练，因此定义初始的学习率较低。

2. 使用model.compile定义优化器函数，请填写函数内的关键参数。

设置优化器参数：在<2>处，将optimizer设置为adam，即上面定义的Adam优化算法函数。

设置损失函数参数：在<3>处，将loss设置为categorical_crossentropy，用来评估当前训练得到的概率分布与真实分布的差异情况。它刻画的是实际输出（概率）与期望输出（概率）的距离，也就是交叉熵的值越小，两个概率分布就越接近。

设置评价指标参数：在<4>处，将metrics设置为accuracy，指的是正确预测的样本数占总预测样本数的比值。

完成后若输出如下结果，则表明优化器定义正确。

```
<tensorflow.python.keras.engine.sequential.Sequential at 0x7f75f59eb8>
```

```
#定义优化器
adam = Adam(learning_rate=<1>)
#定义优化器，损失函数，训练过程中计算准确率
model.compile(optimizer=<2>,loss=<3>,metrics=[<4>])
model
```

（5）数据集预处理

ImageDataGenerator(rotation_range=0. 0, width_shift_range=0. 0, height_shift_range=0. 0, shear_range=0. 0, zoom_range=0. 0, fill_mode='nearest', horizontal_flip=False, rescale=None)：keras. preprocessing. image模块中的图片生成器，用于在训练过程

中对图像数据进行增强，从而扩充数据集的大小，提升模型的泛化能力。该函数可以对图像进行多种增强操作，比如旋转、平移、剪切、缩放等，并可在批量数据中应用这些增强操作。其参数说明：

rotation_range：旋转范围。

width_shift_range：水平平移范围。

height_shift_range：垂直平移范围。

shear_range：float，透视变换的范围。

zoom_range：缩放范围。

horizontal_flip：水平反转。

rescale：系数值将在执行其他处理前乘到整个图像上，实现归一化。

fill_mode：填充模式，可选constant、nearest（默认）、reflect、wrap。这四种填充方式的效果对比如图5-13所示。

当设置为constant时，还有一个可选参数cval，代表使用某个固定数值的颜色来进行填充。cval=100时的效果如图5-14所示，可以与图5-13d的无cval参数的情况对比。

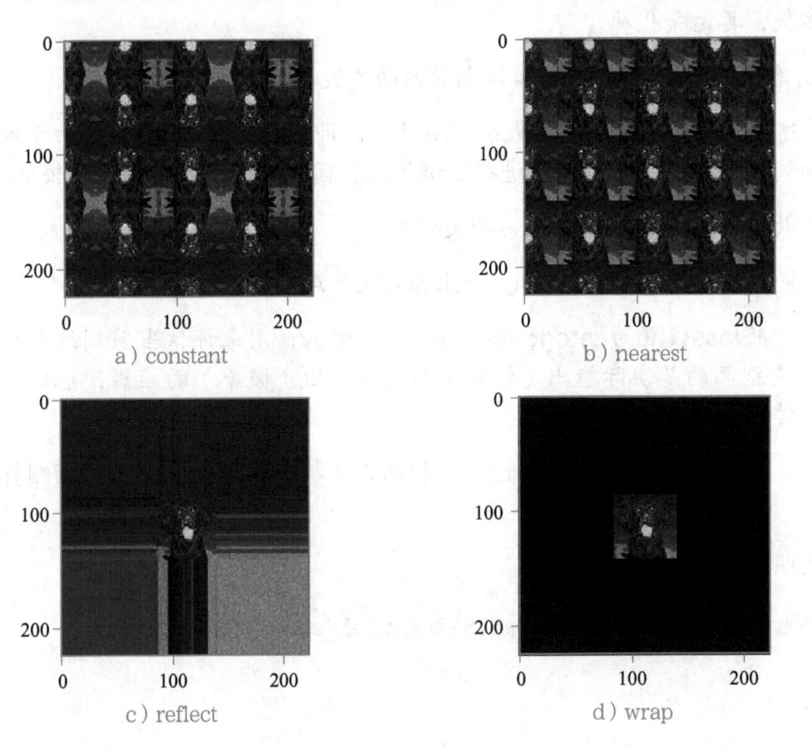

a）constant　b）nearest　c）reflect　d）wrap

图5-13　四种不同的填充方式

图5-14　固定颜色填充

动手练习

理解数据集预处理。

按照要求在以下代码的<>处填写缺失的参数，再运行代码。

1）使用ImageDataGenerator图片生成器函数创建面向训练过程的train_datagen对象实例，请填写函数内的关键参数。

设置图像数值归一化：在<1>处，将rescale设置为1/255。设置为数值1/255是因为图像在RGB通道都是0～255的整数，通过将通道值乘上系数1/255能够使图像的值映射到0～1的区间内，即数值的归一化处理。

设置图像填补方式：在<2>处，将fill_mode设置为nearest，即采用图片边缘填补的方式。详细解释可以参考上方参数说明。

2）使用ImageDataGenerator图片生成器函数创建面向测试过程的test_datagen对象实例，请填写函数内的关键参数。

在<3>处设置图像数值归一化rescale参数：与模型训练处图片生成器函数设置相同，同为输入数据归一化系数。

完成后若输出类似如下的结果，则优化器定义正确。

```
<tensorflow.python.keras.preprocessing.image.ImageDataGenerator at 0x7f54a22710>
```

```
train_datagen = ImageDataGenerator(
    rotation_range = 40,
    width_shift_range = 0.2,
    height_shift_range = 0.2,
    rescale = <1>,
    shear_range = 20,
    zoom_range = 0.2,
    horizontal_flip = True,
    fill_mode=<2>
)

test_datagen = ImageDataGenerator(
    rescale = <3>
)
```

（6）训练数据集配置

flow_from_directory(directory, target_size, batch_size)：以文件夹路径为参数，生成经过数据提升/归一化后的数据，在一个无限循环中无限产生batch数据。其参数说明：

directory：目标文件夹路径，对于每一个类，该文件夹都要包含一个子文件夹。子文件夹中任何JPG、PNG、BNP、PPM的图片都会被生成器使用。

target_size：整数元组，默认为（256，256）。图像将被resize成该尺寸。

batch_size：批数据的大小。

动手练习

理解训练数据集设置。

按照要求在以下代码的<>处填写缺失的参数，再运行代码。

1）设置每批图像训练数量的变量。

根据开发板内存大小，在<1>处，建议将batch_size设置为2。

2）使用train_datagen.flow_from_directory类别次序函数创建面向训练过程的train_generator对象实例，请填写函数内的关键参数。

设置训练集路径：在<2>处，将directory设置为“./datasets/train”。

设置图像尺寸：在<3>处，将target_size设置为(224,224)。

3）使用test_datagen.flow_from_directory类别次序函数创建面向测试过程的test_generator对象实例，请填写函数内的关键参数。

设置测试集路径：在<4>处，将directory设置为“./datasets/test”。

设置图像尺寸：在<5>处，将target_size设置为(224,224)。

填写完成后执行以下代码，若输出类似如下的结果，则说明填写正确。

```
Found 60 images belonging to 3 classes.
```

```
Found 60 images belonging to 3 classes.
```

```
batch_size = <1>

train_generator = train_datagen.flow_from_directory(

    directory = <2>,
    target_size = <3>,
    batch_size = batch_size
)

test_generator = test_datagen.flow_from_directory(
    directory = <4>,
    target_size = <5>,
    batch_size = batch_size
)
```

查看生成器的大小：

```
len(train_generator)
```

思考：为什么数据生成器长度为30？

（7）模型保存路径配置

ModelCheckpoint (filepath, monitor, verbose, save_best_only, mode)：用于在训练过程中保存模型的权重。其参数说明：

filepath：模型保存的位置，可以只指定到文件夹，也可以指定到具体的文件名。

monitor：需要监视的值，通常为val_accuracy或val_loss，accuracy或loss。

verbose：信息展示模式，0或1。为1表示输出epoch模型保存信息，默认为0表示不输出该信息。

save_best_only：设为True或False，为True就是保存在验证集上性能最好的模型。如果采用val_accuracy={val_accuracy:. 4f}. h5这样的格式化名，每个文件名字不同，就不会覆盖。

mode：可以设为auto、min或max，在save_best_only=True时决定性能最佳模型的评价准则，例如：当监测值为val_accuracy时，模式应为max；当检测值为val_loss时，模式应为min；在auto模式下，评价准则由被监测值的名字自动推断。

动手练习

理解模型保存设置。

按照要求在以下代码的<>处填写缺失的参数，再运行代码。

使用ModelCheckpoint函数创建模型筛选规则，请填写函数内的关键参数。

设置模型保存的路径：在<1>处，将filepath设置为“./models/val_accuracy={val_accuracy:.4f}.h5”，模型名根据测试集的精度来命名，这样保存的每一个文件名都不同。

设置筛选模型的依据：在<2>处，将规则参数monitor设置为val_accuracy，表示根据模型对测试集预测的准确度来筛选模型，保存当前准确度最好的模型。

设置是否打印查看各评估指标的值：在<3>处，将verbose设置为1，即可打印查看各评估指标。例如“loss: 0.0754 – accuracy: 0.9500 – val_loss: 1.3913 – val_accuracy: 0.9451”。

设置保存在验证集上性能最好的模型：在<4>处，将save_best_only设置为True。

设置最佳模型的评价准则：在<5>处，将mode设置为auto，评价准则根据筛选模型的依据参数自动推断。

完成后若输出类似如下的结果，则优化器定义正确。

```
[<tensorflow.python.keras.callbacks.ModelCheckpoint at 0x7f75ebec50>]
```

```
from tensorflow.keras.callbacks import ModelCheckpoint
# 保存最好的模型
checkpoint = ModelCheckpoint(
filepath=<1>,
monitor=<2>,
verbose=<3>,
save_best_only=<4>,
mode=<5>)
callback_lists = [checkpoint]
callback_lists
```

（8）打印标签

值得注意的是，为提升训练效率，训练过程中将使用标签的数字id而不是具体名称（通常id直接对应标签设置的顺序）。在训练结束后再根据标签顺序进行还原，因此所有涉及配置标签的过程请注意统一标签顺序，以防结果错误。

```
train_generator.class_indices
```

4. 模型微调训练

模型微调训练是指将新数据集加入预训练过的模型进行训练，并使参数适应新数据集的过程。模型微调适用如下场景：

1）数据集和预训练模型的数据集相似，但数据量小。

2）个人搭建或者使用的CNN模型正确率低。

3）模型训练计算资源不足。

（1）载入预训练模型

load_model(filepath)：载入预训练模型。其参数filepath是需要载入模型的路径。

```
from tensorflow.keras.models import load_model
model = load_model('./models/pre_trained_model.h5')
```

（2）模型微调训练

fit_generator(self，generator，steps_per_epoch，epochs=1，verbose=1，callbacks=None，validation_data=None，validation_steps=None，class_weight=None，max_q_size=10，workers=1，pickle_safe=False，initial_epoch=0)：利用Python的生成器，逐个生成数据的批并进行训练。生成器与模型将并行执行以提高效率。函数返回一个history对象。其参数说明：

generator：生成器函数，所有的返回值都应该包含相同数目的样本。对于每个epoch，以经过模型的样本数达到steps_per_epoch时，记一个epoch结束。

steps_per_epoch：整数，表示一个epoch中迭代的次数。当生成器返回steps_per_epoch次数据时计一个epoch结束，执行下一个epoch。

epochs：整数，数据迭代的轮数。

callbacks：在训练期间应用的回调函数。可以使用回调函数来查看训练模型的内在状态和统计数据。

validation_data：验证集数据。

validation_steps：当validation_data为生成器时，本参数指定验证集的生成器返回次数。

动手练习

理解模型微调训练。

按照要求在以下代码的<>处填写缺失的参数，再运行代码。

使用model.fit_generator模型训练函数创建history对象实例，请填写函数内的关键参数。

设置生成器函数：在<1>处，将generator设置为train_generator，传入上文生成的训练集数据。

设置每轮迭代次数：在<2>处，将steps_per_epoch设置为round(len(train_generator))。

设置整个样本数据的迭代次数：在<3>处，将epochs设置为3。

设置验证集的数据：在<4>处，将validation_data设置为test_generator，传入上文生成的测试集数据。

设置测试集的生成器返回次数：在<5>处，将validation_steps设置为len(test_generator)。

动手练习

设置训练期间应用的回调函数：在<6>处，将callbacks设置为callback_lists，表示在一轮迭代结束后，调用上文callback_lists函数，保存最好模型并输出各评价指标。

填写完成后，若模型开始训练，则填写正确。

```
history = model.fit_generator(generator = <1>,steps_per_epoch=<2>,epochs=<3>,validation_data=<4>,validation_steps=<5>,callbacks=<6>)
```

依据可视化结果，若模型不理想，则可以重新运行此步骤中进行模型微调训练的代码，模型训练的结果参数会保存在history中。继续执行模型训练代码，可以在第一轮模型基础上叠加训练，优化模型。

（3）训练结果可视化

1）绘制模型精度变化图。

plt. plot（x，y）：绘制曲线图。其参数说明：

x：X轴数据，列表或数组，可选。

y：Y轴数据，列表或数组。

```
# 绘制训练精度曲线
plt.plot(history.history['accuracy'])
# 绘制测试精度曲线
plt.plot(history.history['val_accuracy'])
# 图名
plt.title('Model accuracy')
# y轴标签
plt.ylabel('Accuracy')
# x轴标签
plt.xlabel('Epoch')
# 给图像加上图例，置于左上角
plt.legend(['Train', 'Val'], loc='upper left')
plt.show()
```

2）绘制模型损失变化图。

```
plt.plot(history.history['loss'])
plt.plot(history.history['val_loss'])
plt.title('Model loss')
plt.ylabel('Loss')
plt.xlabel('Epoch')
plt.legend(['Train', 'Val'], loc='upper right')
plt.show()
```

任务小结

本任务首先介绍了智慧农业的相关知识，包括人工智能和智慧农业、深度学习和卷积神经网络以及数据增强的常用方法。通过任务实施，带领读者完成了了解稻麦成熟度监测系统、搭建训练环境、准备模型训练、微调训练模型等实验。

通过本任务的学习，读者对智慧农业的基本知识和概念有了更深入的了解，在实践中逐渐熟悉模型训练的典型流程。本任务相关的知识技能的思维导图如图5-15所示。

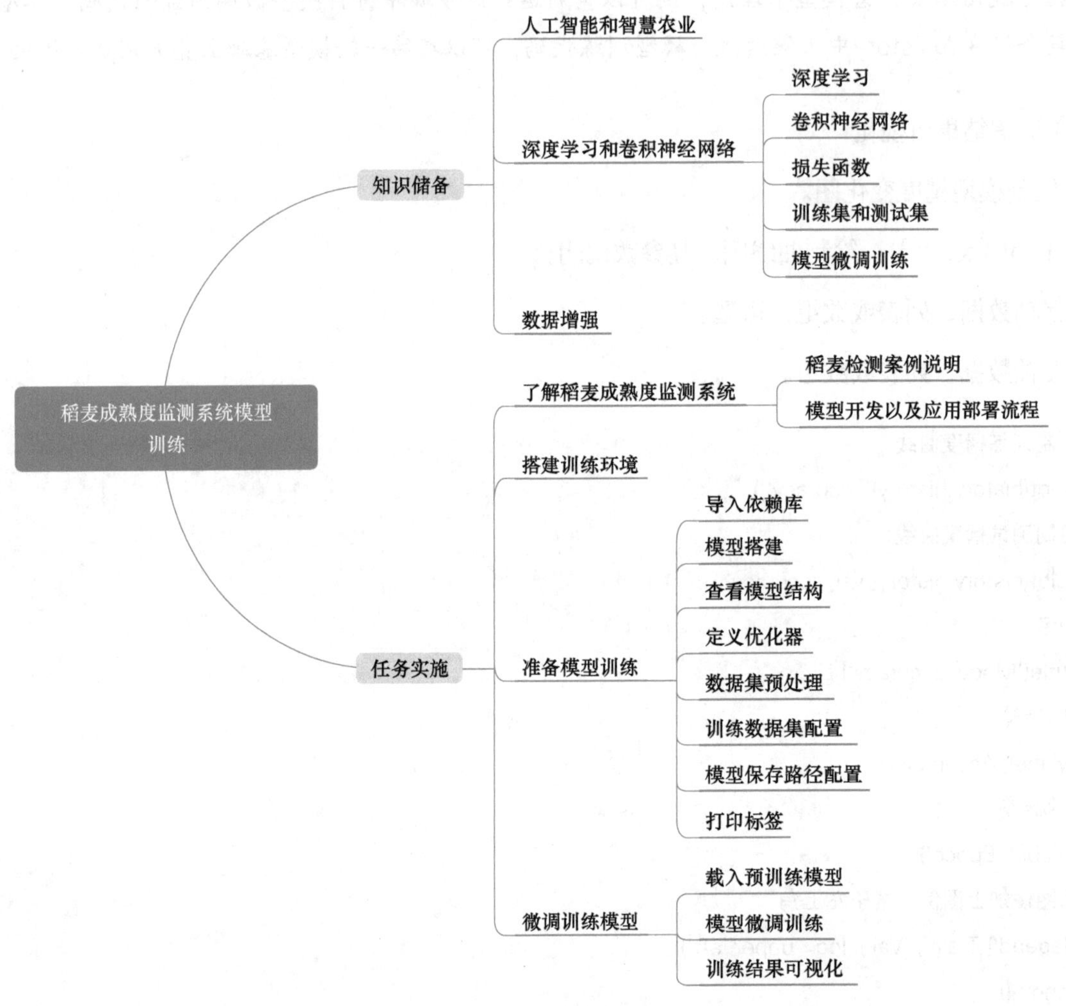

图5-15 思维导图

任务2 稻麦成熟度监测系统模型评估与应用部署

知识目标

- 熟悉模型格式转换。
- 理解模型部署。

能力目标

- 能够完成h5格式的模型评估。
- 能够将h5格式的模型转为pb格式的。
- 能够使用pb格式的模型进行推理。
- 能使用JupyterLab复制微调好的模型到指定路径及修改配置文件。
- 能够在边缘网关完成应用的运行与调试。

素质目标

- 具有团队合作与解决问题的能力。
- 具有良好的职业道德精神。

任务分析

任务描述：

本任务将实现稻麦监测模型评估，并将转换后的模型部署到边缘网关，并在边缘端上实时检测稻麦的生长情况。

任务要求：

- 基于预训练模型进行模型微调训练。
- 实现稻麦成熟度监测系统的模型部署。

任务计划

根据所学相关知识，制订本任务的实施计划，见表5-2。

表5-2 任务计划表

项目名称	使用计算机视觉技术的稻麦成熟度监测系统
任务名称	稻麦成熟度监测系统模型评估与应用部署
计划方式	自我设计
计划要求	请按照计划分步骤完整描述出如何完成本任务
序号	任务计划步骤
1	
2	
3	
4	
5	
6	
7	
8	

1. 模型格式转换

模型格式转换是模型部署的重要环节之一。模型格式转换是为了模型能在不同框架间流转。在实际应用时，模型格式转换主要用于工业部署，负责模型从训练框架到推理框架的连接。随着深度学习应用和技术的演进，训练框架和推理框架的职能已经逐渐分化。

训练框架往往面向设计算法的研究员，以研究员能更快地生产高性能模型为目标，注重易用性。推理框架往往围绕硬件平台的极致优化加速，面向工业落地，以模型能更快执行为目标。

由于职能和侧重点不同，没有一个深度学习框架能面面俱到，完全统一训练侧和推理侧，而模型在各个框架内部的表示方式又千差万别，因此产生了模型格式转换的需求。

（1）h5格式的模型转换为pb格式的模型

在TensorFlow框架中，为了快速搭建神经网络、训练模型，使用了Keras框架来搭建网络并进行训练，从而得到训练后的h5格式的模型文件。但因为使用pb模型固化权重和模型结构能够节省模型占用空间，同时pb文件也适用于TensorFlow Serving部署，所以一般会使用pb格式的模型文件进行模型部署。

（2）Caffe与ONNX模型格式

模型格式转换往往将模型转换到一种中间格式，再由推理框架读取中间格式。目前主流的中间格式有Caffe和ONNX（Open Neural Network Exchange），两者底层都是基于protobuf（Google开发的跨平台协议，数据交换格式工具库）实现的。Caffe原本是一个经典的深度学习框架，不过由于出现较早且不再维护，已经少有人用它做训练和推理了。但是它的模型表达方式却保留了下来，作为中间格式在工业界广泛使用。ONNX是微软和脸书共同开发的一种中间表达格式，用于模型格式交换，目前处于不断更新完善的阶段。

由于Caffe出现较早，在使用上对硬件部署侧比较友好（原生算子列表在推理侧容易实现，而且Caffe使用caffe. proto作为模型格式数据结构的定义，能实现中心化、多对一），目前很多推理侧硬件厂商依然使用Caffe，很多端到端的业务解决方案也喜欢使用Caffe。ONNX则有丰富的表达能力、扩展性和活跃的社区，深受训练侧开发者、第三方工具开发者的喜爱，PyTorch将ONNX作为官方导出格式。

2. 模型部署

（1）模型部署的场景

把深度学习模型训练好后，需要进行模型部署才能将模型运用到实际场景中。这里主要介绍三种不同的应用场景：移动端、桌面端和服务器端。

1）移动端：将模型封装成SDK（软件开发工具包）供Android和iOS调用，由于移动端算力有限，通常还需要考虑基于移动端CPU或GPU（图形处理单元）框架的优化问题来提速。如果模型要求的算力比较大，就只能考虑以API的形式来调用了，这时候模型是部署在服务器上的。

2）桌面端：桌面应用主要包括Windows、Mac OS以及Linux，还需要将模型封装成SDK然后提供接口来进行调用。Windows将模型封装成dll或lib库，Linux封装成so或a库，Mac OS封装为. a或. tbd库。

3）服务器端：服务器端模型的部署如果对并发量要求不高，通常可以采用Flask或Tornado封装一个API接口来进行调用。但是这种方式有一个致命的缺点就是，能支持的并发量很低，可扩展性也不高，如果服务器被攻击则很容易奔溃。对于并发量要求高的应用，可使用基于Model Server的服务框架。

当然，在实际的机器学习工作中，根据不同的业务需求，模型部署的具体工作可能简单到提交机器学习报告，也可能复杂到将模型集成到公司的核心运营系统中。

（2）深度学习模型在边缘端部署的难点

将训练好的神经网络模型部署到设备上，用于生产实践是整个深度学习过程的最终目的。由于边缘计算的诸多优点，现在模型应用越来越倾向于从云端部署转变为边缘端部署。但是边缘端部署也存在一些难点，如边缘端设备计算能力弱、边缘端设备存储能力差等。

知识拓展

扫一扫，详细了解深度学习模型在边缘端部署的一些难点。

（3）边缘端部署的优化思路

计算模型的创新带来了技术的进步，而边缘智能的巨大优势也促使人们直面挑战、解决问题，推动相关技术的发展。针对边缘智能面临的挑战，当前的研究方向包括边云协同、模型分割、模型裁剪、模型量化、减少冗余数据传输以及设计轻量级加速体系结构。其中，边云协同、模型分割、模型裁剪、模型量化主要是减少边缘智能在计算、存储需求方面对边缘设备的依赖。减少冗余数据传输主要用于提高边缘网络资源的利用效率。设计轻量级加速体系结构主要针对边缘特定应用提升智能计算效率。

1）边云协同。为了弥补边缘端设备计算、存储等能力的不足，满足人工智能方法训练过程中对强大计算能力、存储能力的需求，有研究文献提出云计算和边缘计算协同服务架构。如图5-16所示，训练过程被部署在云端（云计算中心），而训练好的模型被部署在边缘端设备上。显然，这种服务架构能够在一定程度上满足人工智能在边缘端设备上对计算、存储等能力的需求。

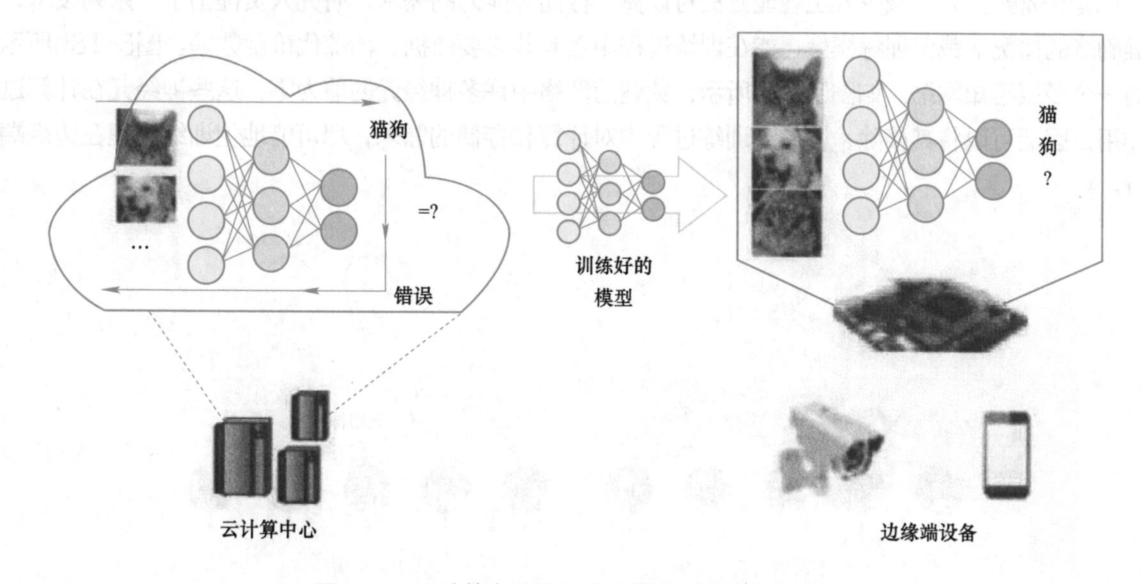

图5-16　云计算中心协同边计算服务器服务的过程

类似上述理念，2018年7月，谷歌推出两款大规模开发和部署智能连接设备的产品：Edge TPU和Cloud IoT Edge。Edge TPU是一种小型专用集成电路（Application Specific Integrated

Circuit，ASIC）芯片，用于在边缘端设备上运行TensorFlow Lite机器学习模型。Cloud IoT Edge是一个软件系统，它可以将谷歌云的数据处理和机器学习功能扩展到网关、摄像头和终端设备上。用户可以在Edge TPU或者基于GPU/CPU的加速器上运行在谷歌云上训练好的机器学习模型。Cloud IoT Edge可以在Android或Linux设备上运行，关键组件包括一个运行时（runtime）。Cloud IoT Edge运行在至少有一个CPU的网关类设备上，可以在边缘端设备本地存储、转换、处理数据，同时，还能与物联网（Internet of things，IoT）平台的其他部分进行无缝操作。

2）模型分割。模型分割即切割训练模型，它是一种边缘端服务器和终端设备协同训练的方法。如图5-17所示，计算量大的计算任务将被卸载到边缘端服务器进行计算，而计算量小的计算任务则保留在终端设备本地进行计算。上述终端设备与边缘端服务器协同推理的方法能有效地降低深度学习模型的推理时延。然而，不同的模型切分点将导致不同的计算时间，因此需要选择最佳的模型切分点，以最大化地发挥终端与边缘协同的优势。

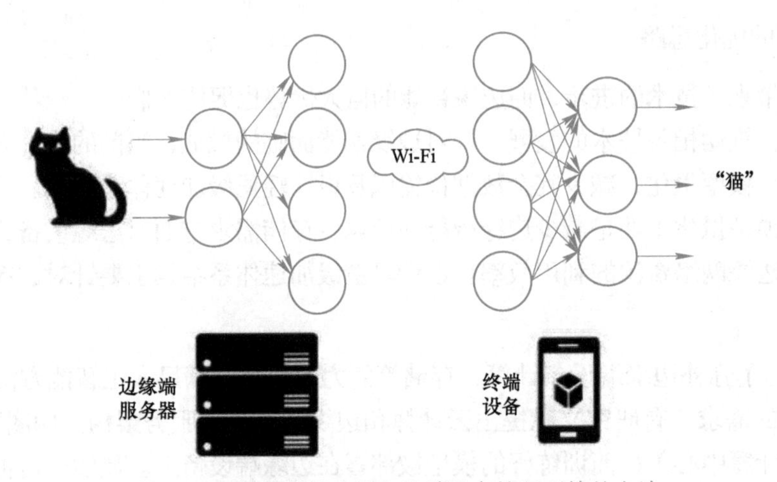

图5-17　边缘端服务器与终端设备协同训练的方法

3）模型裁剪。为了减少人工智能方法对计算、存储等能力的需求，研究人员提出了一系列技术，在不影响准确度的情况下裁剪训练模型，如在训练过程中丢弃非必要数据、稀疏代价函数等。图5-18b所示为裁剪后的一个多层感知网络。如图5-18a所示，裁剪前网络中许多神经元的值为零，这些神经元在计算过程中不起作用，因而可以将其移除，以减少训练过程中对计算和存储的需求，尽可能地使训练过程在边缘端设备上进行。

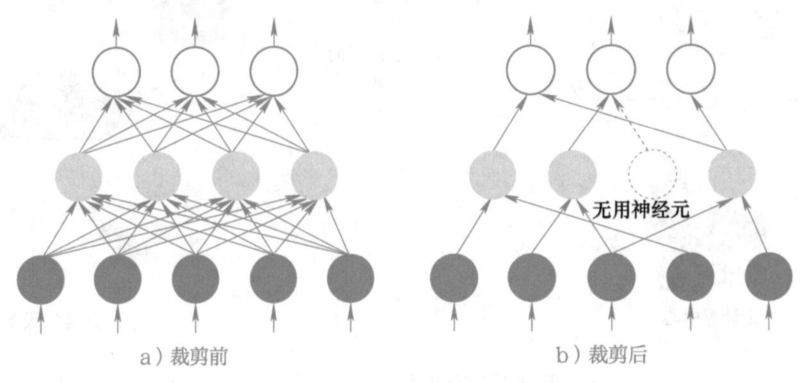

图5-18　模型裁剪

4）模型量化。另一种策略是用更低精度（位宽）的数据类型替代高精度（位宽）的数据类型，即模型量化。出于两点考虑：

① 深度学习的激活值/权重分布比较集中，具备低精度表示的可能性。

② 现有计算机体系构架里，计算定点数比计算浮点数更快。

模型量化即以较低的推理精度损失将连续取值（或者大量可能的离散取值）的浮点型模型权重或流经模型的张量数据定点近似（通常为int8）为有限多个（或较少的）离散值的过程，它是以更少位数的数据类型近似表示32位有限范围浮点型数据的过程，而模型的输入输出依然是浮点型，从而达到减少模型尺寸、减少模型内存消耗及加快模型推理速度等目标。模型量化前如图5-19所示，模型量化后如图5-20所示。

图5-19　模型量化前

图5-20　模型量化后

5）减少冗余数据传输。为节省带宽资源，针对不同的环境使用不同的减少数据传输的方法，主要表现在边云协同和模型压缩中。例如，只将在边缘端设备推理有误的数据传输到云端再次训练，在不影响准确度的情况下移除冗余数据，以减少冗余数据的传输。

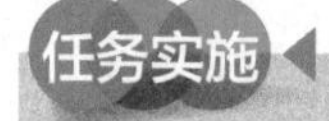

任务实施

1. 训练环境搭建

```
#!pip install -r requirements.txt -i https://pypi.douban.com/simple
```

2. 模型评估

（1）导入库

```
import cv2    # 引入OpenCV图像处理库
import numpy as np
from lib.ft2 import ft  # 中文描绘库
import threading  # 这是Python的标准库，线程库
import ipywidgets as widgets   # Jupyter画图库
from IPython.display import display # Jupyter显示库
import tensorflow as tf
from tensorflow.keras.models import load_model
from tensorflow.keras.preprocessing.image import load_img, img_to_array # ImageDataGenerator
```

（2）模型加载

由于训练模型时，会保存当前最好的模型，因此在训练结束时，可能会在models文件夹中保存多个模型。根据精度值选择最优模型来进行模型测试。

load_model()用法：加载通过model. save()保存的模型。

tf. keras. models. load_model(filepath, custom_objects=None, compile=True, options=None)，其参数说明：

filepath：字符串或pathlib. Path对象，保存模型的路径。h5py. File从中加载模型的对象。

custom_objects：可选参数，用于指定自定义层或损失函数等对象的字典。如果模型中包含自定义的层或损失函数，需要在加载模型时提供这些自定义对象的信息。

compile：布尔值，加载后是否编译模型。

options：可选的tf. saved_model. LoadOptions对象，指定从SavedModel加载的选项。

异常：

如果从hdf5文件加载并且h5py不可用，则抛出ImportError。

如果保存文件无效，则抛出IOError。

动手练习

补全以下代码并运行查看结果：

在<1>处，使用load_model载入模型函数创建model对象实例，请填写函数内的关键参数。

设置载入模型的路径，选择精度最高的模型。

完成后若输出类似如下的结果，则模型载入正确。

```
<tensorflow.python.keras.engine.sequential.Sequential at 0x7f460116d8>
# 载入模型
model = <1>
model
```

（3）设置预测标签

预测标签的含义与顺序需与训练标签匹配。

动手练习

补全以下代码并运行查看结果。

将标签放置在一个列表中，标签名称为成熟期、孕穗期和生长期（顺序必须固定），并将列表命名为label。

完成后若输出类似如下的结果，则标签设置正确。

['成熟期', '孕穗期', '生长期']

```
# 设置标签
<1>
label
```

（4）导入待预测图片

load_img()：导入图片。

tf. keras. preprocessing. image. load_img(path, grayscale=False, color_mode='rgb', target_size=None, interpolation='nearest')，其参数说明：

path：需要导入的图片路径。

grayscale：已废弃，请使用color_mode='grayscale'。

动手练习

补全以下代码并运行查看结果。

在<1>处，使用load_img()导入dataset目录下名为green_0002的图片。

完成后若输出如图5-21所示的图片，则填写正确。

```
# 导入图片
<1>
Image
```

图5-21 导入图片

（5）图片格式处理

1）image. resize(img_height, img_width)：修改图片的尺寸。

2）img_to_array()：将图片转化成指定尺寸，就是将图片转化成数组。转换前后类型都是一样的，唯一区别是转换前元素类型是整型，转换后元素类型是浮点型。

tf. keras. preprocessing. image. img_to_array(img, data_format=None, dtype=None)，其参数说明：

img：PIL图片实例。

data_format：图像数据格式，可选项为channels_first或channels_last。

dtype：返回值的数据类型。

3）np. expand_dims(a, axis)：在数组a的第axis维度处增加一个维度。

动手练习

补全以下代码并运行，查看结果。

在<1>处，使用resize()将图片的尺寸修改为(224,224)。

在<2>处，使用image_to_array()将图片转换为数组。

在<3>处，使用np.expand_dims()在数组img_arr的第0个维度处增加一个维度。

完成后若输出类似如下的结果，则图片处理正确。

(1, 224, 224, 3)

```
image = <1>
img_arr = <2>
img_arr = img_arr/255
img_arr = <3>
img_arr.shape
```

（6）将待预测图片分类

predict_classes(x)方法进行预测，其返回的是类别的索引，即该样本所属的类别标签。

参数x是输入数据，Numpy数组或Numpy数组列表。

```
print(label[model.predict_classes(img_arr)[0]])
```

输出的标签名字即待预测图片里对图片的预测标签。

3. 模型格式转换与推理

（1）h5模型转为pb模型

使用pb模型固化权重和模型结构能够节省模型占用空间。

当完成训练模型的过程后，希望它能够使用OpenCV跨平台库在不同的编程语言上尽可能快地运行或者在网络或移动设备上提供服务时，必须以最有效的格式导出模型图，这个转换分为两个阶段：冻结和优化。

冻结模型本质上是将变量（“权重”“偏差”等）更改为常量。convert_variables_to_constants_v2：将计算图中的变量取值，以常量的形式保存。

```
from tensorflow.python.framework.convert_to_constants import convert_variables_to_constants_v2

# 将Keras模型转换为ConcreteFunction格式
full_model = tf.function(lambda Input: model(Input))
full_model = full_model.get_concrete_function(tf.TensorSpec(model.inputs[0].shape, model.inputs[0].dtype))

# 采用了ConcreteFunction格式的模型，就可以将其变量转换为常量
frozen_func = convert_variables_to_constants_v2(full_model)
frozen_func.graph.as_graph_def()

# 若需要检查冻结图定义内的图层，运行一下代码查看其输入和输出张量的名称
layers = [op.name for op in frozen_func.graph.get_operations()]
print("-" * 50)
print("Frozen model layers: ")
for layer in layers:
    print(layer)

print("-" * 50)
print("Frozen model inputs: ")
print(frozen_func.inputs)
print("Frozen model outputs: ")
print(frozen_func.outputs)

# 将冻结的图从冻结的ConcreteFunction保存到硬盘
tf.io.write_graph(graph_or_graph_def=frozen_func.graph,
                  logdir="./models/",
                  name="model.pb",
                  as_text=False)
```

（2）导入pb模型

cv2. dnn. readNetFromTensorflow()：读取TensorFlow框架保存的网络模型。

cv. dnn. readNetFromTensorflow(model[, config])，其参数说明：

model：pb格式的模型所在路径。

config：pbtxt格式的模型定义文件所在路径。

返回值：模型对象。

动手练习

补全以下代码并运行查看结果。

在<1>处，使用cv2.dnn.readNetFromTensorflow()载入模型函数创建cvNet对象实例，请填写函数内的关键参数。

设置载入模型的路径。

完成后若输出类似如下的结果，则模型载入正确。

<dnn_Net 0x7f86c46310>

```
# 使用cv2导入pb模型
<1>
cvNet
```

（3）使用pb模型进行预测

调用cv2. dnn中的方法，传入需要预测的图像，计算输出值并返回预测结果。

1）cv. dnn_Net. setInput()：为网络设置输入值。

cv. dnn_Net. setInput(blob[, name[, scalefactor[, mean]]])，其参数说明：

blob：blob对象，CV_32F或CV_8U色深（Color Depth，色位深度）。

name：输入层的名称。

scalefactor：归一化尺度。

mean：均值减法值。

2）cv2. dnn. blobFromImage()：从图像中创建一个4维的blob对象。

cv. dnn. blobFromImage(image[, scalefactor[, size[, mean[, swapRB[, crop[, ddepth]]]]]])，其参数说明：

images：输入的图片（单通道、三通道、四通道）。

scalefactor：归一化尺度。

size：输出图像的大小。

mean：均值减法值。

swapRB：对调第一和第三通道的值。

crop：resize后是否进行裁剪。

ddepth：输出blob对象的色深（CV_32F或CV_8U）。

```
# 载入一张图片
img = cv2.imread('./datasets/test/seeding/seeding_0165.jpg')
# 从图片生成blob对象
blob = cv2.dnn.blobFromImage(img, 1. / 255, size=(224, 224))
# 设置网络的输入值
cvNet.setInput(blob)
# 正向传播并输出结果
cvOut = cvNet.forward()
cvOut
# 确定概率最大的类别
predicted_id = np.argmax(cvOut)
predicted_id
# 输出结果
label[predicted_id]
```

4．使用线程进行稻麦成熟度检测

（1）导入相关依赖包

```
import cv2    # 引入OpenCV图像处理库
import numpy as np
from lib.ft2 import ft  # 中文描绘库
import threading  # 这是Python的标准库，线程库
# import ipywidgets as widgets   # Jupyter画图库
# from IPython.display import display  # Jupyter显示库

MODEL_PATH = '/home/nle/notebook/embedded_ai/task5-wheat_monitoring_system/models/model.pb'
label = ['成熟期', '孕穗期', '生长期']
```

（2）编写摄像头采集线程

结合OpenCV采集图像的内容，利用多线程的方式串起来，形成一个可传参、可调用的通用类。这里定义了一个全局变量camera_img，用于存储获取的图片数据，以便其他线程可以调用。

1）init初始化函数。实例化该线程的时候，会自动执行初始化函数，在初始化函数中打开摄像头并设置分辨率。

2）run函数。该函数在实例化后，执行start启动函数时自动执行。在该函数中实现了循环获取图像的内容。

```
class CameraThread(threading.Thread):
    def __init__(self, camera_id, camera_width, camera_height):
        threading.Thread.__init__(self)
        self.working = True
        self.cap = cv2.VideoCapture(camera_id) # 打开摄像头
```

```
        self.cap.set(cv2.CAP_PROP_FRAME_WIDTH, camera_width) # 设置摄像头分辨率宽度
        self.cap.set(cv2.CAP_PROP_FRAME_HEIGHT, camera_height) # 设置摄像头分辨率高度

    def run(self):
        global camera_img    # 定义一个全局变量，用于存储获取的图片，以便算法可以直接调用
        camera_img = None
        while self.working:
            ret, image = self.cap.read() # 获取新的一帧图片
            if ret:
                camera_img = image

    def stop(self):
        self.working = False
        self.cap.release()
```

（3）编写稻麦检测线程

结合调用算法接口的内容和图像显示内容，通过多线程的方式整合，循环识别。

对摄像头采集线程中获取的每一帧图片进行识别，将识别结果定义为全局变量predicted_label，以便其他线程可以调用。

1）init初始化函数。实例化该线程的时候，会自动执行初始化函数，在初始化函数里面，定义了显示内容，并实例化算法和加载模型。

2）run函数。该函数在实例化后，执行start启动函数的时候，会自动执行。

该函数是一个循环，实现了对采集的每一帧图片进行算法识别。

```
# 该线程传入采集到的画面，返回推理结果的标签
class WheatMaturityDetectThread(threading.Thread):
    def __init__(self):
        threading.Thread.__init__(self)
        self.working = True
        self.running = False
        self.cvNet = cv2.dnn.readNetFromTensorflow('./models/model.pb')

    def run(self):
        self.running = True
        global predicted_label
        predicted_label = ''
        while self.working:
            try:
                self.cvNet.setInput(cv2.dnn.blobFromImage(camera_img, 1. / 255, size=(224, 224)))
                cvOut = self.cvNet.forward()
                predicted_id = np.argmax(cvOut)
```

```
                predicted_label = label[predicted_id]
            except Exception as e:
                pass
        self.running = False

    def stop(self):
        self.working = False
        while self.running:
            pass
```

（4）编写显示线程

结合图像显示内容，利用多线程的方式循环显示。

1）init初始化函数。实例化该线程的时候，会自动执行初始化函数，在初始化函数中定义了显示内容。

2）run函数。该函数在实例化后，执行start启动函数时会自动执行。

在该函数是一个循环，实现了显示所采集的每一帧图片的识别结果。

```
# 该线程用于在右上角绘制分类结果并显示
class DisplayThread(threading.Thread):
    def __init__(self):
        threading.Thread.__init__(self)
        self.working = True
        self.running = False
        # 在notebook中显示
        #self.imgbox = widgets.Image()#定义一个图像盒子，用于装载图像数据
        # display(self.imgbox)  # 将盒子显示出来

        # 在边缘网关触摸屏上显示
        cv2.namedWindow('win',flags=cv2.WINDOW_NORMAL | cv2.WINDOW_KEEPRATIO | cv2.WINDOW_
GUI_EXPANDED)
        cv2.setWindowProperty('win', cv2.WND_PROP_FULLSCREEN, cv2.WINDOW_FULLSCREEN) # 全屏展示

    def run(self):
        self.running = True
        # 显示图像，把摄像头线程采集到的数据、全局变量camera_img，转换后，装在盒子里
        # 全局变量是不断更新的
        while self.working:
            try:
                # 绘制结果
                limg = ft.draw_text(camera_img, (520, 20), '{}'.format(predicted_label), 34, (0, 0, 255))
#在notebook中显示
```

```
#self.imgbox.value = cv2.imencode('.jpg', limg)[1].tobytes()#把图像值转成byte类型的值
#在边缘网关触摸屏上显示
                    cv2.imshow('win', limg)
                    cv2.waitKey(1)
                except Exception as e:
                    pass
            self.running = False

    def stop(self):
        self.working = False
        while self.running:
            pass
        cv2.destroyAllWindows()# 销毁所有的窗口
```

（5）启动线程

实例化三个线程，并启动这三个线程，实现完整的稻麦成熟度检测功能，运行时加载模型比较久，需要等待几秒。

```
camera_th = CameraThread(0, 224, 224)
wheat_maturity_detect_th = WheatMaturityDetectThread()
display_th = DisplayThread()
camera_th.start()
wheat_maturity_detect_th.start()
display_th.start()
```

（6）停止线程

为了避免占用资源，结束实验时需要停止摄像头采集线程和算法识别线程，或者重启内核。

```
display_th.stop()
wheat_maturity_detect_th.stop()
camera_th.stop()
```

5. 边缘端应用部署与调试

（1）创建应用文件存放目录

使用os模块创建稻麦成熟度检测应用文件存放目录。

```
# 在当前目录下创建名为app的目录
import os
if not os.path.exists('./app/'):
    os.mkdir('./app/')
```

（2）在app目录下新建Python脚本

1）在JupyterLab左侧文件浏览器中进入“./task5-wheat_monitoring_system/app/”目录，鼠标右键单击并选择“新建文件”，如图5-22所示。

2）将该文件重命名为task5. py，如图5-23所示。

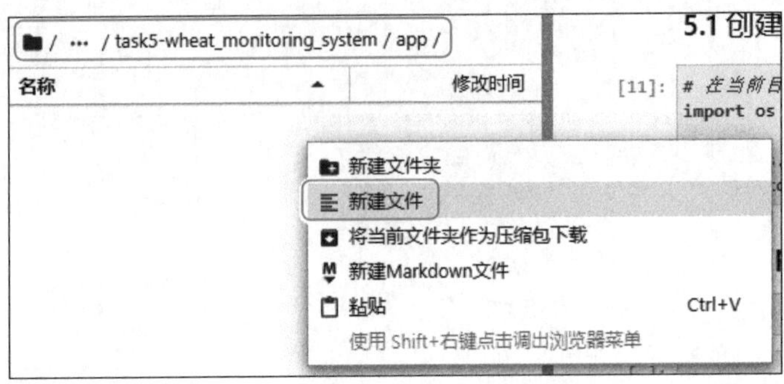

图5-22　新建文件

图5-23　文件重命名

（3）在task5. py文件中补充代码

1）将“使用线程进行稻麦成熟度检测”中从（1）导入相关依赖包至（6）启动线程的代码复制进task5. py文件中并保存，如图5-24所示。

```
任务2.模型评估与应用部署.ip ×    task5.py    ×
 60 # 该线程用于在右上角绘制分类结果并显示
 61 class DisplayThread(threading.Thread):
 62     def __init__(self):
 63         threading.Thread.__init__(self)
 64         self.working = True
 65         self.running = False
 66 
 67         # 在notebook中显示
 68         # self.imgbox = widgets.Image()  # 定义一个图像盒子，用于装载图像数据
 69         # display(self.imgbox)  # 将盒子显示出来
 70 
 71         # 在边缘网关触摸屏上显示
 72         cv2.namedWindow('win',flags=cv2.WINDOW_NORMAL | cv2.WINDOW_KEEPRATIO | cv2.WINDOW_GUI_EXPANDED)
 73         cv2.setWindowProperty('win', cv2.WND_PROP_FULLSCREEN, cv2.WINDOW_FULLSCREEN) # 全屏展示
 74 
 75     def run(self):
 76         self.running = True
 77         # 显示图像，把摄像头线程采集到的数据、全局变量camera_img，转换后，装在在盒子里，全局变量是不断更新的
 78         while self.working:
 79             try:
 80                 # 绘制结果
 81                 limg = ft.draw_text(camera_img, (520, 20), '{}'.format(predicted_label), 34, (0, 0, 255))
 82 
 83                 # 在notebook中显示
 84                 # self.imgbox.value = cv2.imencode('.jpg', limg)[1].tobytes() # 把图像值转成byte类型的值
 85 
 86                 # 在边缘网关触摸屏上显示
 87                 cv2.imshow('win', limg)
 88                 cv2.waitKey(1)
 89             except Exception as e:
 90                 pass
 91         self.running = False
 92 
 93     def stop(self):
 94         self.working = False
 95         while self.running:
 96             pass
 97         cv2.destroyAllWindows()# 销毁所有的窗口
 98 
 99 
100 camera_th = CameraThread(0, 224, 224)
101 wheat_maturity_detect_th = WheatMaturityDetectThread()
102 display_th = DisplayThread()
103 
104 camera_th.start()
105 wheat_maturity_detect_th.start()
106 display_th.start()
```

图5-24　应用代码填写

2）将“./task5-wheat_monitoring_system/lib”目录复制至“./embedded_ai/task5-wheat_monitoring_system/app/”目录下。

```
!cp -r lib ./app/
```

3）将“./task5-wheat_monitoring_system/models/model.pb”模型文件复制至“./embedded_ai/task5-wheat_monitoring_system/app/”目录下。

```
!cp ./models/model.pb ./app/
```

4）在task5.py脚本中修改模型文件的路径并保存，如图5-25所示。

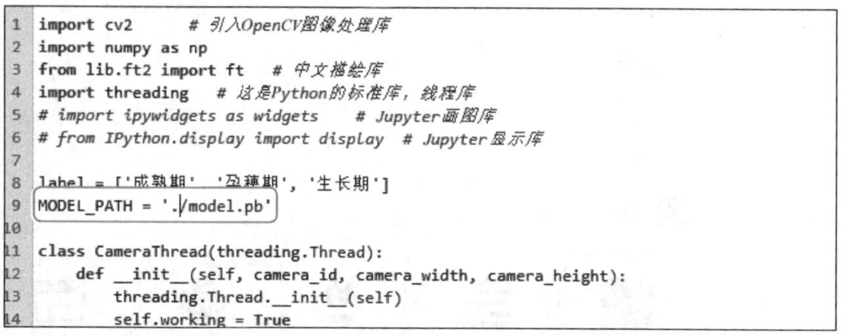

```
1  import cv2      # 引入OpenCV图像处理库
2  import numpy as np
3  from lib.ft2 import ft    # 中文描绘库
4  import threading    # 这是Python的标准库，线程库
5  # import ipywidgets as widgets     # Jupyter画图库
6  # from IPython.display import display  # Jupyter显示库
7
8  label = ['成熟期', '孕穗期', '生长期']
9  MODEL_PATH = './model.pb'
10
11 class CameraThread(threading.Thread):
12     def __init__(self, camera_id, camera_width, camera_height):
13         threading.Thread.__init__(self)
14         self.working = True
```

图5-25　模型路径修改

至此，稻麦检测应用已准备完毕。

（4）使用终端进行调试

1）单击JupyterLab左上方的新建启动页图标，如图5-26所示。

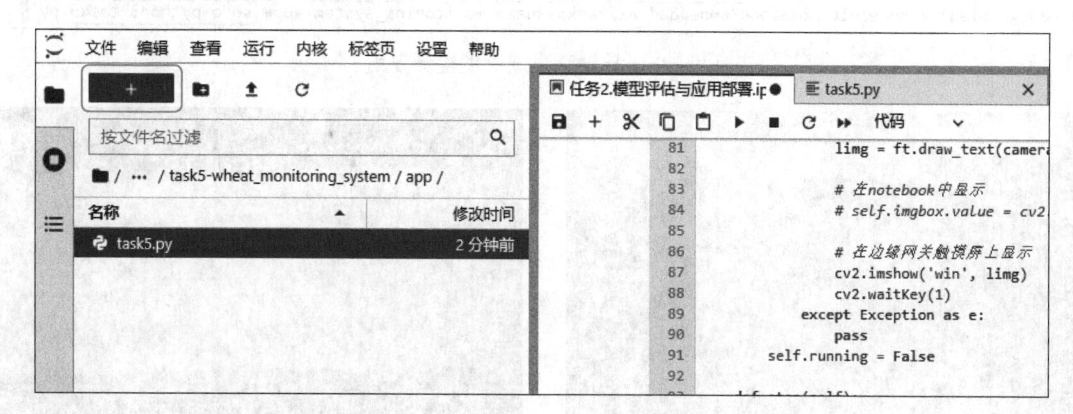

图5-26　新建启动页

2）在“启动页”中选择“终端”，如图5-27所示。

3）应用启动与测试：

① 使用cd命令进入app所在目录，如“cd notebook/embedded_ai/task5-wheat_monitoring_system/app”。

② 使用“sudo python3 task5.py”运行脚本，并查看程序是否正常启动，如图5-28所示。

③ 启动成功后，使用摄像头拍摄稻麦图像（可将测试集的图片复制至手机，以便在测试应用时使用），该应用会在右上角显示检测的结果，调试完成后可使用<Ctrl+C>组合键停止运行。部分效果展示如图5-29～图5-32所示。

图5-27　启动终端

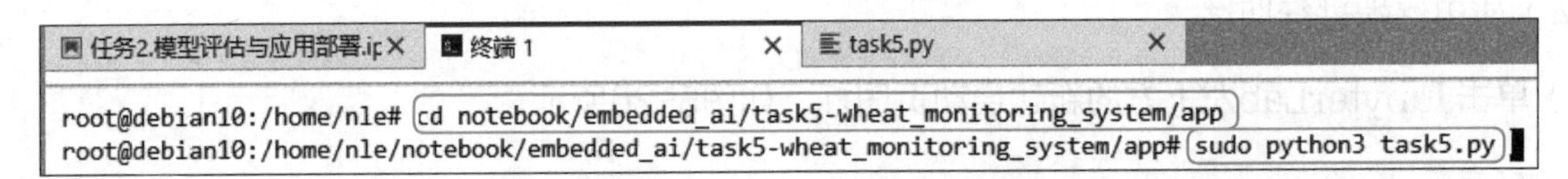

图5-28　启动稻麦成熟度检测应用

图5-29　效果展示1

图5-30　效果展示2

图5-31　效果展示3

图5-32　效果展示4

任务小结

本任务首先介绍了模型格式转换和模型部署的相关知识。通过任务实施，带领读者完成了训练环境搭建、模型评估、模型格式转换与推理、使用线程进行稻麦成熟度检测和边缘端应用部署与调试等实验。

通过本任务的学习，读者对边缘端模型部署有了更深入的了解，在实践中逐渐熟悉模型部署的典型流程。本任务相关的知识技能的思维导图如图5-33所示。

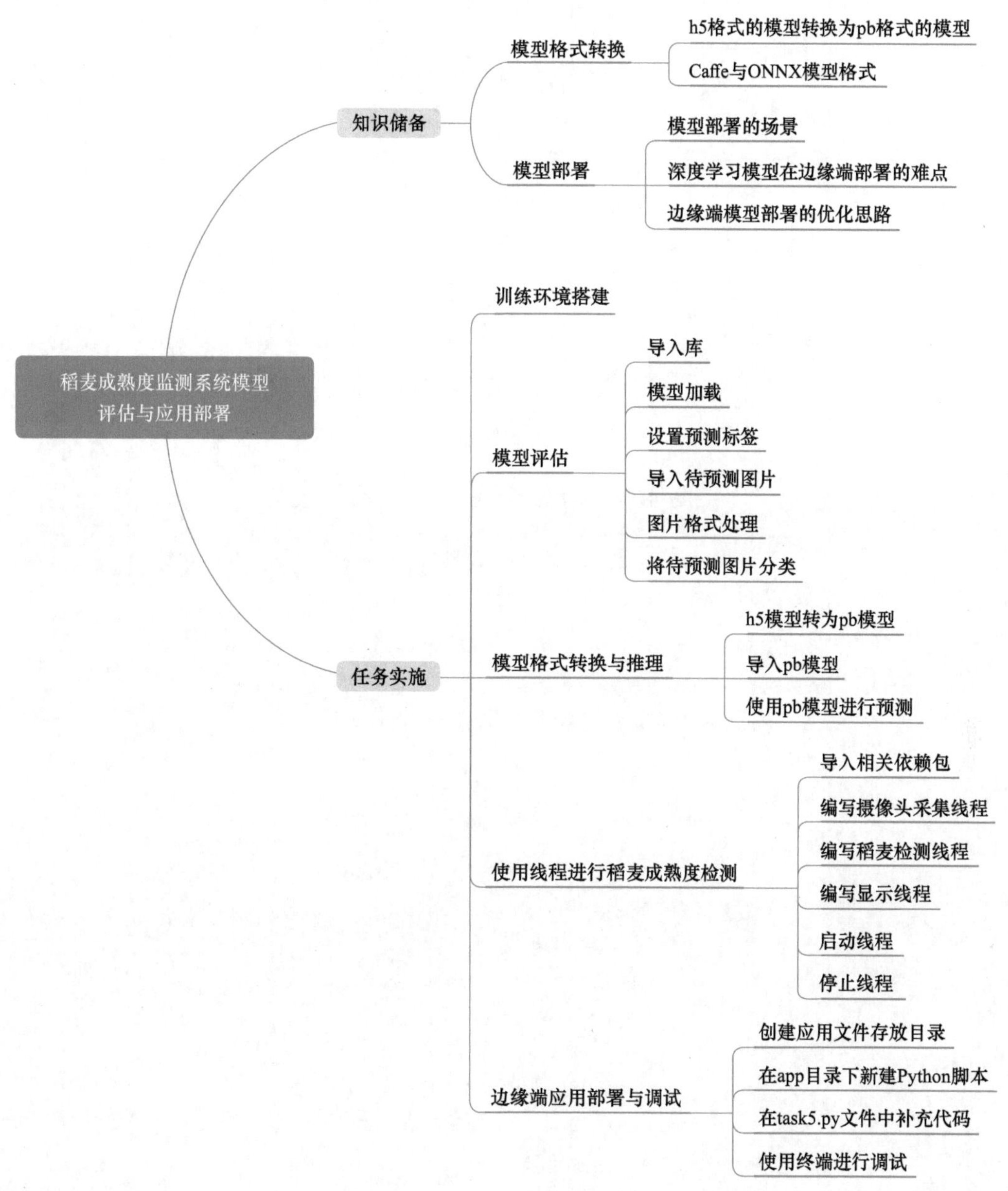

图5-33 思维导图

项目6

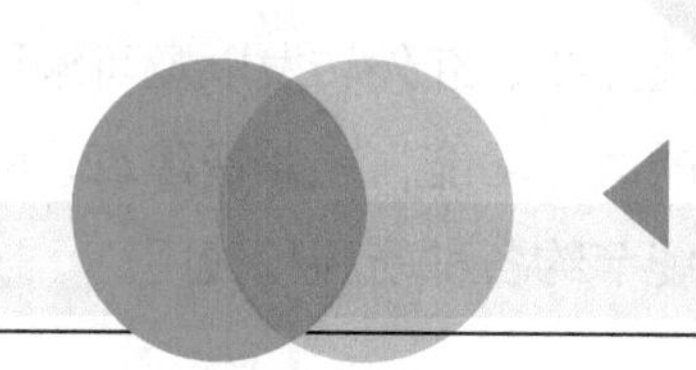

使用语音识别实现智慧家居控制

项目导入

“随着闹钟铃响，窗帘徐徐拉开，暖气自动调到24℃，咖啡机正流出香浓咖啡。出门上班后，家里的扫地机器人开始工作，这一切都可以通过手机视频实时监控……”短视频平台上，类似这样“1分钟告诉你智能家居有多省事”“一镜到底，感受全屋智慧家居”的视频点赞过万，十分火热。如今，智慧家居理念在年轻人群体中越来越流行。

智慧家居通常指的是将网络通信、自动控制、物联网、云计算及人工智能等技术与家居设备相融合，涵盖智能家电、智能光感、智能家庭娱乐、智能安防、智能连接控制、智能家庭能源管理等细分方向。智慧家居以住宅为平台，利用综合布线技术、网络通信技术、安全防范技术、自动控制技术、音视频技术将家居生活有关的设施集成，构建高效的住宅设施与家庭日程事务的管理系统，提升家居安全性、便利性、舒适性、艺术性，并实现环保节能的居住环境。智慧家居示例如图6-1所示。

图6-1 智慧家居示例

智慧家居是在互联网影响之下物联化的体现。智慧家居通过物联网技术将家中的各种设备（如音视频设备、照明系统、窗帘控制、空调控制、安防系统、数字影院系统、影音服务器、影柜系统、网络家电等）连接到一起，提供家电控制、照明控制、电话远程控制、室内外遥控、防盗报警、环境监测、暖通控制、红外转发以及可编程定时控制等多种功能和手段。与普通家居相比，智慧家居不仅具有传统的居住功能，还兼备建筑、网络通信、信息家电、设备自动化，提供全方位的信息交互功能，甚至还能节约各种能源和费用。

任务1 语音合成与播报

知识目标

- 了解语音合成实现原理。
- 了解语音合成应用场景。

能力目标

- 掌握音频接口的连接。
- 掌握音频接口的基本控制。
- 掌握语音命令词识别和执行指令。

素质目标

- 具有归纳总结的能力。
- 具有提出问题的能力。

任务分析

任务描述：

查看并选择合适的音频设备，发送相应的控制指令，完成语音命令词识别、合成和播报的功能。

任务要求：

- 掌握音频接口的连接。
- 掌握音频接口的基本控制。
- 掌握语音命令词识别和执行指令。

任务计划

根据所学相关知识，制订本任务的实施计划，见表6-1。

表6-1 任务计划表

项目名称	使用语音识别实现智慧家居控制
任务名称	语音合成与播报
计划方式	自主设计
计划要求	请按照计划分步骤完整描述出如何完成本任务
序　号	任务计划步骤
1	
2	
3	
4	
5	

1. 语音合成

语音合成是通过机械的、电子的方法产生人造语音的技术，又称文本—语言转换技术（Text to Speech，TTS，以下称文语转换系统），它是将计算机自己产生的或外部输入的文字信息转变为可以听得懂的、流利的汉语口语输出的技术。

语音合成和语音识别（ASR）技术是实现人机语音通信，建立一个有听和讲能力的口语系统所必需的两项关键技术。使计算机具有类似于人的说话能力，是当今时代信息产业的重要竞争市场。和语音识别相比，语音合成技术相对要成熟一些，并已开始向产业化方向成功迈进，大规模应用指日可待。

机器如何听懂人的话如图6-2所示。

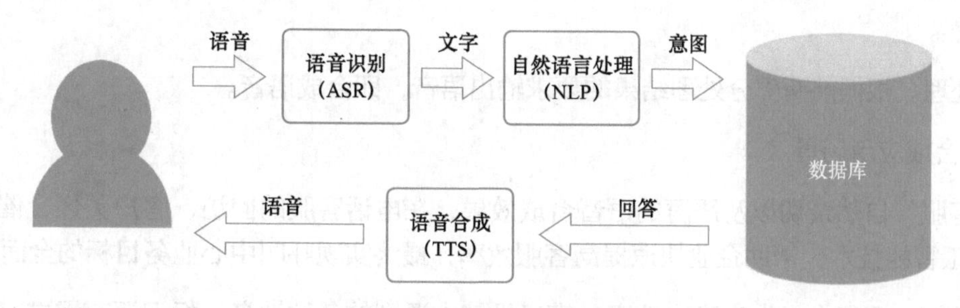

图6-2 机器如何听懂人的话

语音合成能将任意文字信息实时转化为标准流畅的语音朗读出来，相当于给机器装上了“人工嘴巴”。它涉及声学、语言学、数字信号处理、计算机科学等多个学科的技术，是中文信息处理领域的一项前沿技术，解决的主要问题就是如何将文字信息转化为可听的声音信息，让机器像人一样开口说话。“让机器像人一样开口说话”与传统的声音回放设备（系统）有着本质的区别。传统的声音回放设备（系统），如磁带录音机，是通过预先录制声音然后回放来实现“让机器说话”。这种方式无论是在内容、存储、传输等方面，还是在方便性、及时性等方面都存在很大的限制。通过计算机语音合成，则可以在任何时候将任意文本转换成具有高自然度的语音，从而真正实现让机器“像人一样开口说话”。

（1）文语转换系统

文语转换系统实际上可以看作一个人工智能系统。为了合成出高质量的语言，除了依赖于各种规则，包括语义学规则、词汇规则、语音学规则外，还必须对文字的内容有很好的理解，这也涉及自然语言理解的问题。图6-3是声道频域特性（频率响应图）。文语转换过程是先将文字序列转换成音韵序列，再由系统根据音韵序列生成语音波形。其中，第一步涉及语言学处理，例如分词、字音转换等，以及一整套有效的韵律控制规则。第二步需要先进的语音合成技术，能按要求实时合成出高质量的语音流。因此一般说来，文语转换系统都需要一套复杂的文字序列到音素序列的转换程序，也就是说，文语转换系统不但要应用数字信号处理技术，而且必须有大量的语言学知识的支持。

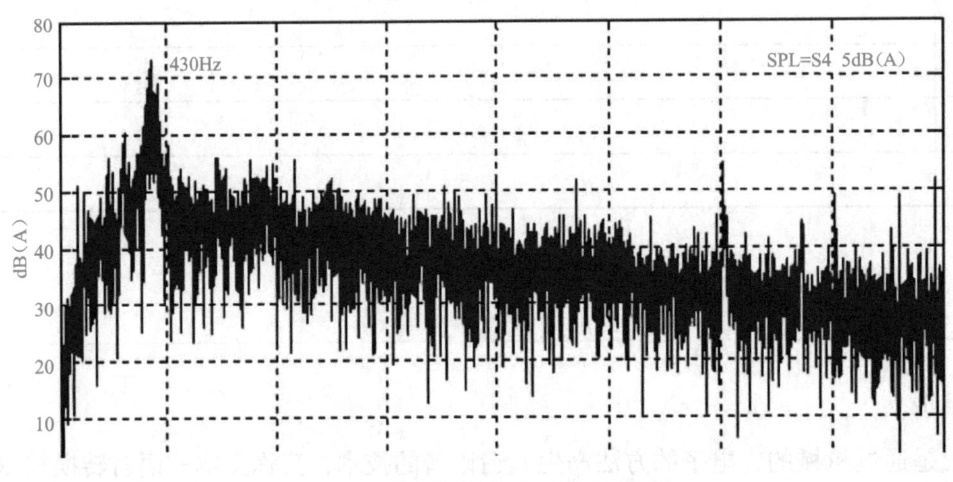

图6-3 声道频域特性（频率响应图）

（2）语音合成结构

1）语言处理。语言处理在文语转换系统中起着重要的作用，主要模拟人对自然语言的理解过程——文本规整、词的切分、语法分析和语义分析，使计算机能够完全理解输入的文本，并给出韵律处理和声学处理所需要的各种发音提示。

2）韵律处理。为合成语音规划出音段特征，如音高、音长和音强等，使合成语音能正确表达语义，听起来更加自然。

3）声学处理。根据前两部分处理结果的要求输出语音，即合成语音。

（3）语音合成应用场景

1）电话客服：自然亲切以及严厉的语音合成效果，在电话客服的回访、客户关怀、催收等多个场景下应用。用人工智能技术，帮助企业快速提高客服效率，最终实现呼叫中心业务目标的全面达成。

2）出行导航：语音合成发音稳定性高，满足导航中遇到的各种地名、标识语言需求，用声音提升产品体验，为用户的安全出行提供保障。

3）有声阅读：用富有感染力的声音讲故事、读小说，满足“懒人”的听书需求。已有超过千万用户选择使用带有语音合成技术的阅读软件，为阅读精选更多不同音色的声音，让每篇文章都像是真人主播在为用户朗读。将教材内容合成为人声音频，实现中英文的朗读和带读功能，使孩子可以随时享受优质的教育资源。

4）新闻播报：为新闻播报场景提供风格稳重、字正腔圆的男女声主播，帮助传统新闻媒体快速完成有声内容建设，为用户提供多元化的内容形式。

5）智能硬件：满足不同领域和场景的智能硬件使用需求，硬件在能听、会思考的同时也能发出媲美真人的声音，从而更具智能和“温度”。

知识拓展

扫一扫，了解语音合成的方法与发展历史。

2. 高级Linux声音架构（ALSA）

ALSA（Advanced Linux Sound Architecture）是高级Linux声音架构。它在Linux操作系统上提供了对音频和音乐设备数字化接口（Musical Instrument Digital Interface，MIDI）的支持。在2.6系列内核中，ALSA已经成为默认的声音子系统，用来替换2.4系列内核中的开放声音系统（Open Sound System，OSS）。

ALSA的主要特性包括：高效地支持从消费类入门级声卡到专业级音频设备所有类型的音频接口，完全模块化的设计，支持对称多处理（SMP）和线程安全，对OSS的向后兼容，以及提供了用户空间的alsa-lib库来简化应用程序的开发。

Gentoo提供了两种方法可以使ALSA运行在用户的系统上：内核自带的驱动和外部的alsa-driver软件包。这两种方法基本上完成的是同一项任务，这使得提供对外部软件包的支持异常困难和耗时。Gentoo维护者决定不再继续支持alsa-driver软件包，而是将他们的资源集中在Linux内核中的ALSA驱动部分，其指南只集中介绍如何通过内核自带的驱动来配置ALSA。

Jaroslav Kysela曾是ALSA项目的领导者。这个项目开始于为1998年Gravis Ultrasound所开发的驱动，它一直作为一个单独的软件包开发，直到2002年被引入Linux内核的开发版本（2.5.4—2.5.5）。从2.6版本开始ALSA成为Linux内核中默认的标准音频驱动程序集，OSS则被标记为废弃。

ALSA是一个完全开放源代码的音频驱动程序集，除了像OSS那样提供了一组内核驱动程序模块之外，ALSA还专门为简化应用程序的编写提供了相应的函数库，与OSS提供的基于ioctl的原始编程接口相比，ALSA函数库使用起来要更加方便一些。利用该函数库，开发者可以方便、快捷地开发出自己的应用程序，细节则留给函数库内部处理。当然ALSA也提供了类似于OSS的系统接口，不过ALSA的开发者建议应用程序开发者使用音频函数库而不是驱动程序的API。

（1）aplay工具简介

aplay是ALSA声卡驱动程序的命令行音频文件播放器。它支持多种文件格式和多种设备的多种声卡。对于支持的音频格式文件，可以从声音文件头部中自动确定采样率、位深度等。

（2）arecord命令简介

arecord命令主要用于声音录制，通过arecord-h命令，可以查看具体的使用帮助信息。

（3）amixer命令简介

alsamixer是Linux音频架构ALSA中Alsa工具的其中一个，用于配置音频的各个参数。alsamixer是基于文本下的图形界面的，它支持通过键盘的方向键等，很方便地设置需要的音量，实现开关某个switch（开关）等操作。amixer是alsamixer的文本模式，即命令行模式，用户可以用amixer命令配置声卡的各个选项。

3. subprocess模块

运行Python的时候，都是在创建并运行一个进程。像Linux进程那样，一个进程可以创建（fork）一个子进程，并让这个子进程运行（exec）另外一个程序。在Python中，通过标准库中的subprocess包来创建一个子进程，并运行一个外部的程序。

subprocess包中定义了数个创建子进程的函数，这些函数分别以不同的方式创建子进程，所以可以根据需要从中选取一个使用。另外，subprocess还提供了一些管理标准流（standard stream）和管道（pipe）的工具，从而在进程间使用文本通信。subprocess模块中的常用函数见表6-2。

表6-2　subprocess模块中的常用函数

函　数	描　述
subprocess.run()	Python 3.5中新增的函数。执行指定的命令，等待命令执行完成后返回一个包含执行结果的CompletedProcess类的实例
subprocess.call()	执行指定的命令，返回命令执行状态，其功能类似于os.system(cmd)
subprocess.check_call()	Python 2.5中新增的函数。执行指定的命令，如果执行成功则返回状态码，否则抛出异常。其功能等价于subprocess.run(…,check=True)
subprocess.check_output()	Python 2.7中新增的函数。执行指定的命令，如果执行状态码为0则返回命令执行结果，否则抛出异常
subprocess.getoutput(cmd)	接收字符串格式的命令，执行命令并返回执行结果，其功能类似于os.Popen(cmd).read()和commands.getoutput(cmd)
subprocess.getstatusoutput(cmd)	执行cmd命令，返回一个元组（命令执行状态，命令执行结果输出），其功能类似于commands.getstatusoutput()

在Python 3.5之后的版本中，官方文档中提倡通过subprocess.run()函数替代其他函数来使用subprocess模块的功能。在Python 3.5之前的版本中，可以通过subprocess.call()、subprocess.getoutput()等函数来使用subprocess模块的功能。subprocess.run()、subprocess.call()、subprocess.check_call()和subprocess.check_output()都是通过对subprocess.Popen的封装而实现的高级函数，因此如果需要更复杂的功能，则可以通过subprocess.Popen来完成。

subprocess.getoutput()和subprocess.getstatusoutput()函数是来自Python 2.x的commands模块的两个遗留函数。它们隐式调用系统shell，并且不保证其他函数所具有的安全性和异常处理的一致性。另外，它们从Python 3.3.4开始才支持Windows平台。

（1）subprocess.CompletedProcess类

需要说明的是，subprocess.run()函数是Python3.5中新增的一个高级函数，其返回值是一个subprocess.CompletedProcess类的实例，因此，subprocess.CompletedProcess类也是Python 3.5中才存在的。它表示的是一个已结束进程的状态信息，包含如下属性：

1）args：用于加载该进程的参数，这可能是一个列表或一个字符串。

2）returncode：子进程的退出状态码。通常情况下，退出状态码为0，则表示进程成功运行了。如果返回负值（如-N），则表示这个子进程被信号N终止了。

3）stdout：从子进程捕获的stdout通常是一个字节序列。如果run()函数被调用时指定universal_newlines=True，则该属性值是一个字符串。如果run()函数被调用时指定stderr=subprocess.STDOUT，那么stdout和stderr将会被整合到这一个属性中，且stderr将会为None。

4）stderr：从子进程捕获的stderr的值与stdout一样，是一个字节序列或一个字符串。如果stderr没有被捕获，它的值就为None。

5）check_returncode()：如果returncode是一个非0值，则该方法会抛出一个CalledProcessError异常。

（2）subprocess. Popen类

该类用于在一个新的进程中执行一个子程序。前面提到过，上面介绍的这些函数都是基于subprocess. Popen类实现的，通过使用这些被封装的高级函数可以很方便地完成一些常见的需求。由于subprocess模块底层进程的创建和管理是由Popen类来处理的，因此，当无法通过上面那些高级函数来实现一些不太常见的功能时就可以通过subprocess. Popen类提供的灵活的API来完成。

subprocess. Popen的构造函数如图6-4所示。

```
1 class subprocess.Popen(args, bufsize=-1, executable=None, stdin=None, stdout=None, stderr=None,
2     preexec_fn=None, close_fds=True, shell=False, cwd=None, env=None, universal_newlines=False,
3     startup_info=None, creationflags=0, restore_signals=True, start_new_session=False, pass_fds=())
```

图6-4　subprocess.Popen的构造函数

参数说明

args：要执行的shell命令，可以是字符串，也可以是命令各个参数组成的序列。当该参数的值是一个字符串时，该命令的解释过程是与平台相关的，因此通常建议将args参数作为一个序列传递。

bufsize：指定缓存策略，0表示不缓冲，1表示行缓冲，其他大于1的数字表示缓冲区大小，负数表示使用系统默认缓冲策略。

stdin，stdout，stderr：分别表示程序标准输入、输出、错误句柄。

preexec_fn：用于指定一个将在子进程运行之前被调用的可执行对象，只在UNIX平台下有效。

close_fds：如果该参数的值为True，则除了0、1和2之外的所有文件描述符都将会在子进程执行之前被关闭。

shell：该参数用于标识是否使用shell作为要执行的程序。如果该参数值为True，则建议将args参数作为一个字符串传递而不要作为一个序列传递。

cwd：如果该参数值不是None，则该函数将会在执行这个子进程之前改变当前工作目录。

env：用于指定子进程的环境变量。如果env=None，那么子进程的环境变量将从父进程中继承。如果env不为None，则它的值必须是一个映射对象。

universal_newlines：如果该参数值为True，则该文件对象的stdin、stdout和stderr将会作为文本流被打开，否则它们将会作为二进制流被打开。

startupinfo和creationflags：这两个参数只在Windows下有效，它们将被传递给底层的CreateProcess()函数，用于设置子进程的一些属性，如主窗口的外观、进程优先级等。

任务实施

1. 导入依赖库

完成依赖库的导入。

re：re依赖库使Python语言拥有全部的正则表达式功能。

subprocess：subprocess依赖库允许用户启动一个新进程，并连接到它们的输入、输出、错误管道，从而获取返回值。在命令行中，可以安装一个或同时安装多个依赖库。

动手练习

请根据提示导入所需依赖库。

请在<1>处导入re依赖库。

请在<2>处导入subprocess依赖库。

```
<1>
<2>
```

2. 获取音频设备ID

查看系统音频设备信息并获取设备ID。

1）使用shell命令查看系统音频设备信息。

在Linux系统中可以使用“cat /proc/asound/cards”命令查看系统中的音频设备。

```
root@debian10:/home/nle# cat /proc/asound/cards
 0 [rockchiprk809co]: rockchip_rk809- - rockchip,rk809-codec
                      rockchip,rk809-codec
 1 [rockchiphdmi    ]: rockchip_hdmi - rockchip,hdmi
                      rockchip,hdmi
 2 [RKmsm261s4030h0]: RK_msm261s4030h - RK_msm261s4030h0
                      RK_msm261s4030h0
 3 [Camera          ]: USB-Audio - USB Camera
                      AF USB Camera at usb-fe3c0000.usb-1.4, high speed
 4 [Device          ]: USB-Audio - USB PnP Sound Device
                      C-Media Electronics Inc. USB PnP Sound Device at usb-xhci-hcd.9.auto-1.2, full
```

动手练习

请根据提示完成动手练习。

请在<1>处使用命令查看系统中的音频设备，如果输出音频设备相关信息，则表明填写正确。

```
! <1>
```

2）使用aplay工具查看系统音频设备信息。

使用aplay工具查看系统音频设备信息的命令为“aplay-l”，命令填写完成后，得到类似如下的结果，则表明填写正确。

```
root@debian10:/home/nle# aplay -l
**** List of PLAYBACK Hardware Devices ****
card 0: rockchiprk809co [rockchip,rk809-codec], device 0: ff890000.i2s-rk817-hifi rk817-hifi-0 []
  Subdevices: 1/1
  Subdevice #0: subdevice #0
card 1: rockchiphdmi [rockchip,hdmi], device 0: ff8a0000.i2s-i2s-hifi i2s-hifi-0 []
  Subdevices: 1/1
  Subdevice #0: subdevice #0
```

```
card 4: Device [USB PnP Sound Device], device 0: USB Audio [USB Audio]
    Subdevices: 1/1
    Subdevice #0: subdevice #0
```

动手练习

请根据提示完成动手练习。

请在<1>处使用aplay工具查看系统中的音频设备，如果输出音频设备相关信息，则表明填写正确。

```
! <1>
```

3）使用subprocess模块在Python中获取命令行输出信息。

subprocess模块允许用户生成新的进程，连接它们的输入、输出、错误管道，并且获取它们的返回码。

subprocess. getstatusoutput(cmd)：返回在shell中执行cmd产生的（exitcode，output）。

末尾的一个换行符会从输出中被去除。命令的exitcode（退出码）可被解读为子进程的returncode（返回码）。

```
>>>
>>> subprocess.getstatusoutput('ls /bin/ls')
(0, '/bin/ls')
>>> subprocess.getstatusoutput('cat /bin/junk')
(1, 'cat: /bin/junk: No such file or directory')
>>> subprocess.getstatusoutput('/bin/junk')
(127, 'sh: /bin/junk: not found')
>>> subprocess.getstatusoutput('/bin/kill $$')
(-15, '')
```

此函数现在返回（exitcode，output），而不是像Python 3.3.3及更早的版本那样返回（status，output）。exitcode的值与returncode相同。

动手练习

请根据上述说明完成动手练习。

请在<1>处使用subprocess.getstatusoutput函数获取aplay工具查看到的音频设备信息，如果输出音频设备相关信息，则表明填写正确。

```
# 使用"aplay -l"查看系统音频设备信息
res_content = <1>
res_content
```

4）使用re模块提取声卡设备ID。

re模块提供了与Perl语言类似的正则表达式匹配操作。正则表达式使用反斜杠（\）来表示特殊形式，或者把特殊字符转义成普通字符。反斜杠在普通的Python字符串里也有相同的作用，所以就产生了冲突。比如说，要匹配一个字面上的反斜杠，正则表达式模式不得不写成\\。解决办法是对于正则表达式样式使用Python的原始字符串表示法。在带有r前缀的字符串中，反斜杠不必做任何特殊处理。因此r"\n"表示包含反斜杠和n两个字符的字符串，而"\n"则表示只包含一个换行符的字符串。

re.findall(pattern, string, flags=0)：对string返回一个不重复的pattern匹配列表，string从左到右进行扫描，匹配按找到的顺序返回。如果样式里存在一到多个组，就返回一个组合列表，就是一个元组的列表（如果样式里有超过一个的组合）。空匹配也会包含在结果里。

findall()匹配所有出现的样式，而search()中只做第一个匹配。比如，如果一个作者希望找到文字中的所有副词，他可能会按照以下方法使用findall()：

```
>>> text="He was carefully disguised but captured quickly by police."
>>> re.findall(r"\w+ly", text)
['carefully', 'quickly']
```

动手练习

请根据提示完成动手练习。

请在<1>处使用re.findall（pattern，string），使用正则表达式匹配res_content[1]中的字符，以获取音频设备的ID信息。若输出类似（'3'，'0'）的声卡ID和设备ID编号，则填写正确。

```
# 若获取到音频设备信息
if res_content[0] == 0 and res_content[1] != '':
    # 用于查找设备ID的正则表达式
    pattern=r".*card (.*?): .*, device (.*?): USB Audio.*"
    # 查找USB音频设备
    result = <1>
    # 获取的首个USB声卡的ID信息
    dev_id = result[0]
    # 打印Card ID与Device ID
    print(dev_id)
else:
    print("无法获取语音设备ID，请检查设备！")
```

5）将获取的音频设备ID的代码封装为函数。

```
def get_device_id():
    # 使用aplay –l查看系统音频设备信息
    res_content = subprocess.getstatusoutput("aplay –l")
    # 若获取到音频设备信息
    if res_content[0] == 0 and res_content[1] != '':
        # 用于查找设备ID的正则表达式
        pattern = r".*card (.*?): .*, device (.*?): USB Audio.*"
        # 查找USB音频设备
        result = re.findall(pattern, res_content[1])
        # 获取的USB声卡的ID信息
        for i in range(len(result)):
            dev_id = result[i]
        # 打印Card ID与Device ID
            print(dev_id)
    else:
        print("无法获取语音设备ID，请检查设备！")
        return
```

```
    #返回获取到的第一个USB声卡ID
    return result[0]
# 获取设备ID功能测试
get_device_id()
```

3. 语音合成与播报

利用aplay工具对语音进行播报测试。

1）测试语音合成接口。

动手练习

请根据提示完成动手练习。

请在<1>处使用cd命令进入“./speech/recognition/bin/”目录下，运行tts_offline_sample，其传入的文本为“小陆，你好”，测试语音合成接口是否可用。

若打印出“小陆，你好”，则表明填写正确。

```
!<1> "小陆，你好"
```

2）测试语音播报。

语音合成后的音频文件及所在的路径为“./speech/broadcast/bin/tts_sample.wav”，使用aplay工具播放该音频，即可完成语音播报。

① 使用aplay工具直接播放。

```
!aplay ./speech/broadcast/bin/tts_sample.wav!
```

② 使用aplay工具并指定音频设备ID播放。

```
# 获取USB声卡的设备ID!
get_device_id()!
```

动手练习

请根据提示完成动手练习。

请在<1>处根据上方返回的声卡ID（返回的第一个值），补全下方命令（需根据实际情况填写）。

请在<2>处根据上方返回的设备ID（返回的第二个值），补全下方命令（需根据实际情况填写）。

若成功播放合成的声音，则表明填写正确。

若get_device_id()返回值为（'3'，'0'）

```
!aplay –Dplughw:<1>,<2> ./speech/broadcast/bin/tts_sample.wav # Card ID = 4, Device ID = 0
```

③ 使用subprocess. Popen()在Python中运行shell命令。

subprocess. Popen(args, …, shell=True)：将shell命令赋值给args，即可在Python中运行shell命令。

```
broadcast_cmd = 'aplay ./speech/broadcast/bin/tts_sample.wav'
subprocess.Popen(broadcast_cmd, shell=True)
```

3）语音合成并播报。

动手练习

请根据提示完成动手练习。

请在<1>处填写需要被合成为语音的文本，如“小陆，你好”。

请在<2>处使用subprocess.getstatusoutput()合成语音，并将该命令的返回值传递给res_content。

请在<3>处补充判断条件，若res_content[0] == 0并且res_content[1]中包含“合并成功”的字符时，则表示语音合并成功。

请在<4>处使用subprocess.Popen()播报合成的语音。

若成功播放合成的声音，则表明填写正确。

```
text = <1>
print('语音合成开始……')
# 调用语音合成接口的指令
tts_cmd = 'cd ./speech/broadcast/bin/' + ' && ./tts_offline_sample {}'.format(text)
# 语音合并并获取返回值
res_content = <2>
# 如果合并成功
if <3>:
    print('语音合并成功，开始播报……')
    # 使用aplay播放语音
    broadcast_cmd = 'aplay ./speech/broadcast/bin/tts_sample.wav'
    <4>
else:
    print('语音合并失败')
```

4）将实现语音播报的代码封装为函数。

```
def broadcast(text):
    print('语音合成开始……')
    # 调用语音合成接口的指令
    tts_cmd = 'cd ./speech/broadcast/bin/' + ' && ./tts_offline_sample {}'.format(text)
    # 语音合并并获取返回值
    res_content = subprocess.getstatusoutput(tts_cmd)
    # 如果合并成功
    if res_content[0] == 0 and '合并成功' in res_content[1]:
        print('语音合并成功，开始播报……')
        # 使用aplay播放语音
        broadcast_cmd = 'aplay ./speech/broadcast/bin/tts_sample.wav'
        subprocess.Popen(broadcast_cmd, shell=True)
    else:
        print('语音合并失败')
# 语音播报功能测试
broadcast("小陆，你好！")
```

任务小结

本任务首先介绍了语音合成、高级Linux声音架构和subprocess模块的相关知识。通过任务实施，带领读者完成了导入依赖库、获取音频设备ID、语音合成与播报等实验。

通过本任务的学习，读者对语音合成的基本知识和概念有了更深入的了解，在实践中逐渐熟悉语音合成与播报的基础操作方法。本任务相关的知识技能的思维导图如图6-5所示。

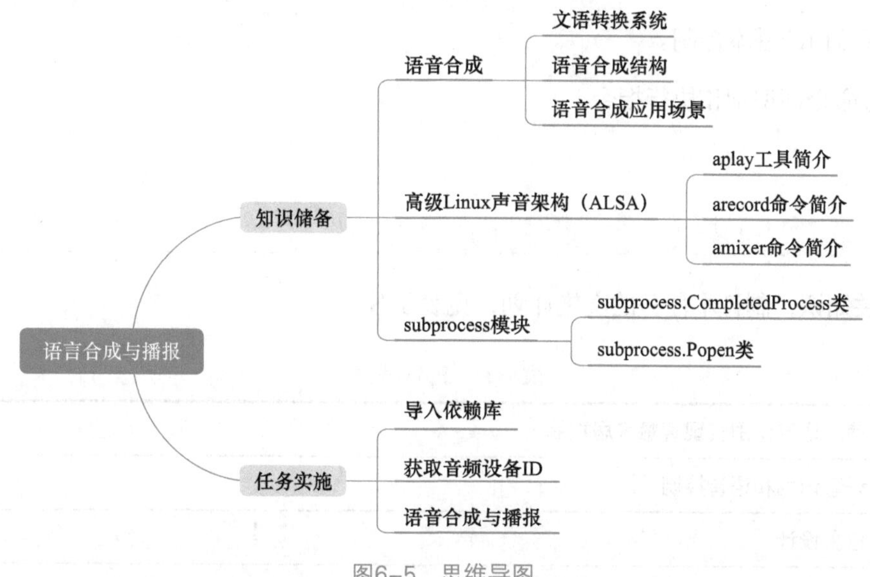

图6-5　思维导图

任务2　语音识别和语音控制

知识目标

- 了解语音识别的实现原理。
- 了解语音识别的应用场景。

能力目标

- 掌握音频接口的连接。
- 掌握音频接口的基本控制。
- 掌握语音命令词识别和执行指令。

素质目标

- 具有精益求精的工匠精神。
- 做事情有计划、有规划，善于发现，敢于实践，不断突破自我。

任务描述：

查看并选择合适的音频设备，发送相应的控制指令，完成语音命令词识别、合成和播报的功能。

任务要求：

- 掌握音频接口的连接。
- 掌握音频接口的基本控制。
- 掌握语音命令词识别和执行指令。

根据所学相关知识，制订本任务的实施计划，见表6-3。

表6-3　任务计划表

项目名称	使用语音识别实现智慧家居控制
任务名称	语音识别和语音控制
计划方式	自主设计
计划要求	请按照计划分步骤完整描述出如何完成本任务
序　　号	任务计划步骤
1	
2	
3	
4	
5	

知识储备

1. 语音识别

与机器进行语音交流，让机器明白人类说什么，这是人类长期以来梦寐以求的事情。中国物联网校企联盟形象地把语音识别比作“机器的听觉系统”。语音识别技术就是让机器通过识别和理解过程把语音信号转变为相应的文本或命令的技术。语音识别技术主要包括特征提取技术、模式匹配准则及模型训练技术三个方面。

（1）语音识别分类

根据识别的对象不同，语音识别大体可分为3类，即孤立词识别（Isolated Word Recognition）、关键词识别（或称关键词检出，Keyword Spotting）和连续语音识别。

孤立词识别：孤立词识别系统旨在识别单个、离散的单词。用户通常需要在词与词之间留有一定的间隔，以便系统能够准确地区分不同的词。

关键词识别：关键词识别系统旨在检测和识别特定的关键词或短语在连续语音流中的出现。这类系统通常用于触发特定的操作或响应，比如唤醒词检测（如“小度小度”）。

连续语音识别：连续语音识别系统能够在没有明显间隔的情况下识别和转录连续的语音流。这种系统通常用于语音识别助手、语音转写等应用领域，可以处理更复杂和连贯的语音输入。

根据所针对的发音人，可以把语音识别分为特定人语音识别和非特定人语音识别，前者只能识别一个或几个人的语音，后者则可以被任何人使用。显然，非特定人语音识别系统更符合实际需要，但它比针对特定人的识别困难得多。

另外，根据语音设备和通道，语音识别可以分为桌面（PC）语音识别、电话语音识别和嵌入式设备（手机、PDA等）语音识别。不同的采集通道会使人的发音的声学特性发生变形，因此需要针对不同的采集通道构造不同的识别系统。

语音识别的应用领域非常广泛，常见的应用系统有：①语音输入系统，相对于键盘输入方法，它更符合人的日常习惯，也更自然、更高效。②语音控制系统，即用语音来控制设备的运行，相对于手动控制来说更快捷、更方便，可以用在诸如工业控制系统、语音拨号系统、智能家电、声控智能玩具等许多领域。③智能对话查询系统，根据客户的语音进行操作，为用户提供自然、友好的数据库检索服务，例如家庭服务、宾馆服务、旅行社服务、订票服务、医疗服务、银行服务、股票查询服务等。

（2）语音识别方法

语音识别方法主要是模式匹配法。

在训练阶段，用户将词汇表中的每一词依次说一遍，并且将其特征矢量作为模板存入模板库。在识别阶段，输入语音的特征矢量依次与模板库中的每个模板进行相似度比较，相似度最高者作为识别结果输出。

（3）语音识别应用场景

1）手机应用语音输入：将语音实时识别为文字，适用于语音聊天、语音输入、语音搜索、语音下单、语音指令、语音问答等多种场景。

2）机器人对话：通过语音识别实现人机对话。将语音对话实时识别为文字，实现自然流畅的人机对话。

3）语音内容分析：将音频内容识别为文字进行返回，从中提取关键信息，对内容进行追踪、处理及打标签等操作。

4）实时语音转写：可将会议记录、笔记、总结、音视频直播内容等音频实时转写为文字，进行内容记录、实时展示。

2. call.bnf语音识别词配置文件

简单地说，BNF文件分为5个部分：文档标示头、语法名称、槽声明、主规则（可引用子规则）、文档主体（具体的定义槽、引用规则）。

文档标示头：定义了文档的版本和编码格式，要注意的是文档的内容必须和这里声明的编码格式统一，如图6-6所示。

语法名称：一个文件只能有一个语法名称，作为这个BNF文件的一个识别名称，如图6-7所示。

```
#BNF+IAT 1.0 UTF-8;
```

图6-6　文档标示头

```
!grammar name;//定义语法名称
```

图6-7　语法名称

槽声明：可以把槽理解为活字印刷时的那些小坑，一个个槽就是一个个坑，里面必须填入各种文字才行，如图6-8所示。利用槽，可以非常方便地、动态地修改识别命令。声明完槽后，在文档的底部具体定义每个声明过的槽的具体内容。这样语音识别引擎就会根据槽的内容动态匹配用户的指令。

主规则：首先声明一个主规则名称，如图6-9所示，然后为这个规则定义详细的引用规则，如图6-10所示，注意名称要和刚才声明的一样。

```
!slot <name>;
```

图6-8　槽声明

```
!start <ruleName>
```

图6-9　声明一个主规则名称

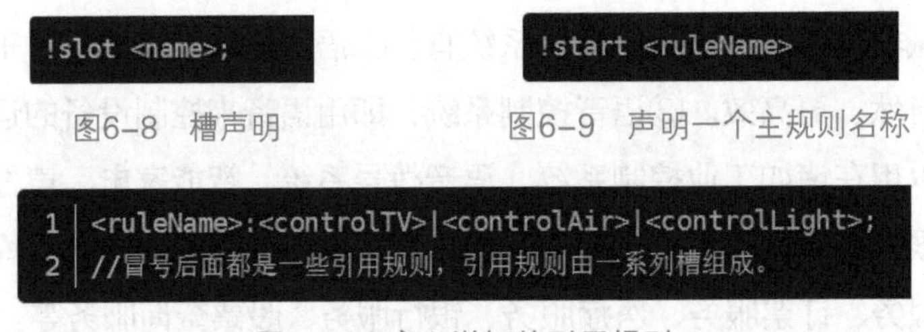

```
1 <ruleName>:<controlTV>|<controlAir>|<controlLight>;
2 //冒号后面都是一些引用规则，引用规则由一系列槽组成。
```

图6-10　定义详细的引用规则

文档主体：引用规则和槽定义，如图6-11所示。

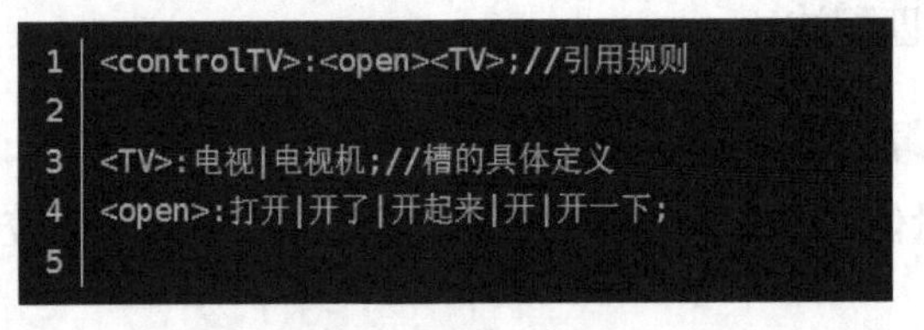

```
1 <controlTV>:<open><TV>;//引用规则
2
3 <TV>:电视|电视机;//槽的具体定义
4 <open>:打开|开了|开起来|开|开一下;
5
```

图6-11　文档主体示例

特别注意：名称不能超过15个字符，命名不能重复。

1. 语音识别

完成语音的识别任务并封装函数。

1）语音识别词配置文件。

语音识别词的配置文件位于“./speech/recognition/bin/call.bnf”，打开该配置文件，就可以看到包括唤醒、控制类、硬件等识别词，如图6-12所示。

```
call.bnf

1  #BNF+IAT 1.0 UTF-8;
2  !grammar call;
3  !slot <want>;
4  !slot <dialpre>;
5  !slot <dialsuf>;
6  !slot <contact>;
7
8  //唤醒
9  !slot <awaken>;
10
11 //控制类
12 !slot <control>;
13
14 //light
15 !slot <lightCat>;
16
17 //硬件
18 !slot <hard>;
19
20 //car
21 !slot <drive>;
22
23 //pay
24 !slot <using>;
25 !slot <pay>;
26
27 //object
28 !slot <object>;
29 !slot <color>;
30
31 //print
32 !slot <print>;
33
34
35 //print
36 !slot <other>;
37
38 !start <callstart>;
39 <callstart>:[<want>]<awkControl>|<dial>|<lightControl>|<hardControl>|<carControl>|<payControl>|<objectControl>|<printControl>|<otherControl>;
40 <awkControl>:<awaken>;
41 <want>:我想|我要|请|帮我|我想要|请帮我;
42 <dial>:<dialpre><contact>[<dialsuf>];
43 <dialpre>:打电话给!id(10001)|打给!id(10001)|拨打!id(10001)|拨打电话给!id(10001)|呼叫!id(10001)|
44 打一个电话给!id(10001)|打个电话给!id(10001)|给|拨通!id(10001)|
45 接通!id(10001)|呼叫!id(10001)|呼叫给!id(10001)|打!id(10001);
```

图6–12 “./speech/recognition/bin/call.bnf”的配置文件

如果需要修改唤醒词，或是添加请求、命令和对其他设备的控制，可根据需求修改该配置文件。

2）测试语音识别接口。

使用cd命令进入“./speech/recognition/bin/”目录下，运行asr_offline_record_sample，对着USB音频设备说出“小陆小陆”，即可测试语音识别接口是否可用。

```
!cd ./speech/recognition/bin/ && ./asr_offline_record_sample
```

3）获取语音识别后返回信息。

动手练习

请根据提示完成动手练习。

请在<1>处填写调用语音识别接口的命令，并说出“小陆小陆”进行测试。若输出识别结果，则表明填写正确。

```
import subprocess
print('正在监听……')
# 调用语音识别接口的命令
recognition_cmd = <1>
```

```
# 获取语音识别后的返回值
res_content = subprocess.getstatusoutput(recognition_cmd)
res_content
```

<rawtext></rawtext>中的文本为识别返回的文本，在实际的使用场景中，也可能会被误识别为其他文本内容。除此之外，还可以观察到如下信息：

① 识别引擎：<engine>local</engine>（离线识别）。

② 识别词所属类别：<focus>awaken</focus>（唤醒词）。

③ 置信度：<confidence>70</confidence>。

4）提取识别词。

动手练习

请根据提示完成动手练习。

请在<1>处补全正则表达式，匹配<rawtext></rawtext>中的文本的正则表达式为r'<rawtext>(.*?)</rawtext>'。

请在<2>处使用re.findall()函数匹配res_content[1]中的字符。

若打印出“小陆小陆”则表明填写正确。

```
import re

# 若成功识别
if res_content[0] == 0 and 'Result' in res_content[1]:
    # 提取识别后的文本信息
    pattern = <1>
    result = <2>
    print(result[0])
else:
    print("语音识别失败！")
# 封装识别函数
def recognition():
    print('正在监听……')
    # 调用语音识别接口的命令
    recognition_cmd = 'cd ./speech/recognition/bin/ && ./asr_offline_record_sample'
    # 获取语音识别后的返回值
    res_content = subprocess.getstatusoutput(recognition_cmd)
    # 若识别失败，返回空值并退出
    if res_content[0] != 0 or 'Result' not in res_content[1]:
        print("语音识别失败")
        return None
    # 提取识别后的文本信息并返回
    pattern = r'<rawtext>(.*?)</rawtext>'
    result = re.findall(pattern, res_content[1])
    return result[0]
# 语音识别功能测试
recognition()
```

2. 播报通过识别输入的语音

播报语音并测试设备。

```
import re
import subprocess
# 获取设备ID
def get_device_id():
    # 使用"aplay -l"查看系统音频设备信息
    res_content = subprocess.getstatusoutput("aplay -l")
    # 若获取到音频设备信息
    if res_content[0] == 0 and res_content[1] != '':
        # 用于查找设备ID的正则表达式
        pattern = r'.*card (.*?): .*, device (.*?): USB Audio.*'
        # 查找USB音频设备
        result = re.findall(pattern, res_content[1])
        # 获取的首个USB声卡的ID信息
        dev_id = result[0]
        # 打印Card ID与Device ID
        print(dev_id)
    else:
        print("无法获取语音设备id，请检查设备！")
        return
    return result[0]

# 语音识别
def recognition():
    print('正在监听……')
    # 调用语音识别接口的命令
    recognition_cmd = 'cd ./speech/recognition/bin/ && ./asr_offline_record_sample'
    # 获取语音识别后的返回值
    res_content = subprocess.getstatusoutput(recognition_cmd)
    # 若识别失败，返回空值并退出
    if res_content[0] != 0 or 'Result' not in res_content[1]:
        print("语音识别失败")
        return
    # 提取识别后的文本信息并返回
    pattern = r'<rawtext>(.*?)</rawtext>'
    result = re.findall(pattern, res_content[1])
    return result[0]

# 语音合成与播报
def broadcast(text):
    print("语音合成开始……")
    # 调用语音合成接口的指令
    tts_cmd = 'cd ./speech/broadcast/bin/' + ' && ./tts_offline_sample {}'.format(text)
    # 语音合并，并获取返回值
```

```
    res_content = subprocess.getstatusoutput(tts_cmd)
    # 如果合并成功
    if res_content[0] == 0 and '合并成功' in res_content[1]:
        print("语音合并成功，开始播报……")
        # 使用aplay播放语音
        broadcast_cmd = 'aplay ./speech/broadcast/bin/tts_sample.wav'
        subprocess.Popen(broadcast_cmd, shell=True)
    else:
        print('语音合并失败')
```

动手练习

请根据提示完成动手练习。

请在<1>处调用函数实现播报输入语音的功能。

若成功播放说出的声音，则表明填写正确。

```
<1>
```

在实验箱上，有着灯、风扇等通过串口连接的外部设备，需要调用串口指令来控制这些外部设备。控制串口的方法封装在“/utils/portControl”下，想要调用其他外部设备可以前往该文件进行查看。接下来以风扇为例，展示通过代码控制风扇的启动与关闭。

```
from utils.serialServer import NewQuerySerial
control = NewQuerySerial('/dev/ttyS0')
control.turn_on_fan() #打开风扇
```

3. 自定义语音关键词

自定义并且测试关键词。

1）自定义关键词。

语音识别词的配置文件位于“./speech/recognition/bin/call.bnf”中，打开该配置文件，就可以看到包括唤醒、控制类、硬件等识别词。现在根据需求修改这个配置文件，增加所需要的关键词，例如：“打开黄灯”和“关闭黄灯”。

2）测试自定义关键词。

动手练习

请查阅call.bnf，在“//light”的<lightCat>中添加“黄灯”“红灯”和“绿灯”的指令。

可以使用以下代码来测试新添加的关键词能否被正确识别出来。

```
import re
import subprocess

def recognition():
    print("正在监听……")
    # 调用语音识别接口的命令
    recognition_cmd = 'cd ./speech/recognition/bin/ && ./asr_offline_record_sample'
```

```
        # 获取语音识别后的返回值
        res_content = subprocess.getstatusoutput(recognition_cmd)
        # 若识别失败，返回空值并退出
        if res_content[0] != 0 or 'Result' not in res_content[1]:
            print("语音识别失败")
            return None
        # 提取识别后的文本信息并返回
        pattern = r'<rawtext>(.*?)</rawtext>'
        result = re.findall(pattern, res_content[1])
        return result[0]
    recognition()
```

4. 控制设备

利用得到的关键词控制设备执行任务。

1）分离关键词。

通过提取识别的关键词，来判断特定设备、指令的对应动作。在这里，需要控制红灯、黄灯和绿灯的亮与灭。

“1．语音识别”中，已经介绍了如何使用正则表达式来提取关键词，请完成下面的动手练习。

动手练习

在<1>中填写相应的代码，完成对关键词的提取。

```
# 若成功识别
print('正在监听……')
recognition_cmd = 'cd ./speech/recognition/bin/ && ./asr_offline_record_sample'
res_content = subprocess.getstatusoutput(recognition_cmd)
res_content
if res_content[0] == 0 and 'Result' in res_content[1]:
    # 提取识别后的文本信息
    pattern = <1>
    result = re.findall(pattern, res_content[1])
    print(result[0])
else:
print("语音识别失败！")
```

2）根据关键词控制设备。

首先，将控制灯光的指令写进一个多判断的流程中，通过不断比对语音接口返回的信息，来判断执行哪个指令。

```
command = result[0]

if command == '打开红灯':
    control.turn_on_red()
elif command == '打开黄灯':
    control.turn_on_yellow()
```

```
elif command == '打开绿灯':
    control.turn_on_green()
elif command == '关闭红灯':
    control.turn_off_red()
elif command == '关闭黄灯':
    control.turn_off_yellow()
elif command == '关闭绿灯':
    control.turn_off_green()
import re
import subprocess
import threading
from utils.portControl import NewQuerySerial
# import time
# 将灯光控制与识别封装成一个线程
class SpeechRecognitionThread(threading.Thread):
    def __init__(self):
        # threading.Thread.__init__(self)
        super(SpeechRecognitionThread, self).__init__()
        self.working = True
        # self.running = False
        self.control = NewQuerySerial('/dev/ttyS0')
        self.control.turn_off_red()
        self.control.turn_off_yellow()
        self.control.turn_off_green()
        # self.dev_id = get_device_id()
    def recognition(self):
        print("正在监听……")
        # 调用语音识别接口的命令
        recognition_cmd = 'cd ./speech/recognition/bin/ && ./asr_offline_record_sample'
        # 获取语音识别后的返回值
        res_content = subprocess.getstatusoutput(recognition_cmd)
        # 若识别失败，返回空值并退出
        if res_content[0] != 0 or 'Result' not in res_content[1]:
            print("语音识别失败")
            return None
        # 提取识别后的文本信息并返回
        pattern = r'<rawtext>(.*?)</rawtext>'
        result = re.findall(pattern, res_content[1])
        return result[0]

    def run(self):
        # self.running = True
        #self.recognition()
        #command = self.recognition()
```

```
        while self.working:
            try:
                command = self.recognition()
                print(command)
                # 成功识别到唤醒词
                if command == '打开红灯':
                    self.control.turn_on_red()
                    # print(command)
                    #continue
                elif command == '打开黄灯':
                    self.control.turn_on_yellow()
                    # print(command)
                    #continue
                elif command == '打开绿灯':
                    self.control.turn_on_green()
                    # print(command)
                    #continue
                elif command == '关闭红灯':
                    self.control.turn_off_red()
                    # print(command)
                    #continue
                elif command == '关闭黄灯':
                    self.control.turn_off_yellow()
                    # print(command)
                    #continue
                elif command == '关闭绿灯':
                    self.control.turn_off_green()
                    # print(command)
                    #continue
            except Exception as e:
                print(e)

    def stop(self):
        # if self.working:
        #     self.working = False
        #     print('quited')
        self.control.turn_off_red()
        self.control.turn_off_yellow()
        self.control.turn_off_green()
rec_thread = SpeechRecognitionThread()
rec_thread.start()
rec_thread.stop()
```

任务小结

本任务首先介绍了语音识别和call. bnf语音识别词配置文件的相关知识。通过任务实施，带领读者完成了语音识别、播报通过识别输入的语音、自定义语音关键词和控制设备等实验。

通过本任务的学习，读者对语音识别的基本知识和概念有了更深入的了解，在实践中逐渐熟悉语音识别和语音控制的基础操作方法。本任务相关的知识技能的思维导图如图6-13所示。

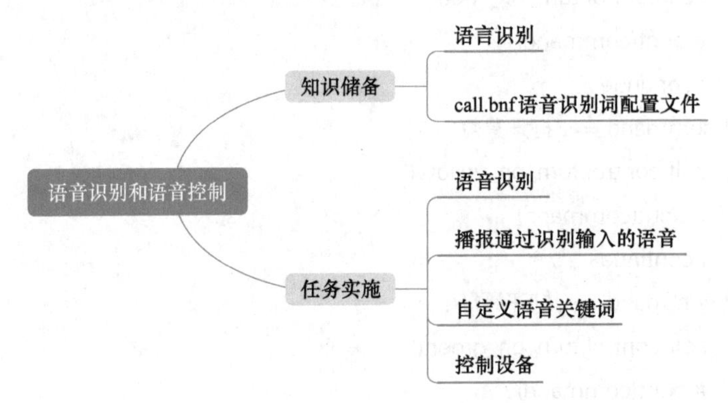

图6-13　思维导图

参 考 文 献

[1] 李瑞霞，马伊栋，潘世生．嵌入式人工智能的应用与展望[J]．电子世界，2021（4）：8-9.

[2] 李扬．AIoT背景下高职嵌入式人工智能人才培养研究[J]．湖南邮电职业技术学院学报，2021，20（4）：42-45.

[3] 毕盛．嵌入式人工智能技术开发及应用[J]．电子产品世界，2019，26（5）：14-16，25.

[4] 马啸旻．基于嵌入式Linux的智能安全帽技术研究与实现[D]．南京：南京邮电大学，2023.

[5] 时庆涛，薛泽亮．基于人工智能的模块化嵌入式软件开发研究[J]．数字通信世界，2019（12）：111.

[6] 王立刚．对嵌入式智能传感器的理论研究[J]．科技资讯，2005（26）：1-2.

[7] 高志强，鲁晓阳，张荣荣．边缘智能：关键技术与落地实践[M]．北京：中国铁道出版社有限公司，2021.

[8] 张广渊，周风余．人工智能概论[M]．北京：中国水利水电出版社，2019.